黄南州植物种质资源
及常见植物图谱

马正炳　等　主编

中国农业科学技术出版社

图书在版编目（CIP）数据

黄南州植物种质资源及常见植物图谱 / 马正炳等主编. --北京：中国农业科学技术出版社，2023.11

ISBN 978-7-5116-6552-2

Ⅰ.①黄…　Ⅱ.①马…　Ⅲ.①植物资源－介绍－黄南藏族自治州　Ⅳ.①Q948.524.42

中国国家版本馆CIP数据核字（2023）第 228656 号

责任编辑	贺可香
责任校对	李向荣
责任印制	姜义伟　王思文

出 版 者	中国农业科学技术出版社
	北京市中关村南大街 12 号　　邮编：100081
电　　话	（010）82106638（编辑室）　　（010）82106624（发行部）
	（010）82109709（读者服务部）
网　　址	https:// castp.caas.cn
经 销 者	各地新华书店
印 刷 者	北京地大印刷有限公司
开　　本	170 mm × 240 mm　1/16
印　　张	22.5
字　　数	400 千字
版　　次	2023 年 11 月第 1 版　　2023 年 11 月第 1 次印刷
定　　价	198.00 元

《黄南州植物种质资源及常见植物图谱》

编委会

主　编： 马正炳　　　苏呈文　　　马　洁　　　李　莲

副主编： 任海萍　　　熊国菊　　　陈玉文　　　当周尖措
　　　　　贾顺斌

参　编： 辛振宇　　　唐永鹏　　　蔺宏星　　　周淑磊
　　　　　仁青措　　　扎西德乐　　薛才华　　　李玉珍
　　　　　多却旦措　　尕藏吉　　　拉毛加　　　王莉莉
　　　　　何黎红

《黄南州植物种质资源及常见植物图谱》内容简介

黄南藏族自治州地处青海省东南部，九曲黄河第一湾，由同仁市、尖扎县、泽库县、河南蒙古族自治县组成，行政区划面积1.88km^2。黄南州跨越暖温带和温带等气候带，海拔1 960~4 971m，年均温7.5℃左右，且昼夜温差大，年均降水量500mm左右，由于海拔高度的垂直变化，致使地貌类型丰富、气候环境多样、生境变化复杂，从而形成黄南州丰富而独特的生态系统类型。境内草地、湿地、森林生态系统资源丰富、生物资源众多。

根据习近平总书记视察青海时提出的"四地"建设的总要求和"三农"工作的相关指示精神，黄南州委、州人民政府审时度势，率先获得省政府批准建设绿色有机农畜产品输出地先行区。为保障先行区建设顺利进行，摸清植物资源家底是基础性工作，农业种质资源又是保障国家农副产品有效供给的战略性资源，是农业科技原始创新与现代种业发展的物质基础。目前，黄南州现有种子植物资源约90科480属1 370种。为进一步掌握黄南植物资源，黄南州农牧业综合服务中心经过对一市三县认真调查和了解，编写了《黄南州植物种质资源及常见植物图谱》，它使我们对黄南的植物分布数量、品种等状况有了更加清晰的认识，为今后更加系统深入的生物多样性调查提供了充分的科学依据，同时也为农业工作者提供一本较为完整的工作书籍。

目　录

木贼科 Equisetaceae Michx. ex DC.

木贼属 *Equisetam* L.

问荆 *Equisetum arvense* L.

分布于黑龙江、吉林、辽宁、内蒙古、北京、天津、河北、山西、山东、江苏、上海、安徽、浙江、江西、福建、河南、湖北、四川、贵州、云南、西藏、陕西、宁夏、甘肃、青海、新疆。

分布于青海的玉树、囊谦、称多、玛沁、班玛、久治、同仁、泽库、兴海、同德、贵南、贵德、德令哈、格尔木、乌兰、海晏、门源、西宁、大通、湟中、湟源、乐都、互助；生于林下、河滩、草甸；海拔2 200~4 100 m。

全草入药，含有丰富的挥发油、植物鞣质、苦味素和生物碱等成分，具有清热解毒、利尿退翳、消肿止痛的功效。

节节草 *Equisetum ramosissimum* Desf.

分布于黑龙江、吉林、辽宁、内蒙古、北京、天津、河北、山西、山东、江苏、上海、安徽、浙江、江西、福建、我国台湾、河南、湖北、湖南、广东、广西、海南、四川、贵州、云南、西藏、陕西、宁夏、甘肃、青海、新疆。

分布于青海的玉树、同仁、尖扎、共和、贵南、西宁、湟中、互助、民和；生于沼泽草地、河边；海拔1 900~3 400 m。

全草入药，主治鼻衄、咯血、淋病、月经过多、肠出血、尿道炎、痔疮出血、跌打损伤、刀伤、骨折。

凤尾蕨科 Pteridaceae E. D. N. Kirchn.

粉背蕨属 *Aleuritopteris* Fee

陕西粉背蕨 *Aleuritopteris argentea* var. *obscura*（Christ）Ching

分布于秦岭以北各省，以及江西、四川、陕西、甘肃、青海较为常见。

分布于青海的玉树、同仁、尖扎、泽库、同德、西宁、民和、乐都、循化；生于岩石缝隙中；海拔1 880~2 500 m。

全草入药，具有祛痰止咳、利湿和淤的功效。

珠蕨属 *Cryptogramma* R. Br.

稀叶珠蕨 *Cryptogramma stelleri*（Gmel.）Prantl

分布于河北、云南、西藏、陕西、甘肃、青海、新疆。

分布于青海的泽库、同德、都兰、循化；生于林下石缝；海拔1 700 ~ 4 200 m。

可盆栽，供观赏。

冷蕨科 Cystopteridaceae Schmakov

冷蕨属 *Cystopteris* Bernh.

高山冷蕨 *Cystopteris montana*（Lam.）Bernh. ex Desv.

分布于内蒙古、河北、山西、河南、四川、云南、西藏、陕西、宁夏、甘肃、青海、新疆。

分布于青海的玉树、囊谦、久治、泽库、海晏、祁连、大通、乐都、互助；生于林缘、林下、阴坡灌丛；海拔2 300 ~ 3 600 m。

种植可供观赏。

冷蕨 *Cystopteris fragilis*（L.）Bernh.

分布于黑龙江、吉林、辽宁、内蒙古、北京、河北、山西、山东、安徽、河南、四川、云南、西藏、陕西、宁夏、甘肃、青海、新疆。

分布于青海的玉树、玛沁、泽库、同德、祁连、乐都；生于高山灌丛、阴坡石缝、岩石脚下；海拔2 210 ~ 4 800 m。

全草入药，具有和胃解毒的功效。

皱孢冷蕨 *Cystopteris dickieana* Sim

分布于河北、四川、云南、西藏、陕西、甘肃、青海、新疆。

分布于青海的玉树、玛沁、泽库、门源、祁连；生于山坡或林下石缝；海拔2 800 ~ 4 900 m。

羽节蕨属 *Gymnocarpium* Newman

羽节蕨 *Gymnocarpium jessoense*（Koidz.）Koidz.

分布于黑龙江、吉林、辽宁、内蒙古、河北、山西、河南、陕西、宁夏、甘肃、青海、新疆、四川、云南、西藏。

分布于青海的泽库、门源、湟源、民和、乐都、互助、循化；生于林下阴湿处、山坡；海拔1 750 ~ 3 000 m。

具有抗氧化、抗炎、镇痛、解毒、抗癌、增强免疫力的作用。

铁角蕨科 Aspleniaceae Newman

铁角蕨属 *Asplenium* L.

变异铁角蕨 *Asplenium varians* Wall. ex Hook. et Grev.

分布于四川、云南、西藏、陕西、青海。

分布于青海的泽库、同德；生于林下岩石缝隙；海拔3 150 ~ 3 500 m。

西北铁角蕨 *Asplenium nesii* Christ

分布于内蒙古、山西、四川、西藏、陕西、宁夏、甘肃、青海、新疆。

分布于青海的玉树、杂多、囊谦、同仁、尖扎、泽库、河南、同德、大通、乐都；生于岩石缝隙；海拔2 100 ~ 4 000 m。

具有镇痛止痒、降血压的功效。

细茎铁角蕨 *Asplenium tenuicaule* Hayata

分布于吉林、山西、安徽、湖北、四川、云南、西藏、陕西、甘肃、青海。

分布于青海的泽库；生于林中树干、岩石缝隙；海拔2 900 m。

具有杀菌、消炎消肿、解毒清热的功效。

岩蕨科 Woodsiaceae Herter

岩蕨属 *Woodsia* R. Br.

蜘蛛岩蕨 *Woodsia andersonii*（Bedd.）Christ

分布于四川、云南、西藏、陕西、甘肃、青海。

分布于青海的玉树、杂多、囊谦、泽库、西宁、乐都、循化；生于林下岩石缝隙；海拔2 500~4 500 m。

鳞毛蕨科 Dryopteridaceae Hene

耳蕨属 *Polystichum* Roth

陕西耳蕨 *Polystichum shensiense* Christ

分布于四川、云南、西藏、陕西、甘肃、青海。

分布于青海的玉树、同仁、泽库、河南、门源、乐都；生于高山草甸、林下；海拔2 600~4 000 m。

根茎入药，具有清热解毒、凉血止血、驱虫的功效。

薄叶耳蕨 *Polystichum bakerianum*（Atkins. ex Bak.）Diels

分布于四川、云南、西藏、青海。

分布于青海的泽库；生于林下、草甸；海拔2 900~4 000 m。

根茎入药，具有解毒、清热、润肺、降气、化痰等功效。

中华耳蕨 *Polystichum sinense* Christ

分布于四川、云南、西藏、陕西、甘肃、青海、新疆。

分布于青海的玉树、囊谦、泽库、都兰；生于林下、草甸；海拔2 500~4 000 m。

鳞毛蕨属 *Dryopteris* Adanson

近多鳞鳞毛蕨 *Dryopteris komarovii* Kosshinsky

分布于四川、云南、西藏、陕西、甘肃、青海。

分布于青海的玉树、囊谦、同仁、泽库、同德、西宁、大通、湟中、民和、乐都、互助；生于灌丛、林下、山坡草地；海拔2 800~4 500 m。

根茎入药，具有驱虫、解毒等功效。

华北鳞毛蕨 *Dryopteris goeringiana*（Kunze）Koidz.

分布于黑龙江、吉林、辽宁、内蒙古、山西、河北、陕西、宁夏、甘肃、青海、新疆。

分布于青海的囊谦、泽库、西宁、湟源、民和、乐都、互助、循化；生于林下、灌丛；海拔2 000～3 200 m。

根茎入药，具有清热解毒、降血压、除风湿、强腰膝的功效。

多鳞鳞毛蕨 *Dryopteris barbigera*（T. Moore et Hook.）O. Ktze.

分布于四川、云南、青海。

分布于青海的称多、囊谦、泽库；生于林下、林缘、山坡灌丛；海拔3 600～4 700 m。

根茎入药，性微寒有毒，可驱虫解毒。

水龙骨科 Polypodiaceae J. Presl et C. Presl

瓦韦属 *Lepisorus*（J. Sm.）Ching

天山瓦韦 *Lepisorus albertii*（Regel）Ching

分布于河北、山西、四川、甘肃、青海、新疆。

分布于青海的玉树、杂多、同仁、尖扎、泽库、河南、共和、兴海、同德、祁连、门源、湟源；生于山坡、岩石缝隙；海拔2 400～3 500 m。

具有清热解毒、利尿、消肿、止血、止咳的功效。

槲蕨属 *Drynaria* J.Sm.

秦岭槲蕨 *Drynaria baronii* Diels

分布于四川、云南、西藏、陕西、山西、甘肃、青海。

分布于青海的玉树、囊谦、玛沁、班玛、同仁、泽库、同德、祁连、门源、大通、湟源、湟中、乐都、互助、循化、民和；生于山坡、灌丛、林下、岩石缝隙；海拔2 100～3 500 m。

根状茎入药，补肾接骨，止血；主治骨折损伤，外伤出血，风湿疼痛、肾虚、牙痛等症。种植可供观赏。

松科 Pinaceae Spreng. ex F. Rudolphi

云杉属 *Picea* A. Dietr

青海云杉 Picea crassifolia Kom.

我国特有树种，分布于内蒙古、宁夏、甘肃、青海。

分布于青海的玛沁、同仁、泽库、河南、兴海、同德、刚察、海晏、祁连、都兰、湟源、乐都、民和、互助；生于河谷、山地阴坡；海拔2 400 ~ 3 800 m。

可用于园林绿化、建材；球果可入药，治疗老年慢性气管炎。

青杆 Picea wilsonii Mast

分布于内蒙古、河北、山西、湖北、四川、陕西、甘肃、青海。

分布于青海的尖扎、西宁、大通、湟中、平安、互助、循化；生于河谷山坡；海拔1 800 ~ 3 600 m。

可用于园林绿化、建材；针叶可提取挥发油。

紫果云杉 Picea purpurea Mast.

我国特有树种，分布于四川、甘肃、青海。

分布于青海的玉树、囊谦、班玛、久治、同仁、泽库、西宁、湟中、乐都、民和；生于山地阴坡、半阴坡、河谷；海拔2 300 ~ 4 300 m。

紫果云杉木材淡红褐色，材质坚韧，为云杉类木材中最优良的木材之一。可供飞机、机器、乐器、器具、家具、建筑、细木加工及木纤维工业原料等用材。

落叶松属 *Larix* Mill.

华北落叶松 Larix gmelinii var. *Principis-rupprechtii*（Mayr）Pilger

我国特有树种，分布于河北、山西、青海。

分布于青海的同仁、尖扎、泽库、西宁、大通、互助、乐都；生于山坡、山谷；海拔1 800 ~ 3 200 m。

树干可割取松脂，可供药用；木材材质坚硬，结构致密，可用材；树形优美，优良的造林树种。

松属 *Pinus* L.

油松 *Pinus tabuliformis* Carriere

我国特有树种，分布于吉林、辽宁、河北、河南、山东、山西、内蒙古、四川、陕西、宁夏、甘肃、青海。

分布于青海的同仁、尖扎、门源、大通、乐都、循化、互助、民和；生于山坡、河边；海拔2 000～2 800 m。

树干可割取松脂，可供药用；叶可提取芳香油；种子可食用及制肥皂、润滑油。树形优美，常绿，可用于园林绿化。

柏科 Cupressaceae Gray

刺柏属 *Juniperus* L.

祁连圆柏 *Juniperus przewalskii* Komarov

分布于甘肃、青海。

分布于青海的玛沁、玛多、班玛、同仁、尖扎、泽库、河南、共和、兴海、贵德、同德、贵南、海晏、刚察、祁连、门源、德令哈、天峻、乌兰、都兰、格尔木、大通、湟中、湟源、互助、平安、乐都、循化、化隆、民和；生于阳坡、半阳坡、河谷、林缘、石头缝隙；海拔2 200～4 300 m。

建材、造林、园林绿化树种；枝嫩叶具消炎解毒功能，也可提取芳香油。

垂枝柏 *Juniperus recurva* Buchanan-Hamilton ex D. Don

分布于西藏、青海。

分布于青海的泽库；生于山地阳坡；海拔3 100 m。

木材结构细密，供建筑、家具等用材。

大果圆柏 *Juniperus tibetica* Komarov

我国特有树种，分布于四川、西藏、甘肃、青海。

分布于青海的玉树、杂多、治多、囊谦、泽库、同德、班玛、德令哈、都兰、天峻、门源、祁连、湟源、互助；生于林中；海拔2 800～4 500 m。

在寒冷干燥的环境能形成森林，为产区的主要森林树种，也是主要的森林更新及造林树种。

刺柏 *Juniperus formosana* Hayata

我国特有树种，分布于江苏、安徽、浙江、福建、江西、湖北、湖南、四川、贵州、云南、西藏、陕西、甘肃、青海。

分布于青海的同仁、尖扎、循化、民和；生于河谷阴坡、半阴坡；海拔1 800～2 900 m。

树形美观，用于园林绿化和保土固沙，可作建材；根、干、叶及种子可提取芳香油。

麻黄科 Ephedraceae Dumort.

麻黄属 *Ephedra* L.

中麻黄 *Ephedra intermedia* Schrenk ex Mey.

为我国分布最广的麻黄之一，分布于辽宁、河北、山东、内蒙古、山西、陕西、甘肃、青海、新疆。

分布于青海的称多、同仁、泽库、兴海、贵南、德令哈、格尔木、大柴旦、都兰、西宁、平安、循化、民和；生于山沟、干山坡、干河谷、戈壁、荒漠、盐碱地、草原；海拔1 650～3 800 m。

草质茎入药，性辛、微苦，温，具有发汗解表，宣肺平喘，利水消肿的功效。根及根茎入药，性甘，平，具有止汗的功效。既可满足药品市场的需求，又可防风固沙，对干旱荒漠区生态、经济可持续发展具有重要意义。

单子麻黄 *Ephedra monosperma* Gmel. ex Mey.

分布于黑龙江、河北、山西、内蒙古、四川、西藏、宁夏、甘肃、青海、新疆。

分布于青海的玉树、称多、治多、囊谦、曲麻莱、玛沁、达日、久治、玛多、同仁、泽库、河南、共和、兴海、贵德、德令哈、都兰、天峻、海晏、门源、祁连、西宁、大通、互助、乐都、民和、循化；生于砾石滩、石缝；海拔3 100～4 900 m。

草质茎入药。味辛、微苦，性温。具有发汗解表、止咳平喘、利水的功效。用于外感风寒证，喘咳证，水肿兼有表证。

矮麻黄 *Ephedra minuta* Florin

分布于四川、青海。

分布于青海的玛沁、班玛、达日、久治、尖扎、泽库、河南、贵南、格尔木、门源、祁连、大通、互助、乐都、民和、循化；生于岩石缝隙、阳坡、沙砾地；海拔2 400～4 600 m。

含麻黄碱，供药用。

草麻黄 *Ephedra sinica* Stapf

分布于辽宁、吉林、内蒙古、河北、山西、河南、陕西、青海。

分布于青海的玛多、同仁、尖扎、泽库、河南、贵南、乌兰；生于山坡、河滩、沙丘；海拔2 300～3 400 m。

茎枝入药部分所含麻黄碱具有兴奋中枢神经系统、发汗、平喘、利尿、抗炎和免疫抑制作用，可治外感风寒、恶寒无汗、咳嗽、气喘、浮肿尿少等症状；根有止汗的作用，治自汗盗汗；同时，草麻黄也是麻黄碱类制毒物品的天然植物来源，是制造甲基苯丙胺（冰毒）的主要原料，中国对麻黄草实行严格控制，禁止自由买卖。

杨柳科 Salicaceae Mirb.

杨属 *Populus* L.

青杨 *Populus cathayana* Rehd.

分布于辽宁、内蒙古、北京、天津、河北、山西、四川、陕西、宁夏、甘肃、青海、新疆。

分布于青海的玉树、囊谦、同仁、尖扎、泽库、门源、西宁、大通、湟源、湟中、互助、乐都、循化、民和；生于山坡、山谷；海拔2 200～3 900 m。花期3—5月，果期5—7月。

木材供建筑、器具等用；栽培可作绿化树种。

宽叶青杨 *Populus cathayana* var. *latifolia*（C. Wang et C. Y. Yu）C. Wang et Tung

分布于甘肃、青海。

分布于青海的玉树、同仁、门源、湟中、民和、循化；生于山谷；海拔1 800～2 600 m。花期3～5月，果期5—7月。

山杨 *Populus davidiana* Dode

分布于黑龙江、吉林、内蒙古、北京、天津、河北、山西、河南、湖北、湖南、四川、贵州、云南、陕西、宁夏、甘肃、青海、新疆。

分布于青海的尖扎、泽库、祁连、门源、西宁、大通、湟中、乐都、循化、民和；生于山坡、山脊、沟谷；海拔2 000～3 000 m。花期3—4月，果期4—5月。

常形成小面积纯林或与其他树种形成混交林。木材供建筑、器具等用；栽培可作绿化树种。

小叶杨 *Populus simonii* Carr.

分布于黑龙江、吉林、辽宁、内蒙古、天津、河北、山西、河南、湖北、湖南、四川、贵州、云南、陕西、宁夏、甘肃、青海、新疆。

分布于青海的同仁、泽库、共和、同德、贵德、贵南、祁连、门源、格尔木、都兰、大柴旦、西宁、大通、湟源、湟中、互助、乐都、民和；生于山谷、河边；海拔1 900～3 400 m。花期3—5月，果期4—6月。

枝条可编制筐篮；根系发达，抗风力强，栽培可作绿化树种。

青甘杨 *Populus przewalskii* Maxim.

分布于内蒙古、甘肃、青海。

分布于青海的同仁、都兰、门源、西宁、湟源；生于河边；海拔1 650～2 900 m。花期3—5月，果期4—6月。

木材轻软细致，供民用建筑、家具、造纸等用；为防风固沙、护堤固土、绿化观赏的树种。

冬瓜杨 *Populus purdomii* Rehd.

分布于河北、河南、湖北、四川、陕西、甘肃、青海。

分布于青海的同仁、泽库、祁连、西宁、互助；生于山地、沟谷、河边；海拔2 000～2 800 m。花期4—5月，果期5—6月。

木材供建筑及造纸等用。

柳属 *Salix* L.

乌柳 *Salix cheilophila* Schneid.

分布于内蒙古、河北、山西、四川、陕西、甘肃、青海。

分布于青海的玉树、同仁、同德、贵德、祁连、门源、西宁、大通、湟中、湟源、互助、乐都；生于山坡灌丛、沟谷林下、河岸；海拔1 700～4 500 m。花期4—5月，果期5月。

根可入药，具有清热解毒、顺气的功效。

旱柳 *Salix matsudana* Koidz

分布于黑龙江、辽宁、吉林、内蒙古、北京、天津、河北、山西、陕西、宁夏、甘肃、青海、新疆。

分布于青海的班玛、同仁、尖扎、柴达木、西宁、湟中、循化；生于山坡、谷地；海拔2 600～3 100 m。花期4月，果期4—5月。

木材供建筑、器具等用；栽培可作绿化树种。

坡柳 *Salix myrtillacea* Anderss.

分布于四川、云南、西藏、甘肃、青海。

分布于青海的玉树、囊谦、玛沁、班玛、尖扎、泽库、河南、同德、贵德、海晏、乌兰、大通、湟中、互助、乐都；生于山坡、山谷、灌丛；海拔2 400～4 200 m。花期4月，果期5—6月。

栽培可作绿化树种；枝条可编制筐篮。

山生柳 *Salix oritrepha* Schneid

分布于四川、西藏、甘肃、青海。

分布于青海的玉树、称多、治多、囊谦、曲麻莱、玛沁、甘德、达日、久治、玛多、同仁、泽库、河南、共和、同德、贵德、兴海、德令哈、天峻、门源、祁连、海晏、刚察、西宁、大通、湟中、湟源、乐都、互助；生于山谷、山坡草地；海拔2 100～4 700 m。花期6月，果期7月。

种植可用以保土；树皮、叶可提制栲胶；枝条可编制筐篮；幼叶为牛羊所喜食。

青山生柳 *Salix oritrepha* var. *amnematchinensis*（Hao ex Fang et Skvortsov）G. Zhu

分布于四川、甘肃、青海。

分布于青海的玉树、治多、囊谦、曲麻莱、玛沁、久治、同仁、尖扎、泽库、河南、共和、同德、乌兰、天峻、门源、海晏、刚察、大通、乐都、互助；生于山谷；海拔3 000～3 500 m。花期6月，果期7月。

垂柳 *Salix babylonica* L.

分布于长江流域、黄河流域，其他各地均栽培。

分布于青海的尖扎、贵德、西宁、乐都、民和、化隆；生于山坡、河边。花期3—4月，果期4—5月。

树皮可提制栲胶，枝皮纤维可作造纸原料；枝条可编制筐篮。枝、根皮、须根可祛风除湿，治筋骨痛及牙龈肿痛；叶、花、果能治恶疮；叶利水，治气管炎、尿道炎、膀胱炎、膀胱结石；外用治关节肿痛、痈疽肿痛、皮肤瘙痒；树皮治风湿、黄疸、淋浊、乳痈、黄水疮。

康定柳 *Salix paraplesia* Schneid.

分布于山西、四川、西藏、陕西、宁夏、甘肃、青海。

分布于青海的玛沁、同仁、泽库、同德、门源、西宁、大通、湟源、乐都、互助；生于山沟、山脊；海拔2 100～4 000 m。花期4—5月，果期6—7月。

光果巴朗柳 *Salix sphaeronymphe* var. *sphaeronymphoides*（Y. L. Chou）N. Chao et J. Liu

分布于四川、西藏、青海。

分布于青海的尖扎；生于河岸；海拔2 080 m。花期5月，果期5—6月。

奇花柳 *Salix atopantha* C. K. Schneid.

分布于四川、西藏、甘肃、青海。

分布于青海的玛沁、同仁、尖扎、泽库、同德、都兰、海晏、循化；生于山坡、山谷；海拔2 100～3 600 m。花期6月，果期7月。

贵南柳 *Salix juparica* Goerz ex Rehder et Kobuski

分布于青海。

产玛沁、玛多、泽库、河南、同德、兴海、贵南、乌兰；生于山坡林中、沟谷林缘、河岸灌丛；海拔2 700～4 100 m。花期6月，果期6—7月。

光果贵南柳 *Salix juparica* var. *tibetica*（Goerz ex Rehder et Kobuski）C. F. Fang

分布于青海。

产玉树、泽库、同德；生于山坡林中、沟谷林缘、河岸灌丛；海拔3 150～3 300 m。花期6月，果期6—7月。

硬叶柳 *Salix sclerophylla* Anderss.

分布于四川、西藏、甘肃、青海。

分布于青海的玉树、杂多、治多、曲麻莱、玛沁、泽库、祁连、海晏、互助；生于山坡、林中；海拔2 800～4 600 m。花期6月，果期6—7月。

匙叶柳 *Salix spathulifolia* Seemen ex Diels

分布于四川、陕西、甘肃、青海。

分布于青海的久治、泽库、兴海、门源、大通、湟源、乐都；生于山坡、林缘；海拔2 200～3 900 m。花期6月，果期7月。

秦岭柳 *Salix alfredii* Goerz ex Rehder et Kobuski

分布于陕西、甘肃、青海。

分布于青海的尖扎、泽库、门源、大通；生于山坡林下、沟谷林缘、河滩疏林；海拔2 000～3 800 m。花期5—6月，果期7月。

中国黄花柳 *Salix sinica*（Hao）C. Wang et C. F. Fang

分布于内蒙古、北京、天津、河北、山西、陕西、宁夏、甘肃、青海。

分布于青海的同仁、尖扎、贵南、门源、西宁、大通、湟中、乐都、互助、循化；生于山坡、林中；海拔2 000～3 400 m。花期4月，果期5月。

川滇柳 *Salix rehderiana* Schneid.

分布于四川、云南、西藏、陕西、宁夏、甘肃、青海。

分布于青海的玛沁、囊谦、尖扎、泽库、同德、贵德、贵南、门源、祁连、海晏、大通、湟中、民和、乐都、互助、循化；生于山坡、山脊、林缘、灌丛、河边；海拔2 200～3 800 m。花期4月，果期5—6月。

灌柳 *Salix rehderiana* var. *dolia*（Schneid.）N. Chao

分布于四川、甘肃、青海。

分布于青海的尖扎、泽库、门源、乐都；生于河边；海拔2 700～3 900 m。花期5月。

川柳 *Salix hylonoma* Schneid.

分布于山西、河北、安徽、四川、贵州、云南、陕西、甘肃、青海。

分布于青海的尖扎、大通、循化；生于山坡；海拔2 600～2 800 m。花期4月，果期5—6月。

洮河柳 *Salix taoensis* Goerz ex Rehder et Kobuski

分布于甘肃、青海。

分布于青海的玉树、玛沁、久治、同仁、尖扎、泽库、同德、贵南、乌兰、都兰、门源、祁连、西宁、大通、乐都、互助；生于山坡林缘、河滩灌丛；海拔2 200～4 100 m。花期5月。

迟花柳 *Salix opsimantha* Schneid.

分布于四川、云南、西藏、青海。

分布于青海的泽库、循化；生于山坡林下、高山灌丛；海拔2 400～3 000 m。花期7—8月，果期8—9月。

桦木科 Betulaceae Gray

桦木属 *Betula* L.

红桦 *Betula albosinensis* Burkill

分布于湖北、河南、河北、山西、四川、云南、陕西、甘肃、青海。

分布于青海的玉树、同仁、尖扎、门源、大通、循化、互助；生于林地山坡、山麓；海拔2 500～3 600 m。花期5—6月，果期7—8月。

可用于造林；木材可作建筑、器具等用材；树皮可药用，治肝炎、黄疸、痢疾、肠炎、尿道感染、肺炎、支气管炎；外用治烧伤烫伤。树皮也可提取栲胶或蒸桦皮油。

白桦 *Betula platyphylla* Suk.

分布于黑龙江、辽宁、吉林、内蒙古、北京、天津、河北、山西、河南、四川、云南、西藏、陕西、宁夏、甘肃、青海。

分布于青海的玉树、囊谦、玛沁、同仁、尖扎、泽库、海晏、门源、湟源、湟中、互助、平安、乐都、循化、民和；生于山坡、沟谷林地；海拔2 300～3 900 m。花期5—6月，果期7—8月。

可作园林绿化树种；木材可作建筑、器具等用材；树皮可供药用，有解热、利尿之效，又可治黄疸病；外用治烧烫伤。

糙皮桦 *Betula utilis* D. Don

分布于河南、河北、山西、四川、云南、西藏、陕西、甘肃、青海。

分布于青海的玉树、班玛、尖扎、泽库、门源、互助、乐都、循化、民和；生于山坡、沟谷；海拔2 500～3 900 m。花期5—6月，果期7—8月。

可作园林绿化树种；木材可作建筑、器具等用材。

虎榛子属 *Ostryopsis* Deone

虎榛子 *Ostryopsis davidiana* Decaisne

分布于辽宁、内蒙古、河北、山西、四川、陕西、甘肃、青海。

分布于青海的尖扎、门源、西宁、大通、互助、乐都、循化；生于山坡林缘、林中；海拔2 300～2 500 m。花期5月，果期9月。

树皮可提取栲胶，种子榨油等。

榆科 Ulmaceae Mirb.

榆属 *Ulmus* L.

大果榆 *Ulmus macrocarpa* Hance

分布于黑龙江、吉林、辽宁、内蒙古、河北、山东、江苏、安徽、河南、山西、陕西、甘肃、青海。

分布于青海的尖扎、循化；西宁、大通、湟中、湟源、互助、民和有栽培；生于山坡灌丛、谷地；海拔1 700～2 200 m。花果期4—5月。

可用于绿化树种；幼果可食用；木材可供农具、家具、器具等用材。

榆树 *Ulmus pumila* L.

分布于黑龙江、吉林、辽宁、内蒙古、河北、山西、四川、贵州、云南、西藏、陕西、宁夏、甘肃、青海、新疆。

分布于青海的同仁、尖扎、西宁、湟中、大通、湟源、互助、乐都、民和有栽培，植于山坡、山谷、庭院、街道；海拔1 800～2 800 m。花果期4—6月。

可用于绿化树种；树皮纤维可制绳索、麻袋；叶为饲料；果实可食用；榆钱、皮、叶均供药用，具安神利水、健脾之功用；藏医以树皮熬膏，外用治创伤。

荨麻科 Urticaceae Juss.

荨麻属 *Urtica* L.

毛果荨麻 *Urtica triangularis* subsp. *trichocarpa* C. J. Chen

分布于四川、甘肃、青海。

分布于青海的班玛、同仁、泽库、河南、同德、贵德、门源、大通、湟源、湟中、互助、乐都；生于山坡、林缘、灌丛、河滩；海拔2 500～3 800 m。花期7—8月，果期8—9月。

茎皮富含纤维，为纺织材料。

羽裂荨麻 *Urtica triangularis* subsp. *pinnatifida*（Hand.-Mazz.）C. J. Chen

分布于云南、西藏、甘肃、青海。

分布于青海的玉树、杂多、称多、同仁、尖扎、泽库、门源、西宁、大通、民和、乐都、互助、循化；生于山坡草地、灌丛；海拔2 700～4 100 m。花期6—8月，果期8—9月。

具有活血化瘀、消积通便、解毒的功效。

宽叶荨麻 *Urtica laetevirens* Maxim.

分布于辽宁、内蒙古、山西、河北、山东、河南、安徽、湖北、湖南、四川、云南、西藏、陕西、甘肃、青海。

分布于青海的尖扎、泽库、河南、同德、大通、乐都；生于河滩、山沟；海拔2 100～3 600 m。花期6—8月，果期8—9月。

茎皮富含纤维，为造纸、编织材料；全草供药用，具祛风除湿、解痉、活血功用，可治风湿性关节炎、糖尿病、产后抽风、小儿惊风、荨麻疹；兼有催吐、泻下、解毒之功效，能解虫咬蛇伤之毒。

高原荨麻 *Urticahyperborea* Jacq. ex Wedd.

分布于四川、西藏、甘肃、青海、新疆。

分布于青海的玉树、治多、杂多、曲麻莱、称多、玛沁、玛多、久治、河南、兴海、天峻、祁连；生于山坡草地、岩石缝隙；海拔3 300～5 400 m。花期6—7月，果期8—9月。

茎皮富含纤维，为纺织材料。

墙草属 *Parietaria* L.

墙草 *Parietaria micrantha* Ledeb.

分布于辽宁、吉林、黑龙江、内蒙古、河北、贵州、湖南、湖北、安徽、山西、四川、云南、西藏、陕西、甘肃、青海、新疆。

分布于青海的玉树、囊谦、同仁、泽库、大通；生于林下、岩石缝隙；海拔2 700～3 400 m。花期6—7月，果期8—9月。

全草药用，有拔脓消肿之效。

檀香科 Santalaceae R. Br.

百蕊草属 *Thesium* L.

长花百蕊草 *Thesium longiflorum* Hand.-Mazz.

分布于四川、云南、西藏、青海。

分布于青海的杂多、治多、囊谦、玛沁、久治、同仁、尖扎、贵南、门源、祁连、西宁、互助；生于沙砾地、河滩；海拔3 600～4 300 m。花期6—7月，果期8—9月。

种植可供观赏。可入药，有清热解暑等功效，可治中暑、扁桃体炎、腰痛等症，可作利尿剂。

蓼科 Polygonaceae Juss.

冰岛蓼属 *Koenigia* L.

冰岛蓼 *Koenigia islandica* L.

分布于山西、四川、云南、西藏、甘肃、青海、新疆。

分布于青海的玉树、称多、治多、曲麻莱、玛沁、久治、同仁、尖扎、泽库、河南、兴海、贵德、门源、互助、乐都、循化、民和；生于河滩、山坡、草甸；海拔3 000～4 400 m。花期7—8月，果期8—9月。

藏药全草用于热性虫病，肾炎水肿。

柔毛蓼 *Koenigia pilosa* Maxim.

分布于内蒙古、四川、西藏、陕西、甘肃、青海。

分布于青海的玉树、治多、囊谦、玛沁、班玛、久治、同仁、尖扎、泽库、河南、大通、互助、民和；生于林缘、灌丛、草甸、沼泽；海拔2 300～4 300 m。花期6—7月，果期8—9月。

具有清热解毒、排脓生肌、活血的功效。

叉分蓼 *Koenigia divaricata* （L.） T. M. Schust. et Reveal

分布于黑龙江、吉林、辽宁、内蒙古、山西、河北、山东、陕西、宁夏、甘肃、青海、新疆。

分布于青海的玉树、囊谦、称多、玛沁、班玛、久治、泽库、河南；生于山坡草地；海拔3 200～3 900 m。花期7—8月，果期8—9月。

可入药治大小肠积热，瘿瘤，热泻腹痛。可提取栲胶。

细茎蓼 *Koenigia filicaulis* （ Wall. ex Meisn. ） Hedberg

分布于四川、云南、西藏、青海。

分布于青海的班玛、泽库；生长于山坡草地、林下、灌丛、河滩；海拔3 200～3 600 m。花期7—8月，果期9—10月。

具有健脾消炎的功效。

硬毛蓼 *Koenigia hookeri*（Meisn.）T. M. Schust. et Reveal

分布于四川、云南、西藏、甘肃、青海。

分布于青海的玉树、杂多、称多、治多、囊谦、曲麻莱、玛沁、甘德、达日、久治、玛多、同仁、泽库、河南、同德、兴海、门源、循化；生于山坡草地、山谷灌丛；海拔3 400～4 500 m。花期6—8月，果期8—9月。

荞麦属 *Fagopyrum* Mill.

荞麦 *Fagopyrum esculentum* Moench

全国各地均有栽培，有时逸为野生。

青海的东部农业区及尖扎有栽培。花期5—9月，果期6—10月。

蜜源植物；果实富含淀粉，可供食用。果实有健胃、收敛、止虚汗之功能；全草清热解毒、散瘀消肿。

苦荞麦 *Fagopyrum tataricum* Gaertn.

分布于黑龙江、吉林、辽宁、内蒙古、山西、河北、四川、云南、西藏、陕西、宁夏、甘肃、青海、新疆。

分布于青海的玉树、治多、囊谦、称多、玛沁、班玛、同仁、泽库、兴海、同德、贵德、西宁、大通、湟源、互助、乐都、民和；生于林缘、沟谷灌丛、山坡草地；海拔2 100～4 000 m。花期6—9月，果期8—10月。

果实可食用或作饲料、牧草；可提取淀粉、糖类。根供药用，理气止痛，健脾利湿。

萹蓄属 *Polygonum* L.

萹蓄 *Polygonum aviculare* L.

全国各地均有分布。

分布于青海的玉树、杂多、囊谦、称多、玛沁、久治、同仁、尖扎、泽库、河南、共和、兴海、同德、贵南、贵德、海晏、刚察、祁连、门源、西宁、大通、湟源、湟中、互助、平安、乐都、化隆、循化、民和；生于沟谷林缘、荒地、田边；海拔1 700～3 600 m。花期5—7月，果期6—8月。

可作牧草及猪饲料；全草入药，利尿通淋，清热祛湿，解毒医疮，杀虫；治泌尿系感染、泌尿系结石、小便不通、尿血和细菌性痢疾、痔疮初起、肠胃炎等症。

藤蓼属 *Fallopia* Adans.

卷茎蓼 *Fallopia convolvulus*（L.）A. Love

分布于黑龙江、吉林、辽宁、内蒙古、山西、河北、山东、江苏、安徽、湖北、四川、贵州、云南、西藏、陕西、甘肃、青海。

分布于青海的班玛、同仁、泽库、共和、贵德、西宁、大通、湟中、乐都、循化；生于林缘、灌丛、山坡、田边；海拔2 100～3 600 m。花期5—8月，果期6—9月。

木藤蓼 *Fallopia aubertii*（L. Henry）Holub.

分布于内蒙古、山西、河南、湖北、四川、贵州、云南、西藏、陕西、宁夏、甘肃、青海。

分布于青海的同仁、尖扎、循化、互助；生于河谷、山坡、河边；海拔1 800～2 400 m。花期7—8月，果期8—9月。

可用于庭院、街道的垂直绿化。

蓼属 *Persicaria*（L.）Mill.

两栖蓼 *Persicaria amphibia*（L.）S. F. Gray

分布于黑龙江、吉林、辽宁、内蒙古、山西、河北、山东、江苏、安徽、浙江、福建、河南、湖北、湖南、四川、贵州、云南、西藏、陕西、宁夏、甘肃、青海。

分布于青海的玉树、同仁、泽库、河南、门源、西宁、湟源；生于沼泽草甸、河边、田边；海拔2 300～3 400 m。花期7—8月，果期8—9月。

全草可入药，味苦、性平，有清热利湿的功效，主治痢疾，浮肿，疔疮。种子营养丰富，为禽类的精饲料。

酸模叶蓼 *Persicaria lapathifolia*（L.）S. F. Gray

广布于全国各地。

分布于青海的同仁、尖扎、共和、同德、贵德、兴海、西宁、大通、湟中、湟源、互助、乐都、循化、民和；生于河边、田边沟渠、林下阴湿地；海拔1 800～2 600 m。花期6—8月，果期7—9月。

全草入药，清热解毒，利湿止痒，主治肠炎、痢疾，外用治湿疹、颈淋巴结结核。果实作药，活血、消积、止痛、利尿；主治胃痛、腹胀、脾肿大、肝硬化腹水、颈淋巴结结核。

尼泊尔蓼 *Persicaria nepalensis*（Meisn.）H. Gross

除新疆外，分布于全国各地。

分布于青海的玉树、杂多、称多、治多、曲麻莱、玛沁、班玛、久治、玛多、同仁、泽库、河南、兴海、贵德、祁连、西宁、大通、湟中、乐都、民和、循化；生于山坡林下、河谷林缘、灌丛草甸；海拔1 800～4 000 m。花期5—8月，果期7—10月。

全草入药，有清热解毒，除湿通络的功效，用于治疗咽喉和牙龈肿痛，目赤，风湿痹痛等症状。

冰川蓼 *Persicaria glacialis*（Meisn.）H. Hara

分布于河北、山西、四川、云南、西藏、甘肃、青海。

分布于青海的玉树、称多、囊谦、玛沁、甘德、达日、同仁、泽库、门源、大通、民和；分布于林缘、灌丛、山坡草地、山谷湿地；海拔3 000～4 200 m。花期6—7月，果期7—8月。

红蓼 *Persicaria orientalis*（L.）Spach

除西藏外，分布于全国各地，野生或栽培。

分布于青海的玉树、称多、治多、玛沁、班玛、甘德、达日、久治、同仁、泽库、河南、同德、西宁、大通、互助、循化；生于沟边湿地、路旁；海拔2 200～2 400 m。花期6—9月，果期8—10月。

全草入药，具有祛风利湿，治风湿性关节炎的功效；果含淀粉可酿酒；可用于饲养家畜。

西伯利亚蓼属 *Knorringia*（Czukav.）Tzvelev

西伯利亚蓼 *Knorringia sibirica*（Laxmann）Tzvelev

分布于黑龙江、吉林、辽宁、内蒙古、河北、山西、山东、河南、安徽、湖北、江苏、四川、贵州、云南、西藏、陕西、宁夏、甘肃、青海、新疆。

分布于青海的玉树、杂多、称多、治多、囊谦、曲麻莱、玛沁、甘德、达日、久治、玛多、同仁、尖扎、泽库、河南、共和、同德、贵德、兴海、格尔木、德令哈、乌兰、都兰、天峻、门源、祁连、刚察、西宁、大通、湟中、湟源、民和、乐都、互助、循化；生于河岸、湖滨砂砾地、盐碱地；海拔1 800～4 600 m。花期6—7月，果期8—9月。

全草可作饲料；根茎入药治水肿。

拳参属 *Bistorta*（L.）Adans.

圆穗蓼 *Bistorta macrophylla*（D. Don）Sojak

分布于湖北、四川、贵州、云南、西藏、陕西、甘肃、青海。

分布于青海的玉树、杂多、称多、治多、囊谦、曲麻莱、玛沁、达日、久治、玛多、同仁、泽库、共和、同德、贵德、兴海、贵南、格尔木、德令哈、乌兰、天峻、门源、祁连、海晏、刚察、西宁、大通、湟源、乐都、互助；生于高寒草甸、高寒灌丛；海拔3 000～4 800 m。花期7—8月，果期9—10月。

种子富含淀粉；为优良牧草；根状茎入药，活血散瘀，止痛，止血，治慢性胃炎、胃十二指肠溃疡、痢疾、肠炎、月经不调、红崩白带、跌打损伤；外用治创伤出血。

珠芽蓼 *Bistorta vivipara*（L.）Gray

分布于黑龙江、吉林、辽宁、内蒙古、河北、山西、河南、四川、贵州、云南、西藏、陕西、宁夏、甘肃、青海、新疆。

分布于青海的玉树、杂多、称多、治多、囊谦、曲麻莱、玛沁、班玛、达日、久治、玛多、同仁、尖扎、泽库、河南、共和、同德、兴海、贵南、格尔木、德令哈、乌兰、天峻、门源、祁连、海晏、刚察、西宁、大通、湟中、湟源、民和、乐都、互助、化隆、循化；生于灌丛、林缘、河滩、潮湿草地；海拔2 000～4 200 m。花期5—7月，果期7—9月。

根状茎及果实富含淀粉，可作家畜的饲料、牧草；根状茎入药，有退烧、止泻、调经、收敛止血的功能，主治胃病、消化不良、肺病、腹泻、月经不调、肠风下血、崩漏、白带、吐血、外伤出血等。

细叶珠芽蓼 *Bistorta tenuifolia*（H. W. Kung）Miyam. et H. Ohba

分布于广东、广西、四川、云南、陕西、甘肃、青海。

分布于青海的玉树、治多、曲麻莱、玛多、同仁、尖扎、泽库、湟中、互助；生于灌丛、高山草甸、沙滩；海拔2 800～4 700 m。花期5—7月，果期7—9月。

根状茎及果实富含淀粉，茎叶为优良饲草。

大黄属 *Rheum* L

穗序大黄 *Rheum spiciforme* Royle

分布于西藏、青海。

分布于青海的玉树、曲麻莱、玛多、同仁、泽库、贵德、门源、祁连、互助；生于高山流石滩、砾石山坡、河滩沙砾地；海拔3 800～4 800 m。花期6月，果期8月。

根入药，具燥湿解毒，健胃化积功效，可治疗火热毒盛，疮疖肿毒，腹部胀满，呕吐酸腐。

掌叶大黄 *Rheum palmatum* L.

分布于四川、云南、西藏、甘肃、青海。

分布于青海的囊谦、同仁、祁连、西宁、乐都、化隆；生于河谷林缘、山坡灌丛；海拔2 700～4 000 m。花期6月，果期7—8月。

根状茎及根可供药用。

小大黄 *Rheum pumilum* Maxim.

分布于四川、西藏、甘肃、青海。

分布于青海的玉树、杂多、称多、曲麻莱、玛沁、甘德、达日、久治、玛多、同仁、尖扎、泽库、河南、共和、同德、贵德、兴海、贵南、天峻、门源、祁连、海晏、刚察、西宁、大通、湟中、湟源、乐都、互助；生于高山流石坡、高山草甸、高山灌丛；海拔3 000～4 700 m。花期6—7月，果期8—9月。

根入药，泻肠胃积滞、实热、下瘀血、消痈肿；主治食积停滞、脘腹胀痛、实热内盛、大便秘结、急性阑尾炎、黄疸、经闭、症瘕、痈肿、丹毒、口疮、水火烫伤、风火牙痛、跌打损伤、瘀血作痛。

鸡爪大黄 *Rheum tanguticum* Maxim. ex Regel

分布于西藏、甘肃、青海。

分布于青海的玛沁、班玛、久治、同仁、泽库、河南、同德、互助、乐都、循化、民和；生于林缘、林下沟谷、灌丛；海拔2 300～4 200 m。花期6月，果期7—8月。

根含鞣质，可提制栲胶；根入药，泻热攻下、行瘀血；主治食积停滞、湿热黄疸、跌打损伤；外用治烫火伤。

酸模属 *Rumex* L.

酸模 *Rumex acetosa* L.

分布于全国各地。

分布于青海的玉树、囊谦、班玛、久治、同仁、泽库、河南、同德、大通；生于山麓、山沟、河滩、林下、灌丛；海拔2 800～4 200 m。花期5—7月，果期6—8月。

全草供药用，有凉血、解毒之效；嫩茎、叶可作蔬菜及饲料。

尼泊尔酸模 *Rumex nepalensis* Spreng.

分布于湖南、湖北、江西、四川、广西、贵州、云南、西藏、陕西、甘肃、青海。

分布于青海的玉树、杂多、囊谦、称多、班玛、同仁、河南、互助、乐都、民和；生于林缘、灌丛、河滩、田边荒地；海拔2 700～4 000 m。花期4—5月，果期6—7月。

根和叶入药，清热解毒、凉血止血、通便；治肺结核咳血、急性肝炎、痢疾、便秘、功能性子宫出血、痔疮出血；外用治腮腺炎、神经性皮炎、疥癣、烧伤、外伤出血。

水生酸模 *Rumex aquaticus* L.

分布于黑龙江、吉林、山西、湖北、四川、陕西、宁夏、甘肃、青海、新疆。

分布于青海的玛沁、同仁、泽库、河南、兴海、同德、刚察、海晏、西宁、大通、湟中、互助、乐都；生于水沟边、河滩草地、沼泽草甸、灌丛；海拔2 100～3 800 m。花期5—6月，果期6—7月。

根入药，主治消化不良和急性肝炎。

巴天酸模 *Rumex patientia* L.

分布于黑龙江、吉林、辽宁、内蒙古、山西、山东、河南、湖南、湖北、四川、西藏、陕西、宁夏、甘肃、青海、新疆。

分布于青海的玉树、囊谦、玛沁、同仁、泽库、兴海、同德、都兰、西宁、大通、民和、循化；生于山沟、林间空地、田边；海拔2 200～3 600 m。花期5—6月，果期6—7月。

根和叶入药，凉血止血、清热解毒；主治功能性子宫出血、吐血、咯血、牙龈出血、胃及十二指肠出血、便血、紫癜、便秘、水肿等；外用治疥癣、疮痂、脂溢性性皮炎。

皱叶酸模 *Rumex crispus* L.

分布于黑龙江、吉林、辽宁、内蒙古、山西、山东、河南、湖北、四川、贵州、云南、陕西、宁夏、甘肃、青海、新疆。

分布于青海的玉树、玛沁、班玛、久治、同仁、尖扎、泽库、共和、兴海、西宁、乐都、互助、化隆、循化；生于河滩、湿地；海拔2 000～3 000 m。花期5—6月，果期6—7月。

齿果酸模 *Rumex dentatus* L.

分布于内蒙古、山西、山东、江苏、安徽、浙江、福建、山东、河南、湖北、四川、贵州、云南、陕西、宁夏、甘肃、青海、新疆。

分布于青海的泽库；生于林缘、湿地；海拔3 000 m。花期6—7月，果期8—9月。

苋科 Amaranthaceae Juss.

滨藜属 *Atriplex* L.

西伯利亚滨藜 *Atriplex sibirica* L.

分布于黑龙江、吉林、辽宁、内蒙古、河北、陕西、宁夏、甘肃、青海、新疆。

分布于青海的同仁、尖扎、共和、兴海、贵南、德令哈、格尔木、都兰、乌兰、西宁、民和；生于田边、湖边、固定沙丘、干旱盐碱地；海拔1 900～3 100 m。花期6—7月，果期8—9月。

果实为明目、强壮缓和药，主治恶血症结、头痛、咳逆、皮肤风痒、疮痒、肿痛及妇女乳闭不通等症；也可作家畜的饲料、牧草，羊和骆驼喜食。

轴藜属 *Axyris* L.

杂配轴藜 *Axyris hybrida* L.

分布于黑龙江、内蒙古、河北、山西、河南、云南、西藏、甘肃、青海、新疆。

分布于青海的玉树、治多、泽库、贵南、都兰、门源、刚察、湟源、互助；生于山坡草地、河滩、田边荒地；海拔2 700～4 200 m。花果期7—8月。

平卧轴藜 *Axyris prostrata* L.

分布于西藏、青海、新疆。

分布于青海的治多、达日、玛多、河南、贵南、门源、刚察；生于河谷、阶地、多石山坡；海拔3 200～4 800 m。花果期7—8月。

藜属 *Chenopodium* L.

藜 *Chenopodium album* L.

分布于全国各地。

分布于青海的玉树、治多、曲麻莱、玛沁、玛多、同仁、泽库、河南、共和、同德、兴海、都兰、门源、西宁、大通、湟中、平安、民和、乐都、互助、循化；生于荒地、农田、地边；海拔1 700～4 200 m。花果期5—10月。

幼苗可作蔬菜用，茎叶可喂家畜。全草又可入药，能止泻痢，止痒，可治痢疾腹泻；配合野菊花煎汤外洗，治皮肤湿毒及周身发痒。果实代"地肤子"药用。

杂配藜 *Chenopodiastrum hybridum*（L.）S. Fuentes，Uotila et Borsch

分布于黑龙江、吉林、辽宁、内蒙古、河北、浙江、山西、四川、云南、西藏、陕西、宁夏、甘肃、青海、新疆。

分布于青海的玉树、玛沁、玛多、同仁、泽库、同德、门源、祁连、西宁、大通、湟中、互助、乐都；生于林缘、灌丛、荒地；海拔2 300～3 500 m。花果期7—9月。

全草可入药，能调经止血。用于月经不调，功能性子宫出血，吐血，咯血，尿血。

小白藜 *Chenopodium iljinii* Golosk.

分布于四川、宁夏、甘肃、青海、新疆。

分布于青海的玛沁、久治、玛多、同仁、共和、同德、门源、祁连、刚察、乐都、循化；生于河谷阶地、山坡、干旱草地；海拔2 000～4 000 m。花果期8—10月。

平卧藜 *Chenopodium karoi*（Murr）Aellen

分布于四川、西藏、甘肃、青海、新疆。

分布于青海的玉树、达日、同仁、泽库、共和、兴海、贵南、门源、西宁、大通；生于山地、荒地；海拔1 650～4 000 m。花果期8—9月。

红叶藜属 *Oxybasis* Kar. & Kir.

灰绿藜 *Oxybasis glauca*（L.）S. Fuentes，Uotila et Borsch

分布于全国各地。

分布于青海的玉树、同仁、泽库、共和、同德、德令哈、都兰、乌兰、西宁、大通、湟中、湟源、互助、平安、乐都、化隆、循化、民和；生于盐碱性滩地、河边、农田；海拔2 100～3 200 m。花果期5—10月。

家畜喜食该植物。

刺藜属 *Teloxys* Moq.

刺藜 *Teloxys aristata*（L.）Moq.

分布于黑龙江、吉林、辽宁、内蒙古、河北、山东、山西、河南、陕西、宁夏、甘肃、四川、青海、新疆。

分布于青海的玉树、同仁、泽库、河南、共和、贵南、门源、西宁；生于荒地、半干旱山坡；海拔2 300～3 400 m。花期8—9月，果期10月。

全草可入药，有祛风止痒功效。煎汤外洗，治荨麻疹及皮肤瘙痒。

腺毛藜属 *Dysphania* R. Br.

菊叶香藜 *Dysphania schraderiana*（Roemer et Schultes）Mosyakin et Clemants

分布于辽宁、内蒙古、山西、四川、云南、西藏、陕西、甘肃、青海。

分布于青海的玉树、杂多、称多、治多、囊谦、曲麻莱、玛沁、同仁、尖扎、泽库、河南、共和、同德、贵德、兴海、贵南、德令哈、门源、祁连、刚察、西宁、大通、湟中、平安、民和、乐都；生于田边、荒地、半干旱山坡、河滩、林缘草地；海拔2 000～3 600 m。花期7—9月，果期9—10月。

驼绒藜属 *Krascheninnikovia* Gueldenst.

驼绒藜 *Krascheninnikovia ceratoides*（Linnaeus）Gueldenstaedt

分布于内蒙古、西藏、甘肃、青海、新疆。

分布于青海的玉树、玛沁、玛多、同仁、泽库、共和、兴海、同德、门源、德令哈、格尔木、都兰、乌兰、大柴旦、天峻、西宁、大通、乐都、循化、民和；生于干旱山坡、干旱河谷阶地、荒漠平原、河滩；海拔2 500～4 500 m。花果期6—9月。

可作荒漠区牧草或家畜的饲料。

地肤属 *Kochia* Roth.

地肤 *Kochia scoparia*（L.）Schrad.

分布于全国各地。

分布于青海的同仁、尖扎、共和、兴海、同德、贵南、格尔木、乌兰、西宁、乐都；生于农田边、路边荒地；海拔2 300～3 300 m。花期6—9月，果期7—10月。

幼苗可作蔬菜；果实称"地肤子"，为常用中药，能清湿热、利尿，治尿痛、尿急、小便不利及荨麻疹，外用治皮肤癣及阴囊湿疹。

小果滨藜属 *Microgynoecium* Hook. f

小果滨藜 *Microgynoecium tibeticum* Hook. f.

分布于西藏、甘肃、青海。

分布于青海的杂多、曲麻莱、久治、同仁、泽库、兴海、同德、祁连、刚察；生于高寒草甸、林缘、灌丛；海拔3 600~4 400 m。花果期7—9月。

猪毛菜属 *Kali* Mill.

猪毛菜 *Kali collinum*（Pall.）Akhani et Roalson

分布于黑龙江、吉林、辽宁、内蒙古、山西、河北、河南、山东、江苏、四川、贵州、云南、西藏、陕西、宁夏、甘肃、青海、新疆。

分布于青海的玉树、治多、囊谦、玛沁、同仁、尖扎、共和、同德、贵德、兴海、贵南、乌兰、都兰、祁连、刚察、西宁、大通、湟中、乐都、互助、循化；生于半干旱山坡、河滩、阶地；海拔1 850~4 000 m。花期7—9月，果期9—10月。

嫩枝叶可食用或用作饲料；种子可榨油；植株地上部分入药，治高血压病。

刺沙蓬 *Kali tragus* Scop.

分布于黑龙江、吉林、辽宁、内蒙古、山西、河北、甘肃、青海。

分布于青海的同仁、河南、兴海、德令哈、都兰；生于河谷沙地、砾质戈壁；海拔2 900~3 300 m。花期8—9月，果期9—10月。

可作荒漠区牧草。

小蓬属 *Nanophyton* Less.

小蓬 *Nanophyton erinaceum*（Pall.）Bunge

分布于青海、新疆。

分布于青海的尖扎、共和、贵德；生于石质山坡、沙地；海拔2 100~2 600 m。花果期8—9月。

优良牧草、骆驼最喜食，马和羊秋季喜食。粗蛋白含量高，是催肥饲料。

苋属 *Amaranthus* L.

反枝苋 *Amaranthus retroflexus* L.

分布于黑龙江、吉林、辽宁、内蒙古、河北、山东、山西、河南、陕西、宁夏、甘肃、青海、新疆。

分布于青海的同仁、尖扎、西宁、平安、循化、民和；生于路边、田边、山坡；海拔2 000~2 700 m。花期7—8月，果期8—9月。

嫩茎叶为野菜，也可作家畜饲料；种子作青葙子入药；全草药用，治腹泻、痢疾、痔疮肿痛出血等症。种植可供观赏。

青葙属 *Celosia* L.

鸡冠花 *Celosia cristata* L.

全国各地均有栽培。

青海的同仁、尖扎、西宁、湟中、乐都、循化有栽培。

栽培供观赏；花和种子供药用，为收敛剂，有止血、凉血、止泻功效。

千日红属 *Gomphrena* L.

千日红 *Gomphrena globosa* L.

全国各地均有栽培。

青海的同仁、尖扎、西宁、湟中有栽培。

栽培供观赏，还可作花圈、花篮等装饰品。花序入药，有止咳定喘、平肝明目功效，主治支气管哮喘，急、慢性支气管炎，百日咳，肺结核咯血等症。

石竹科 Caryophyllaceae Juss.

老牛筋属 *Eremogone* Fenzl

甘肃雪灵芝 *Eremogone kansuensis*（Maxim.）Dillenb. et Kadereit

分布于四川、云南、西藏、甘肃、青海。

分布于青海的玉树、囊谦、称多、玛沁、达日、久治、班玛、玛多、同仁、泽库、河南、同德、贵德、祁连、门源、大通、湟中、互助；生于高寒草甸、高山流石滩；海拔3 000～5 000 m。花期7月。

全株供药用，治流感、肺炎、黄疸、筋骨疼痛、淋病。

青藏雪灵芝 *Eremogone roborowskii*（Maxim.）Rabeler et W. L. Wagner

分布于四川、西藏、青海。

分布于青海的玉树、杂多、治多、囊谦、玛沁、达日、玛多、泽库、兴海、祁连；生于高寒草甸、高山流石滩；海拔4 200～5 100 m。花期7—8月。

具有利湿退黄、止痛、止咳、清热的功效。

无心菜属 *Arenaria* L.

福禄草 *Arenaria przewalskii* Maxim.

分布于甘肃、青海。

分布于青海的玉树、玛沁、达日、久治、同仁、泽库、河南、兴海、同德、祁连、门源、大通、湟中、互助、乐都、循化；生于高寒草甸；海拔3 500~4 700 m。花期7—8月。

全草入药，清热润肺，治肺结核、肺炎。

齿缀草属 *Odontostemma* Benth. ex G. Don

黑蕊无心菜 *Odontostemma melanandrum*（Maxim.）Rabeler et W. L. Wagner

分布于四川、西藏、甘肃、青海。

分布于青海的玉树、玛沁、达日、久治、玛多、同仁、泽库、河南、同德、门源、大通、湟中、互助；生于高寒草甸、高山砾石滩；海拔3 700~5 000 m。花期7月，果期8月。

全草入药，利湿、消炎、消肿；治腹水。

卷耳属 *Cerastium* L.

簇生泉卷耳 *Cerastium fontanum* subsp. *vulgare*（Hartman）Greuter et Burdet

分布于河北、山西、河南、江苏、安徽、福建、浙江、湖北、湖南、四川、云南、陕西、宁夏、甘肃、青海、新疆。

分布于青海的玉树、治多、曲麻莱、囊谦、称多、玛沁、玛多、达日、久治、同仁、泽库、河南、同德、祁连、门源、天峻、西宁、大通、湟中、互助、平安、乐都、循化；生于山坡草地、林下、林缘、灌丛、河漫滩；海拔2 300~4 600 m。花期5—6月，果期6—7月。

全草入药，清热解毒。

原野卷耳 *Cerastium arvense* L.

分布于河北、山西、内蒙古、四川、陕西、宁夏、甘肃、青海、新疆。

分布于青海的治多、囊谦、玛沁、久治、同仁、泽库、河南、同德、祁连、门源、西宁、大通；生于山地草地、高山草甸、灌丛草甸、河滩；海拔

2 350~4 200 m。花期5—8月，果期7—9月。

全草入药，滋阴补阳。

石竹属 *Dianthus* L.

瞿麦 *Dianthus superbus* L.

分布于黑龙江、吉林、辽宁、内蒙古、山西、河北、山东、江苏、浙江、江西、河南、湖北、四川、贵州、陕西、甘肃、青海、新疆。

分布于青海的玛沁、班玛、久治、泽库、河南、同德、大通、湟源、湟中、互助、循化、民和；生于高山草甸、灌丛；海拔3 000~3 500 m。花期6—9月，果期8—10月。

可作观赏植物。全草入药，有清热、利尿、破血通经功效。也可作农药，能杀虫。

石头花属 *Gypsophila* L.

细叶石头花 *Gypsophila licentiana* Hand.-Mazz.

分布于内蒙古、河北、山西、陕西、宁夏、甘肃、青海、新疆。

分布于青海的同仁、尖扎、贵德、西宁、湟源、互助；生于山坡、石隙；海拔2 240~2 800 m。花期7—8月，果期8—9月。

为干草原常见植物，可在干旱山坡种植观赏。

薄蒴草属 *Lepyrodiclis* Fenzl

薄蒴草 *Lepyrodiclis holosteoides*（C. A. Meyer）Fenzl. ex Fisher et C. A. Meyer

分布于内蒙古、四川、西藏、陕西、宁夏、甘肃、青海、新疆。

分布于青海的杂多、囊谦、同仁、尖扎、泽库、河南、共和、兴海、同德、贵德、刚察、祁连、门源、西宁、大通、湟中、湟源、互助、乐都、民和；生于山坡草地、林缘、河滩、荒地；海拔2 200~4 200 m。花期5—7月，果期7—8月。

花期全草药用，有利肺、托疮功效。

蝇子草属 *Silene* L.

女娄菜 *Silene aprica* Turcz. ex Fisch. et Mey.

分布于全国各地。

分布于青海的玉树、杂多、曲麻莱、称多、玛沁、久治、达日、玛多、同仁、泽库、河南、共和、兴海、同德、贵南、刚察、门源、天峻、西宁、大通、湟源、互助、乐都、循化、民和；生于山坡草地、灌丛、林下、河边、滩地；海拔2 000～4 150 m。花期5—7月，果期6—8月。

全草入药，治乳汁少、体虚浮肿等症。

麦瓶草 *Silene conoidea* L.

分布于黄河流域和长江流域，西至新疆和西藏。

分布于青海的玉树、囊谦、同仁、尖扎、同德、门源、祁连、西宁、大通、湟源、互助、民和；生于山坡草地；海拔1 940～3 600 m。花期5—6月，果期6—7月。

全草药用，治鼻衄、吐血、尿血、肺脓疡和月经不调等症。

腺毛蝇子草 *Silene yetii* Bocquet

分布于四川、西藏、甘肃、青海。

分布于青海的玉树、杂多、玛沁、久治、玛多、同仁、泽库、河南、共和、兴海、同德、门源、互助；生于草甸、山坡、高山砾石带、滩地；海拔2 800～4 800 m。花期7月，果期8月。

隐瓣蝇子草 *Silene gonosperma*（Rupr.）Bocquet

分布于山西、河北、西藏、甘肃、青海、新疆。

分布于青海的玉树、杂多、曲麻莱、称多、玛沁、玛多、同仁、泽库、兴海、同德、祁连、门源、大通、湟源、湟中、互助、循化、民和；生于高山草甸、山坡草地、高山砾石带、灌丛、河滩；海拔2 500～4 700 m。花期6—7月，果期8月。

具有清热利湿、解毒消肿的功效。

山蚂蚱草 *Silene jenisseensis* Willd.

分布于黑龙江、吉林、辽宁、内蒙古、山西、河北、青海。

分布于青海的玉树、囊谦、治多、曲麻莱、称多、玛沁、甘德、久治、玛多、同仁、泽库、河南、共和、兴海、同德、贵南、贵德、乌兰、天峻、门源、刚察、祁连、大通、湟中、湟源、乐都、互助、民和；生于高山草甸、林下、河滩；海拔3 000～4 200 m。花期7—8月，果期8—9月。

根入药，称山银柴胡，治阴虚潮热、久疟、小儿疳热等症。

蔓茎蝇子草 *Silene repens* Patr.

分布于黑龙江、吉林、辽宁、内蒙古、山西、河北、四川、西藏、陕西、甘肃、青海、新疆。

分布于青海的杂多、治多、囊谦、玛沁、甘德、同仁、尖扎、兴海、祁连、大通；生于山坡草地、砾石滩；海拔2 500～5 000 m。花期6—8月，果期7—9月。

花、果入药，调经，补血；治月经过多。

细蝇子草 *Silene gracilicaulis* C. L. Tang

分布于内蒙古、四川、云南、西藏、青海。

分布于青海的玉树、治多、曲麻莱、囊谦、称多、玛沁、玛多、久治、同仁、泽库、河南、共和、兴海、同德、贵德、贵南、刚察、祁连、门源、乌兰、天峻、大通、湟源、湟中、互助、乐都、民和；生于高山草甸、山坡草地、林下、河滩、河边、岩石缝隙；海拔2 400～4 300 m。花期7—8月，果期8—9月。

全草或根入药。治小便不利、尿痛、尿血、经闭等症。

繁缕属 *Stellaria* L.

禾叶繁缕 *Stellaria graminea* L.

分布于北京、河北、山东、山西、湖北、四川、云南、西藏、陕西、甘肃、青海、新疆。

分布于青海的玉树、杂多、称多、治多、囊谦、玛沁、久治、同仁、泽库、河南、兴海、同德、天峻、门源、大通、互助；生于山坡草地、岩石缝隙、灌丛、林下；海拔2 500～4 200 m。花期5—7月，果期8—9月。

具有活血化瘀、清热解毒的功效。

繁缕 *Stellaria media*（L.）Villars

分布于全国各地。

分布于青海的囊谦、同仁、尖扎、西宁、大通；生于山坡草地、林缘、灌丛、河边；海拔2 300～3 900 m。花期6—7月，果期7—8月。

可用作阴湿环境下的地被植物；茎、叶及种子供药用，嫩苗可食用。

湿地繁缕 *Stellaria uda* Williams

分布于四川、云南、青海、新疆。

分布于青海的玉树、囊谦、治多、玛沁、班玛、久治、甘德、同仁、尖扎、泽库、河南、同德、刚察、门源、大通、互助；生于山坡草地、草甸、河滩；海拔2 200～4 000 m。花期5—6月，果期7—8月。

伞花繁缕 *Stellaria umbellata* Turcz.

分布于河北、山西、四川、西藏、陕西、甘肃、青海、新疆。

分布于青海的杂多、称多、治多、玛沁、达日、久治、玛多、同仁、泽库、门源、祁连、大通、湟中；生于高山草甸；海拔2 200～5 000 m。花期6—7月，果期7—8月。

鸡肠繁缕 *Stellaria neglecta* Weihe

分布于黑龙江、内蒙古、江苏、浙江、四川、贵州、云南、西藏、陕西、青海、新疆。

分布于青海的同仁、尖扎、西宁；生于林下；海拔2 200～2 600 m。花期4—6月，果期6—8月。

全草药用，有抗菌消炎作用。

准噶尔繁缕 *Stellaria soongorica* Roshev.

分布于青海、新疆。

分布于青海的同仁、泽库；生于林缘、林下、灌丛、山坡草地；海拔2 900～3 000 m。花期6—7月，果期8—9月。

沙生繁缕 *Stellaria arenarioides* Shi L. Chen et al.

分布于西藏、甘肃、青海、新疆。

分布于青海的玉树、治多、囊谦、曲麻莱、玛沁、甘德、久治、玛多、同仁、泽库、河南、同德、德令哈、祁连；生于山坡草地、高山流石滩、河滩、阴坡灌丛；海拔2 900～5 000 m。花期6—7月，果期8—9月。

鹅肠菜 *Stellaria aquatica*（L.）Scop.

分布于全国各地。

分布于青海的同仁、泽库、门源；生于河滩、灌丛、林缘；海拔2 700～2 800 m。花期5—8月，果期6—9月。

全草供药用，祛风解毒，外敷治疗疮；幼苗可作野菜和饲料。

孩儿参属 *Pseudostellaria* Pax

孩儿参 *Pseudostellaria heterophylla*（Miq.）Pax

分布于辽宁、内蒙古、河北、山东、江苏、安徽、浙江、江西、河南、湖北、湖南、四川、陕西、青海。

分布于青海的同仁、泽库；生于山谷林下；海拔2 600～2 700 m。花期5—7月，果期7—8月。

块根供药用，有健脾、补气、益血、生津等功效，为滋补强壮剂。

蔓孩儿参 *Pseudostellaria davidii*（Franch.）Pax

分布于黑龙江、辽宁、吉林、内蒙古、河北、山西、浙江、山东、安徽、河南、四川、云南、西藏、陕西、甘肃、青海、新疆。

分布于青海的杂多、久治、同仁、泽库、门源；生于林下、溪旁、林缘；海拔3 000～3 800 m。花期5—7月，果期7—8月。

细叶孩儿参 *Pseudostellaria sylvatica*（Maxim.）Pax

分布于黑龙江、吉林、辽宁、河北、河南、湖北、四川、云南、西藏、陕西、甘肃、青海、新疆。

分布于青海的久治、同仁、泽库、祁连、门源、循化；生于林下；海拔2 400～2 800 m。花期4—5月，果期6—8月。

芍药科 Paeoniaceae Raf.

芍药属 *Paeonia* L.

川赤芍 *Paeonia veitchii* Lynch

分布于四川、西藏、陕西、甘肃、青海。

分布于青海的班玛、同仁、尖扎、泽库、大通、湟中、乐都、互助、循化、民和；生于林下、林缘、灌丛；海拔2 500～3 700 m。花期5—6月，果期7月。

根供药用，有抗菌作用；主治经行腹痛、闭经、跌打淤结、斑疹、目赤及痈肿疮毒等。

芍药 *Paeonia lactiflora* Pall.

分布于黑龙江、吉林、辽宁、内蒙古、河北、陕西、甘肃。

青海的东部农业区及同仁、尖扎有栽培。

根药用，称"白芍"，能镇痛、镇痉、祛瘀、通经；种子含油量约为25%，供制皂和涂料用。栽培供观赏。

毛茛科 Ranunculaceae Juss.

乌头属 *Aconitum* L.

铁棒槌 *Aconitum pendulum* Busch

分布于河南、四川、云南、西藏、陕西、甘肃、青海。

分布于青海的玉树、杂多、曲麻莱、玛多、玛沁、同仁、尖扎、泽库、兴海、贵南、祁连、门源、互助；生于山坡草地、河滩、砂砾地；海拔2 600～4 700 m。花果期7—9月。

块根入药，有大毒，祛风止痛，散瘀止血，消肿拔毒；治风湿性关节痛、跌打损伤、痈疮肿毒等。孕妇忌服。

伏毛铁棒槌 *Aconitum flavum* Hand.-Mazz

分布于内蒙古、四川、西藏、宁夏、甘肃、青海。

分布于青海的治多、玛多、久治、同仁、泽库、祁连、门源、大通、湟中、互助、乐都、民和；生于山坡草地、林缘、灌丛、河滩；海拔2 600～4 700 m。花果期7—9月。

块根入药，有大毒；主治跌打损伤、风湿性关节痛等症。藏医还用于治疗流行性感冒、疮疖等。

高乌头 *Aconitum sinomontanum* Nakai

分布于山西、河北、湖北、贵州、四川、陕西、甘肃、青海。

分布于青海的班玛、同仁、尖扎、泽库、门源、大通、互助、循化；生于林下、林缘、灌丛、山坡草地；海拔2 300～3 200 m。花果期6—9月。

根入药，有毒，祛风除湿，散瘀止痛；主治风湿腰腿痛、胃痛和跌打损伤等。

甘青乌头 *Aconitum tanguticum*（Maxim.）Stapf

分布于四川、云南、西藏、陕西、甘肃、青海。

分布于青海的玉树、杂多、治多、曲麻莱、囊谦、玛多、久治、同仁、尖扎、泽库、河南、兴海、祁连、门源、大通、湟中、互助、循化；生于河滩、阴坡、高山草甸、高山流石滩；海拔3 450～4 700 m。花期7—8月，果期8—9月。

全草入药，清热解毒；治肝炎、胆囊炎、肺炎、肠炎、流行性感冒及食物中毒等。

露蕊乌头属 *Gymnaconitum*（Stapf）Wei Wang et Z. D. Chen

露蕊乌头 *Gymnaconitum gymnandrum*（Maxim.）Wei Wang et Z. D. Chen.

分布于四川、西藏、甘肃、青海。

分布于青海的玉树、杂多、治多、曲麻莱、囊谦、玛沁、玛多、班玛、久治、同仁、尖扎、泽库、河南、共和、兴海、贵南、祁连、门源、西宁、大通、湟源、湟中、互助、乐都、循化、民和；生于山坡草地、河谷；海拔2 200～4 300 m。花期6—8月，果期7—9月。

全草入药，有大毒，祛风镇痛；主治风湿麻木。藏医用种子治肝病、胃病及淋病等。

侧金盏花属 *Adonis* L.

蓝侧花金盏 *Adonis coerulea* Maxim.

分布于四川、西藏、甘肃、青海。

分布于青海的玉树、杂多、治多、囊谦、称多、曲麻莱、玛沁、玛多、久治、同仁、尖扎、兴海、门源、格尔木、大通、乐都、互助；生于山坡草地、灌丛、河滩；海拔2 200 ~ 4 700 m。花期4—7月，果期6—8月。

全草入药，外敷治疥疮和银屑病等。

银莲花属 *Anemone* L.

小银莲花 *Anemone exigua* Maxim.

分布于山西、四川、云南、陕西、甘肃、青海。

分布于青海的玛沁、同仁、尖扎、同德、兴海、大通、互助、乐都、民和；生于林下、林缘、山谷；海拔2 000 ~ 2 950 m。花期6—8月。

具有抗炎、解热镇痛、镇静等功效。

叠裂银莲花 *Anemone imbricata* Maxim.

分布于四川、西藏、甘肃、青海。

分布于青海的玉树、杂多、治多、曲麻莱、囊谦、玛沁、班玛、久治、泽库、河南、兴海、乌兰、大通；生于高山草甸，灌丛、流石滩；海拔3 200 ~ 5 100 m。花期5—8月。

花、茎、叶可药用，能消炎，治烧伤等症。叶入药，藏医用治淋病、关节积黄水、病后体温不足等。

草玉梅 *Anemone rivularis* Buch.-Ham.

分布于辽宁、内蒙古、山西、河北、河南、四川、陕西、宁夏、甘肃、青海、新疆。

分布于青海的玉树、治多、久治、大武、玛多、尖扎、同仁、泽库、河南、兴海、西宁、大通；生于河谷、林下、河滩、山坡草地，海拔2 300 ~ 3 600 m。花期5—8月，果期6—9月。

根入药，有小毒，清热利湿，消肿止痛；治咽喉肿痛、扁桃体炎、牙痛、胃痛、肝炎、风湿痛及跌打损伤等。

小花草玉梅 *Anemone rivularis* var. *flore-minore* Maxim.

分布于辽宁、内蒙古、山西、河北、河南、四川、陕西、宁夏、甘肃、青海、新疆。

分布于青海的玉树、杂多、玛沁、同仁、尖扎、泽库、同德、兴海、门源、西宁、大通、湟中、湟源、民和、乐都、互助；生于林下、山坡草地；海拔2 000～3 600 m。花期5—8月，果期6—9月。

根状茎药用，可治疗肝炎、筋骨疼痛等症。

钝裂银莲花 *Anemone obtusiloba* D. Don.

分布于四川、西藏、青海。

分布于青海的玉树、囊谦、曲麻莱、玛沁、久治、同仁、尖扎、泽库、河南、共和、西宁、大通、互助、乐都、民和；生于河滩、河谷草地、林缘、灌丛、高山草甸；海拔2 290～4 800 m。花期5—7月。

叶、花、果入药，藏医用于暖体、消积、祛湿、愈创、止血、排脓；治病后体温不足、淋病、关节积黄水，慢性气管炎、黄水疮、末梢神经麻痹。

条叶银莲花 *Anemone trullifolia* Hook. F. et Thoms. var. *linearis* Hand.-Mazz.

分布于四川、云南、西藏、甘肃、青海。

分布于青海的玉树、囊谦、玛沁、班玛、久治、同仁、泽库、河南、大通、循化；生于河滩、山坡草地、山地草甸、阴坡灌丛；海拔2 700～4 400 m。花期6—9月。

根、花入药，止咳；治慢性气管炎及末梢神经麻痹等。

疏齿银莲花 *Anemone geum* subsp. *ovalifolia*（Bruhl）R. P. Chaudhary

分布于山西、河北、四川、云南、西藏、陕西、宁夏、甘肃、青海、新疆。

分布于青海的玉树、杂多、称多、治多、囊谦、玛沁、久治、玛多、同仁、尖扎、泽库、河南、共和、同德、贵德、兴海、天峻、门源、祁连、海晏、刚察、西宁、大通、湟中、湟源、民和、乐都、互助；生于高山草甸、河谷灌丛、山坡林缘；海拔2 300～4 800 m。花期5—8月。

全草用药，具有清热利湿、祛湿敛疮、止血的功效。

耧斗菜属 *Aquilegia* L.

耧斗菜 *Aquilegia viridiflora* Pall.

分布于黑龙江、辽宁、吉林、内蒙古、山西、河北、山东、陕西、宁夏、甘肃、青海。

分布于青海的玉树、同仁、尖扎、门源、西宁、大通、湟中、湟源、互助、乐都、循化、民和；生于山地草地、河边湿地；海拔1 900～2 300 m。花期5—7月，果期7—8月。

种植可供观赏。

无距耧斗菜 *Aquilegia ecalcarata* Maxim.

分布于湖北、河南、四川、贵州、西藏、陕西、甘肃、青海。

分布于青海的班玛、同仁、尖扎、门源、西宁、大通、民和、乐都、互助、循化；生于山地林下；海拔1 800～3 500 m。花期5—6月。

种植可供观赏。

驴蹄草属 *Caltha* L.

花莛驴蹄草 *Caltha scaposa* Hook. f. et Thoms.

分布于四川、云南、西藏、甘肃、青海。

分布于青海的玉树、杂多、治多、称多、玛多、久治、同仁、尖扎、泽库、湟中、互助；生于山坡草地、高寒灌丛、高寒草甸、河滩；海拔3 400～4 600 m。花期6—8月，果期7—9月。

全草入药，民间用来治筋骨疼痛等症；花入药，治化脓性创伤等。

升麻属 *Cimicifuga* L.

升麻 *Cimicifuga foetida* L.

分布于河南、山西、四川、云南、西藏、陕西、甘肃、青海。

分布于青海的班玛、同仁、泽库、门源、大通、湟中、互助、循化；生于林下、林缘、灌丛；海拔2 700～3 700 m。花期7—9月，果期8—10月。

根、茎入药，发表透疹，清热解毒，升提中气；治风热头痛、咽喉肿痛、斑疹不易透发、中气下陷、久泻脱肛、子宫下坠等。

铁线莲属 *Clematis* L

长花铁线莲 *Clematis rehderiana* Craib

分布于四川、云南、西藏、青海。

分布于青海的玉树、囊谦、玛沁、久治、同仁、尖扎、泽库、大通、乐都；生于河滩、山坡；海拔2 500～4 000 m。花期7—8月，果期9月。

可用于庭院垂直绿化，供观赏。全草用药，能清心降火、利尿，治口舌生疮、乳汁不通、肠炎痢疾、肾炎淋病等。

粉绿铁线莲 *Clematis glauca* Willd.

分布于山西、陕西、甘肃、青海、新疆。

分布于青海的同仁、尖扎、同德、兴海、门源、西宁、湟源、平安、民和、乐都、互助、循化；生于山坡灌丛；海拔2 250~2 750 m；花期6—7月，果期8—10月。

全草入药，可祛风湿，止痒，主治慢性风湿关节炎、关节疼痛；疮疖熬膏外敷；枝叶水煎外洗，可止瘙痒症。

芹叶铁线莲 *Clematis aethusifolia* Turcz.

分布于内蒙古、山西、河北、陕西、宁夏、甘肃、青海。

分布于青海的同仁、尖扎、祁连、西宁、湟源、循化、互助；生于林缘、灌丛、山坡、河边；海拔2 000~2 800 m。花期7—8月，果期9月。

可用于庭院垂直绿化，供观赏。全草入药，能健胃、消食，治胃包囊虫和肝包囊虫；外用除疮、排脓。

短尾铁线莲 *Clematis brevicaudata* DC.

分布于黑龙江、吉林、辽宁、内蒙古、山西、河北、河南、湖南、浙江、江苏、四川、云南、西藏、陕西、宁夏、甘肃、青海。

分布于青海的尖扎、泽库、大通、湟中、循化；生于林缘、灌丛、山坡草地；海拔1 850~3 000 m。花期7—9月，果期9—10月。

可用于庭院垂直绿化，供观赏。藤茎入药，清热利尿、通乳、消食、通便；主治尿道感染、尿频、尿道痛，心烦尿赤、口舌生疮、腹中胀满、大便秘结、乳汁不通。

黄花铁线莲 *Clematis intricata* Bunge

分布于辽宁、内蒙古、山西、河北、陕西、甘肃、青海。

分布于青海的玛多、尖扎、泽库、门源、湟中、循化；生于林缘、灌丛、山坡、河谷；海拔2 200~4 100 m。花期6—7月，果期8—9月。

全草入药，祛风除湿、解毒止痛；主治风湿痛、疮疖等。可用于庭院绿化，供观赏。

长瓣铁线莲 *Clematis macropetala* Ledeb.

分布于山西、河北、陕西、宁夏、甘肃、青海。

分布于青海的同仁、尖扎、大通、湟中、互助、循化、民和；生于阴坡林下、林缘、灌丛、河滩、草地；海拔2 200～2 500 m。花期7月，果期8月。

可用于庭院绿化，供观赏。全草入药，健胃消食；治消化不良、恶心、排脓、消痞块。

小叶铁线莲 *Clematis nannophylla* Maxim.

分布于陕西、甘肃、青海。

分布于青海的同仁、尖扎、西宁、湟中、互助、循化；生于山地阳坡；海拔1 900～2 650 m。花期7—8月。

可用于庭院绿化，供观赏。

甘青铁线莲 *Clematis tangutica*（Maxim.）Korsh.

分布于四川、西藏、陕西、甘肃、青海、新疆。

分布于青海的玉树、杂多、治多、曲麻莱、囊谦、玛沁、玛多、班玛、久治、同仁、尖扎、泽库、河南、共和、兴海、贵南、刚察、祁连、门源、大柴旦、都兰、西宁、湟中、互助、乐都、循化、民和；生于林下、灌丛、山坡；海拔2 300～4 300 m。花期6—9月，果期9—10月。

可用于庭院绿化，供观赏。全草入药，健胃、消食、排脓、消痞块；主治消化不良、痞块及疮疖等。

翠雀属 *Delphinium* L.

白蓝翠雀花 *Delphinium albocoeruleum* Maxim.

分布于四川、西藏、甘肃、青海。

分布于青海的曲麻莱、囊谦、玛多、久治、同仁、泽库、河南、共和、兴海、祁连、德令哈、都兰、大通；生于河谷、山坡、高山草甸、高山流石坡；海拔2 850～4 300 m。花期7—9月。

花形独特，种植可供观赏。全草入药，治肠炎、腹泻。

蓝翠雀花 *Delphinium caeruleum* Jacq. ex Camb.

分布于四川、西藏、甘肃、青海。

分布于青海的玉树、杂多、囊谦、久治、玛多、同仁、泽库、兴海、贵南、天峻、大通、湟源、湟中、循化；生于高山灌丛、山坡草地；海拔2 700～4 300 m。花期7—9月。

地上部分入药，主治肠热腹泻及肝、胆疾患。种植可供观赏。

单花翠雀花 *Delphinium candelabrum* var. *monanthum*（Hand.-Mazz.）W. T. Wang

分布于四川、西藏、甘肃、青海。

分布于青海的玉树、杂多、称多、治多、曲麻莱、玛沁、达日、久治、玛多、同仁、泽库、德令哈、乌兰、祁连、湟中；生于山坡草地；海拔4 100～5 000 m。花期7—8月。

全草供药用，可止泻。

密花翠雀花 *Delphinium densiflorum* Duthie ex Huth

分布于甘肃、青海。

分布于青海的玛多、同仁、泽库、互助；生于山坡草地；海拔3 700～4 500 m。花期7—8月。

全草入药，可解乌头之毒；种植可供观赏。

展毛翠雀花 *Delphinium kamaonense* var. *glabrescens*（W. T. Wang）W. T. Wang

分布于四川、西藏、甘肃、青海。

分布于青海的玉树、杂多、称多、囊谦、曲麻莱、玛沁、久治、玛多、同仁、泽库、河南；生于山坡草地；海拔2 500～4 200 m。花期7—8月。

全草入药，可消肠炎，止腹泻；根部浸酒，可镇痛、除风湿，外敷疮癣。

大通翠雀花 *Delphinium pylzowii* Maxim.

分布于甘肃、青海。

分布于青海的玉树、杂多、治多、曲麻莱、囊谦、玛多、同仁、泽库、河南、兴海、祁连、大通、湟中、互助、循化；生于山坡、高山草甸、高山流石滩；海拔2 500～5 000 m。花期7—8月。

全草入药，治肠炎、腹泻等症。种植可供观赏。

三果大通翠雀花 *Delphinium pylzowii* var. *trigynum* W. T. Wang

分布于四川、西藏、甘肃、青海。

分布于青海的玉树、称多、曲麻莱、玛沁、甘德、达日、玛多、泽库、河南、兴海、门源、互助；生于山坡草地；海拔2 300～3 000 m。花期7—8月。

全草供药用，可治肠炎。

疏花翠雀花 *Delphinium sparsiflorum* Maxim.

分布于宁夏、甘肃、青海。

分布于青海的同仁、尖扎、门源、大通、互助、乐都；生于山坡草地、林缘；海拔1 900～2 800 m。花期7—8月。

毛翠雀花 *Delphinium trichophorum* Franch.

分布于四川、西藏、甘肃、青海。

分布于青海的玉树、杂多、称多、治多、囊谦、曲麻莱、玛沁、达日、久治、同仁、尖扎、泽库、河南、兴海、乌兰、门源、祁连；生于山坡草地；海拔2 100～2 500 m。花果期8—10月。

美叶翠雀花 *Delphinium calophyllum* W. T. Wang

分布于青海。

分布于青海的河南、乐都；生于高山草甸、山坡砾石滩；海拔3 400～3 600 m。花期7月。

扁果草属 *Paropyrum* Ulbr.

扁果草 *Paropyrum anemonoides*（Kar. et Kir.）Ulbr.

分布于西藏、甘肃、青海、新疆。

分布于青海的同仁、尖扎、泽库、门源、互助、民和、循化；生于山地草原、林下石缝；海拔2 300～3 500 m。花期6—7月，果期7—9月。

星叶草属 *Circaeaster* Maxim.

星叶草 *Circaeaster agrestis* Maxim.

分布于四川、云南、西藏、陕西、甘肃、青海、新疆。

分布于青海的玉树、杂多、治多、囊谦、班玛、玛多、久治、同仁、泽库、祁连、大通、互助；生于林下、灌丛；海拔3 050～4 500 m。花期4—6月。

全草具有疏风清热、利尿的功效。

美花草属 *Callianthemum* C. A. Mey.

美花草 *Callianthemum pimpinelloides*（D. Don）Hook. F. et Thoms.

分布于四川、云南、西藏、青海。

分布于青海的玉树、杂多、囊谦、治多、曲麻莱、玛沁、玛多、达日、久治、同仁、泽库、湟中、互助；生于灌丛、山坡草地、高寒草甸；海拔3 200~4 600 m。花期4—6月。

具有活血散瘀、接骨调经、止痛、解毒的功效。

鸦跖花属 *Oxygraphis* Bunge

鸦跖花 *Oxygraphis glacialis*（Fisch. ex DC.）Bunge

分布于四川、云南、西藏、陕西、甘肃、青海、新疆。

分布于青海的玉树、称多、曲麻莱、玛沁、玛多、久治、同仁、泽库、祁连、门源、大通、循化、互助；生于高山草甸、高山流石坡；海拔2 300~4 850 m。花果期6—8月。

全草入药，消炎镇痛；治头痛、头伤，亦可熬膏外擦。

碱毛茛属 *Halerpestes* Greene

三裂碱毛茛 *Halerpestes tricuspis*（Maxim.）Hand.-Mazz.

分布于四川、西藏、陕西、甘肃、青海、新疆。

分布于青海的玉树、治多、久治、同仁、泽库、共和、兴海、门源、西宁、大通、互助；生于河漫滩、沼泽草甸、阴坡潮湿地；海拔2 200~4 200 m。花果期5—8月。

可用于水体绿化。全草入药，清热解毒；治烧伤、烫伤等。

水毛茛属 *Batrachium* S. F. Gray

水毛茛 *Batrachium bungei*（Steud）L. Liou

分布于辽宁、河北、山西、江西、江苏、四川、云南、西藏、甘肃、青海。

分布于青海的玉树、杂多、治多、玛多、久治、同仁、泽库、河南、祁连、大通；生于河滩、湖边、小溪；海拔3 000～4 700 m。花期5—8月。

可用于水体绿化。

拟耧斗菜属 *Paraquilegia Drumm. et Hatch.*

拟耧斗菜 *Paraquilegia microphylla*（Royle）Drumm. et Hutch.

分布于四川、云南、西藏、甘肃、青海、新疆。

分布于青海的玉树、囊谦、杂多、治多、曲麻莱、玛沁、久治、同仁、泽库、河南、兴海、祁连、门源、互助、循化；生于岩石缝隙、灌丛、林缘；海拔2 900～4 700 m。花期6—8月，果期8—9月。

花形美丽，色彩艳丽，种植可供观赏。全草入药，退烧、止痛、止血；主治跌打损伤、恶性痈疽、胎衣不下。

毛茛属 *Ranunculus* L.

茴茴蒜 *Ranunculus chinensis* Bunge

分布于黑龙江、吉林、辽宁、内蒙古、河北、山西、河南、山东、湖北、湖南、江西、江苏、安徽、浙江、广东、广西、贵州、四川、云南、西藏、陕西、甘肃、青海、新疆。

分布于青海的久治、同仁、尖扎、西宁、大通、互助、循化；生于山坡、河边、河滩地；海拔2 200～3 800 m。花果期5—9月。

全草药用，外敷引赤发疱，有消炎、退肿、截疟及杀虫之效。

云生毛茛 *Ranunculus nephelogenes* Edgeworth

分布于四川、云南、西藏、甘肃、青海。

分布于青海的玉树、囊谦、玛多、久治、同仁、泽库、河南、西宁、大通、互助、循化；生于高山草甸、林下、河滩、沼泽草甸；海拔2 210～4 400 m。花果期6—8月。

具有祛风湿、消肿止痛的功效。

美丽毛茛 *Ranunculus pulchellus* C. A. Mey.

分布于黑龙江、吉林、内蒙古、河北、甘肃、青海。

分布于青海的玉树、杂多、囊谦、曲麻莱、玛沁、达日、久治、玛多、同仁、尖扎、河南、共和、同德、兴海、乌兰、门源、祁连、大通、互助、循化；生于山坡、沟谷；海拔2 300~4 100 m。花果期6—8月。

全草入药，具有除风湿、降血压、清热解毒、舒络活血的功效。

高原毛茛 *Ranunculus tanguticus*（Maxim.）Ovcz.

分布于山西、河北、四川、云南、西藏、陕西、甘肃、青海。

分布于青海的玉树、曲麻莱、玛沁、玛多、班玛、久治、同仁、尖扎、泽库、河南、兴海、天峻、海晏、门源、西宁、大通、互助、乐都、循化、民和；生于河边、河漫滩、沼泽草甸、山地阴坡、灌丛草甸；海拔2 300~4 400 m。花果期6—8月。

全草作药用，有清热解毒之效，治淋巴结核等症。

川青毛茛 *Ranunculus chuanchingensis* L. Liou

分布于四川、青海。

分布于青海的玉树、曲麻莱、玛沁、久治、玛多、同仁、尖扎、泽库、湟中；生于高山草甸、高山流石滩、河边；海拔3 000~5 050 m。花期6—7月。

具有祛风除湿、消肿止痛的功效。

深齿毛茛 *Ranunculus popovii* var. *stracheyanus*（Maxim.）W. T. Wang

分布于西藏、甘肃、青海。

分布于青海的同仁、泽库、德令哈、门源、大通；生于潮湿草地；海拔2 300~4 800 m。花果期6—8月。

长茎毛茛 *Ranunculus nephelogenes* var. *longicaulis*（Trautvetter）W. T. Wang

分布于四川、云南、西藏、甘肃、青海、新疆。

分布于青海的玉树、杂多、称多、治多、玛沁、玛多、同仁、尖扎、泽库、河南、共和、兴海、门源、祁连、刚察、西宁、大通、湟源、互助；生于林下、灌丛、沼泽草甸；海拔2 400~3 780 m。花果期6—8月。

棉毛茛 *Ranunculus membranaceus* Royle

分布于四川、西藏、青海。

分布于青海的治多、曲麻莱、玛沁、久治、玛多、同仁、泽库、河南、兴海、都兰、门源、祁连、海晏；生于高山流石滩、砾石草甸、河滩；海拔4 000~5 000 m。花期6—9月。

圆叶毛茛 *Ranunculus indivisus*（Maxim.）Hand.-Mazz.

分布于四川、青海。

分布于青海的玛沁、久治、同仁、德令哈、门源、祁连、海晏、刚察、大通；生于沼泽草甸、灌丛、林下、河滩；海拔2 800～4 500 m。花果期7—8月。

砾地毛茛 *Ranunculus glareosus* Hand.-Mazz.

分布于四川、云南、西藏、青海。

分布于青海的玉树、称多、治多、囊谦、曲麻莱、同德、贵德、祁连、大通、湟中；生于高山草甸、高山流石滩、冰缘湿地；海拔4 100～5 000 m。花果期7—8月。

全草入药，可镇痛和祛风湿。

唐松草属 *Thalictrum* L.

高山唐松草 *Thalictrum alpinum* L.

分布于西藏、青海、新疆。

分布于青海的玉树、治多、曲麻莱、玛沁、班玛、甘德、达日、久治、玛多、泽库、河南、兴海、格尔木、门源、祁连、海晏；生于高山草甸、山谷阴湿处、沼泽草地；海拔2 500～4 700 m。花果期6—8月。

根及根状茎入药，具有清热燥湿，杀菌止痢的功效。

直梗高山唐松草 *Thalictrum alpinum* L. var. *elatum* Ulbr.

分布于山西、河北、四川、云南、西藏、陕西、宁夏、甘肃、青海。

分布于青海的玉树、玛沁、久治、同仁、尖扎、泽库、河南、兴海、门源、大通、互助；生于高山草甸、河谷草地；海拔3 300～4 000 m。花果期6—8月。

全草入药，治小儿疳积、小儿惊风；根还可治胸闷呕吐等症。

腺毛唐松草 *Thalictrum foetidum* L.

分布于内蒙古、山西、河北、四川、西藏、陕西、甘肃、青海、新疆。

分布于青海的玉树、杂多、囊谦、玛沁、同仁、泽库、河南、共和、同德、贵德、兴海、贵南、德令哈、乌兰、都兰、门源、刚察、西宁、互助；生于山坡草地、林下；海拔2 500～3 100 m。花期5—7月。

根及根茎入药，具有清热燥湿，解毒的功效。用于湿热痢疾，黄疸，目赤肿痛，痈肿疮疖，风湿热痹。

长柄唐松草 *Thalictrum przewalskii* Maxim.

分布于内蒙古、山西、河北、河南、湖北、四川、西藏、陕西、甘肃、青海。

分布于青海的班玛、久治、玛沁、同仁、泽库、河南、门源、西宁、大通、湟中、循化、民和；生于林下、林缘、灌丛、岩石缝隙；海拔2 230～3 650 m。花期6—8月。

根有祛风之效，花和果可治肝炎、肝肿大等症。种植可供观赏。

瓣蕊唐松草 *Thalictrum petaloideum* L.

分布于黑龙江、辽宁、吉林、内蒙古、山西、河北、河南、安徽、四川、陕西、宁夏、甘肃、青海。

分布于青海的玛多、同仁、尖扎、共和、门源、西宁、大通、互助、乐都、循化；生于山坡草地、林缘、灌丛；海拔2 800～4 300 m。花期6—7月。

根入药，主治黄疸型肝炎、痢疾、腹泻、渗出性皮炎等。

芸香叶唐松草 *Thalictrum rutifolium* Hook. f. et Thoms.

分布于四川、云南、西藏、甘肃、青海。

分布于青海的玉树、杂多、治多、曲麻莱、囊谦、玛多、久治、同仁、尖扎、泽库、河南、兴海、共和、大通；生于山坡草地、林下、灌丛；海拔3 200～4 600 m。花期6—8月。

钩柱唐松草 *Thalictrum uncatum* Maxim.

分布于四川、云南、西藏、甘肃、青海。

分布于青海的班玛、同仁、泽库、河南、同德、门源、互助、民和、循化；生于山地草地、林缘、灌丛；海拔2 700～3 500 m。花期5—7月。

稀蕊唐松草 *Thalictrum oligandrum* Maxim.

分布于四川、陕西、甘肃、青海。

分布于青海的泽库、门源、祁连、互助；生于山地林下；海拔2 600～

3 200 m。花期7月。

细唐松草 *Thalictrum tenue* Franch.

分布于内蒙古、山西、河北、陕西、宁夏、甘肃、青海。

分布于青海的尖扎、泽库；生于山坡草地；海拔3 000～3 600 m。花期6月。

亚欧唐松草 *Thalictrum minus* L.

分布于山西、四川、甘肃、青海、新疆。

分布于青海的玉树、囊谦、玛沁、班玛、同仁、尖扎、河南、共和、同德、贵德、兴海、门源、祁连、刚察、西宁、大通、湟源、民和、乐都、互助、循化；生于山地草地、灌丛、林下；海拔2 400～3 700 m。花期6—7月。

东亚唐松草 *Thalictrum minus* var. *hypoleucum*（Sieb. et Zucc.）Miq.

分布于黑龙江、吉林、辽宁、内蒙古、广东、湖南、湖北、安徽、江苏、河南、山西、山东、河北、四川、贵州、陕西、青海。

分布于青海的同仁、尖扎、祁连、大通、湟源、互助、循化；生于山地林缘、山谷；海拔2 750～2 900 m。花期6—7月。

根可治牙痛、急性皮炎、湿疹等症。

贝加尔唐松草 *Thalictrum baicalense* Turcz.

分布于黑龙江、吉林、河南、河北、山西、西藏、陕西、甘肃、青海。

分布于青海的泽库、门源、西宁、大通、湟中、湟源、平安、民和、乐都、互助、化隆、循化；生于林下、林缘、灌丛；海拔2 200～3 000 m。花期5—6月。

金莲花属 *Trollius* L.

矮金莲花 *Trollius farreri* Stapf

分布于四川、云南、西藏、陕西、甘肃、青海。

分布于青海的玉树、治多、囊谦、玛沁、玛多、同仁、河南、兴海、贵南、乌兰、门源、大通、湟源、互助、乐都；生于山坡灌丛、草甸、高山流石滩、河滩；海拔2 900～5 200 m。花期6—7月，果期8月。

花色艳丽，种植可供观赏，用于地被绿化。全草供药用，主治伤风感冒。

小金莲花 *Trollius pumilus* D. Don

分布于西藏、青海。

分布于青海的玉树、同仁、泽库、河南、门源、循化；生于山坡湿地、河滩草甸、山坡草地；海拔2 500～4 200 m。花期5—7月，果期8月。

花色艳丽，种植可供观赏。

毛茛状金莲花 *Trollius ranunculoides* Hemsl.

分布于四川、云南、西藏、甘肃、青海。

分布于青海的玉树、玛沁、玛多、同仁、同德、门源、大通、互助、乐都、循化、民和；生于山坡草地、河滩、林中；海拔2 500～3 900 m。花期5—7月，果期8月。

全草治风湿、淋巴结核等症，用花治化脓创伤等症。

青藏金莲花 *Trollius pumilus* var. *tanguticus* Bruhl

分布于四川、西藏、甘肃、青海。

分布于青海的玉树、杂多、玛沁、甘德、达日、久治、同仁、泽库、共和、同德、兴海、门源、海晏、大通、湟中、互助、循化；生于山坡草地、沼泽草甸；海拔2 700～5 200 m。花期6—7月，果期8月。

具有清热解毒、养肝明目和提神的功效。

小檗科 Berberidaceae Juss.

小檗属 *Berberis* L.

置疑小檗 *Berberis dubia* Schneid.

分布于内蒙古、宁夏、甘肃、青海。

分布于青海的玉树、治多、囊谦、称多、玛沁、同仁、尖扎、泽库、河南、贵德、贵南、祁连、门源、德令哈、都兰、乌兰、湟源、民和；生于山坡、河谷灌丛；海拔2 500～3 850 m。花期5—6月，果期8—9月。

庭院栽培，供观赏。

秦岭小檗 *Berberis circumserrata*（Schneid.）Schneid.

分布于湖北、河南、陕西、甘肃、青海。

分布于青海的同仁、河南、乐都、互助；生于山坡、河谷阶地；海拔3 200～3 600 m。花期5月，果期7—9月。

庭院栽培，供观赏。根皮含小檗碱，供药用，为苦味健胃剂，也有解毒、抗菌、消炎作用。

鲜黄小檗 *Berberis diaphana* Maxim.

分布于陕西、甘肃、青海。

分布于青海的玉树、杂多、玛沁、久治、同仁、尖扎、泽库、河南、同德、贵德、门源、大通、湟源、湟中、互助、乐都、循化、民和；生于山坡林下、河谷灌丛；海拔2 395～3 850 m。花期5—6月，果期7—9月。

可用于园林绿化，供观赏；内皮入药，清热解毒，泻火解毒；根、茎、枝皮可提取黄色染料。

直穗小檗 *Berberis dasystachya* Maxim.

分布于湖北、河南、河北、山西、四川、陕西、宁夏、甘肃、青海。

分布于青海的玉树、同仁、尖扎、泽库、门源、大通、湟源、湟中、互助、平安、乐都、循化、民和；生于山坡林缘、河谷灌丛；海拔2 500～3 800 m。花期4—6月，果期6—9月。

可用于园林绿化，供观赏。内皮入药，有收敛镇痛作用；治消化不良、腹泻、眼痛、关节痛、淋病、遗精、白带等症。

刺檗 *Berberis vulgaris* L.

分布于甘肃、青海。

分布于青海的玉树、治多、曲麻莱、玛沁、同仁、尖扎、泽库、河南、兴海、同德、贵南、门源、德令哈、西宁、大通、互助、乐都；生于林下、山坡、谷地；海拔2 200～4 100 m。花期5—6月，果期7—9月。

庭院栽培，供观赏。内皮入药，有清热燥湿，泻火解毒，收敛镇痛作用；治消化不良、腹泻、眼痛、关节痛。

匙叶小檗 *Berberis vernae* Schneid.

分布于四川、甘肃、青海。

分布于青海的玉树、称多、同仁、尖扎、兴海、门源、大通、湟源、互助、乐都、民和；生于河谷、山麓；海拔2 700～3 900 m。花期5—6月，果期8—9月。

庭院栽培，供观赏。根皮和根可作黄色染料。花、果和枝内皮可入药，有收敛镇静作用；治消化不良、腹泻、眼痛、关节痛、淋病、遗精、白带等。

匙叶小檗 *Berberis purdomii* Schneid.

分布于山西、陕西、甘肃、青海。

分布于青海的于尖扎、西宁、大通；生于山坡草地、山坡灌丛；海拔2 300～2 500 m。花期6月，果期7—8月。

甘肃小檗 *Berberis kansuensis* Schneid.

分布于四川、陕西、宁夏、甘肃、青海。

分布于青海的玉树、同仁、尖扎、门源、西宁、民和、乐都、互助、循化；生于山坡灌丛、林下；海拔2 250～2 800 m。花期5—6月，果期7—8月。

桃儿七属 *Sinopodophyllum* T. S. Ying

桃儿七 *Sinopodophyllum hexandrum*（Poyle）Ying

分布于四川、云南、西藏、陕西、甘肃、青海。

分布于青海的玉树、囊谦、班玛、同仁、尖扎、贵德、大通、互助、乐都循化、民和；生于山谷、阴坡林下、灌丛、河滩湿地；海拔2 300～3 800 m。花期5—6月，果期7—9月。

根入药，能除风湿，利气血、通筋、止咳；果能生津益胃、健脾理气、止咳化痰，对治疗麻木、月经不调等症均有疗效。

罂粟科 Papaveraceae Juss.

紫堇属 *Corydalis* DC.

灰绿黄堇 *Corydalis adunca* Maxim.

分布于内蒙古、四川、西藏、陕西、宁夏、甘肃、青海。

分布于青海的玛多、同仁、尖扎、兴海、同德、西宁、大通、互助、乐都、循化、民和；生于阴坡灌丛、林下、河滩；海拔1 700～4 300 m。花果期6—9月。

具清肺止咳、清肝利胆、止痛的功效，用于治疗肺热咳嗽、发热胸痛、肝胆湿热、胁痛、发热、厌食油腻、黄疸、湿热泄泻等。

曲花紫堇 *Corydalis curviflora* Maxim.

分布于宁夏、甘肃、青海。

分布于青海的玉树、玛沁、久治、同仁、尖扎、同德、贵德、贵南、海晏、大通、湟中、乐都、循化；生于高山草甸、灌丛、林下；海拔2 600～4 000 m。花果期5—8月。

全草入药，治月经过多。

唐古特延胡索 *Corydalis tangutica* Peshkova

分布于四川、青海。

分布于青海的玛沁、久治、同仁、尖扎、门源、大通；生于高山砾石带、山坡草地、灌丛、林下；海拔4 000～4 800 m。花果期6—9月。

花形独特，种植可作地被植物。

叠裂黄堇 *Corydalis dasyptera* Maxim.

分布于四川、西藏、甘肃、青海。

分布于青海的玉树、杂多、治多、囊谦、称多、玛沁、玛多、久治、同仁、尖扎、泽库、河南、共和、兴海、同德、贵南、海晏、刚察、祁连、门源、天峻、大通、湟中、互助、乐都；生于高山砾石带、阴坡灌丛；海拔2 700～4 800 m。花果期6—9月。

全草入药，治肠胃病、感冒。

条裂黄堇 *Corydalis linarioides* Maxim.

分布于四川、西藏、陕西、宁夏、甘肃、青海。

分布于青海的玉树、囊谦、称多、玛沁、久治、同仁、河南、共和、同德、海晏、祁连、门源、大通、湟中、互助、乐都、循化、民和；生于阴坡草地、灌丛、草甸；海拔2 800～4 700 m。花果期6—9月。

全草或块根入药，治跌打损伤、风湿性疼痛、痨伤、皮肤风痒症等。

蛇果黄堇 *Corydalis ophiocarpa* Hook. f. et Thoms.

分布于山西、河北、河南、湖北、湖南、江西、安徽、四川、贵州、云南、西藏、陕西、宁夏、甘肃、青海。

分布于青海的玉树、同仁、泽库、河南、同德、西宁、互助；生于河滩、山坡；海拔2 300～3 600 m。花果期6—9月。

花形、叶形独特，种植可供观赏。根入药，舒筋、祛风湿。

赛北紫堇 *Corydalis impatiens*（Pall.）Fisch.

分布于内蒙古、山西、青海。

分布于青海的玉树、同仁、尖扎、泽库、门源、祁连、湟源、互助；生于林下、山坡灌丛；海拔1 900～3 200 m。花果期6—10月。

暗绿紫堇 *Corydalis melanochlora* Maxim.

分布于四川、甘肃、青海。

分布于青海的玉树、杂多、玛沁、玛多、泽库、河南、贵德、门源、祁连、湟中、互助；生于高山草甸、流石滩；海拔2 850～4 500 m。花果期6—9月。

草黄堇 *Corydalis straminea* Maxim.

分布于四川、甘肃、青海。

分布于青海的玛沁、久治、同仁、尖扎、同德、海晏、门源、大通、互助、乐都、循化、民和；生于灌丛草甸、林下；海拔2 400～3 600 m。花果期6—9月。

根茎入药，治流行性感冒、伤寒、传染性热病。

粗糙黄堇 *Corydalis scaberula* Maxim.

分布于四川、西藏、青海。

分布于青海的玉树、杂多、治多、曲麻莱、称多、玛沁、玛多、久治、兴海、泽库、河南；生于高山草甸、高山流石滩；海拔3 800～5 000 m。花果期6—9月。

块茎入药，治发烧、流行性感冒。

糙果紫堇 *Corydalis trachycarp*a Maxim.

分布于四川、西藏、甘肃、青海。

分布于青海的玉树、称多、玛沁、久治、同仁、河南、共和、贵德、祁连、门源、天峻、大通、湟中、互助；生于高山流石滩、高山草甸、灌丛；海拔3 100~4 500 m。花果期4—9月。

块茎入药，治流感发烧，伤寒病及各种炎症。

红花紫堇 *Corydalis livida* Maxim.

分布于甘肃、青海。

分布于青海的玉树、玛沁、久治、同仁、河南、同德、门源、祁连、大通、互助、乐都、循化；生于高山草甸、灌丛草甸；海拔3 400~4 700 m。花果期6—9月。

种植可供观赏。

荷包牡丹属 *Lamprocapnos* **Endl.**

荷包牡丹 *Lamprocapnos spectabilis*（L.）Fukuhara

分布于河北、四川、云南、甘肃。

青海的东部农业区及同仁、尖扎有栽培。

庭园栽培，供观赏。全草入药，有镇痛、解痉、利尿、调经、散血、和血、除风、消疮毒等功效。

角茴香属 *Hypecoum* L.

细果角茴香 *Hypecoum leptocarpum* Hook. f. et Thoms

分布于河北、山西、内蒙古、四川、云南、西藏、陕西、甘肃、青海、新疆。

分布于青海的玉树、杂多、治多、曲麻莱、囊谦、玛沁、玛多、久治、同仁、尖扎、泽库、河南、共和、兴海、贵南、同德、祁连、刚察、门源、德令哈、天峻、西宁、乐都、民和、互助；生于山坡灌丛、河谷、滩地；海拔2 250~4 800 m。花果期6—9月。

全草入药，解毒，退烧；治感冒、四肢关节疼痛、胆囊炎。

绿绒蒿属 *Meconopsis* Vig

多刺绿绒蒿 *Meconopsis horridula* Hook. f. et Thoms.

分布于四川、西藏、甘肃、青海。

分布于青海的玉树、杂多、治多、曲麻莱、囊谦、称多、达日、玛多、共和、兴海、同德、祁连、门源、大通、乐都、同仁、泽库、河南；生于高山砾石带、山坡、河滩；海拔3 700～4 800 m。花果期6—9月。

花入药，治跌打损伤。

总状绿绒蒿 *Meconopsis racemosa* Maxim.

分布于四川、云南、西藏、甘肃、青海。

分布于青海的玉树、囊谦、玛沁、玛多、久治、同仁、尖扎、河南、泽库、兴海、同德、贵南、门源、大通、互助；生于灌丛、林下、山坡草甸、砾石地；海拔3 200～5 000 m。花果期5—11月。

庭院栽培，供观赏。西藏用全草消炎、止骨痛、治头伤、骨折；云南用根入药，治气虚下陷、浮肿、脱肛、久痢、哮喘；青海以花、茎入药，治腰痛、腿痛。

全缘叶绿绒蒿 *Meconopsis integrifolia*（Maxim.）Franch.

分布于四川、云南、西藏、甘肃、青海。

分布于青海的玉树、杂多、囊谦、玛沁、达日、班玛、久治、同仁、泽库、河南、同德、祁连、门源、大通、湟源、湟中、互助、乐都、循化；生于高山草甸、山坡草地；海拔3 200～4 700 m。花果期5—11月。

庭院栽培，供观赏。全草入药，清热、利尿、解毒；主治肺炎、肝炎、皮肤病和头痛等，也可治胆绞痛、肠胃炎、湿热水肿，经痛、咳嗽等。

红花绿绒蒿 *Meconopsis punicea* Maxim.

分布于四川、西藏、甘肃、青海。

分布于青海的玉树、玛沁、达日、班玛、久治、同仁、泽库、河南、循化；生于山坡草地、高山灌丛草甸；海拔2 300～4 600 m。花果期6—9月。

庭院栽培，供观赏。花茎及果入药，有镇痛止咳、固涩、抗菌的功效，治遗精、白带、肝硬化。

五脉绿绒蒿 *Meconopsis quintuplinervia* Regel

分布于湖北、四川、西藏、陕西、甘肃、青海。

分布于青海的玛沁、达日、久治、同仁、尖扎、泽库、河南、共和、兴海、同德、贵南、祁连、门源、大通、湟中、互助、乐都、循化、民和；生于高山草甸、灌丛草甸；海拔2 400～4 000 m。花果期6—9月。

庭院栽培，供观赏。花入药，镇痛息风、定喘、清热解毒；治肝炎、胆囊炎、肺炎、肺结核、胃溃疡，小儿惊风、咳喘。

罂粟属 *Papaver* L.

虞美人 *Papaver rhoeas* L.

青海的东部农业区及尖扎、同仁有栽培。

种植供观赏。花和全株入药，含多种生物碱，有镇咳、止泻、镇痛、镇静等功效；种子含油量40%以上。

野罂粟 *Papaver nudicaule* L.

分布于黑龙江、河北、山西、内蒙古、陕西、宁夏、青海、新疆。

分布于青海的同仁、尖扎、泽库、贵德、大通、平安、化隆、湟中、乐都、民和、互助；生于山地阴坡，海拔2 800～3 000 m。花果期5—9月。

果入药，治神经性头痛、偏头痛、久咳气喘、泻痢、便血、遗精、痛经、脱肛、急性胃炎、慢性胃炎、胃溃疡、胃痛等。

十字花科 Brassicaceae Burnett

垂果南芥属 *Catolobus* Al-Shehbaz

垂果南芥 *Catolobus pendulus*（L.）Al-Shehbaz

分布于黑龙江、吉林、辽宁、内蒙古、河北、山西、湖北、四川、贵州、云南、西藏、陕西、甘肃、青海、新疆。

分布于青海的玉树、囊谦、班玛、同仁、尖扎、泽库、兴海、同德、互助、大通、民和；生于林缘草地、山坡、河滩；海拔1 800～3 900 m。花期6—9月，果期7—10月。

种子可榨油。果入药，清热解毒，消肿；主治疮痈肿毒。

薄菜属 *Rorippa* Scop.

沼生薄菜 *Rorippa palustris*（L.）Besser

分布于黑龙江、吉林、辽宁、内蒙古、河北、山西、山东、河南、安徽、江苏、湖南、贵州、云南、陕西、甘肃、青海、新疆。

分布于青海的同仁、尖扎、西宁、大通、乐都、民和；生于田边、河滩、山坡荒地；海拔1 800～2 600 m。花期4—7月，果期6—8月。

全草入药，具有祛痰止咳、清热解毒的功效。

花旗杆属 *Dontostemon* Andrz. ex Ledeb.

腺异蕊芥（腺花旗杆）*Dontostemon glandulosus*（Karelin et Kirilov）O. E. Schulz

分布于四川、云南、西藏、宁夏、甘肃、青海、新疆。

分布于青海的玉树、杂多、治多、曲麻莱、久治、同仁、共和、乌兰、互助；生于河滩、沙砾地、草甸；海拔3 200～4 900 m。花果期6—9月。

全草入药，健胃、解毒；治食物中毒、消化不良等症。

线叶花旗杆 *Dontostemon integrifolius*（L.）Lédeb.

分布于黑龙江、辽宁、山西、青海。

分布于青海的玛多、河南、贵南；生于山坡草地；海拔2 550～3 300 m。花果期7—10月。

异蕊芥（羽裂花旗杆）*Dontostemon pinnatifidus*（Willdenow）Al-Shehbaz et H. Ohba

分布于黑龙江、内蒙古、河北、四川、云南、甘肃、青海。

分布于青海的玉树、玛多、同仁、尖扎、泽库、兴海、乌兰、刚察、乐都；生于山坡草丛、林下、山沟灌丛、河滩；海拔2 550～4 000 m。花果期6—8月。

芸薹属 *Brassica* L.

芸薹（油菜）*Brassica rapa* var. *oleifera* de Candolle

分布于全国各地。

青海的东部农业区及同仁、尖扎、泽库有栽培。

油料作物，种子含油量40%左右，供食用；嫩茎叶和总花梗作蔬菜；种子药用，能行血散结消肿；叶可外敷痈肿。

甘蓝（包心菜）*Brassica oleracea* var. *capitata* Linnaeus

全国各地均有栽培。

青海的东部农业区及同仁、尖扎有栽培。花期4月，果期5月。

蔬菜及饲料用；叶的浓汁用于治疗胃及十二指肠溃疡。

白菜 *Brassica rapa* var. *glabra* Regel

原产我国华北，现全国各地广泛栽培。

青海的东部农业区及同仁有栽培。花期5月，果期6月。

蔬菜及饲料用。

荠属 *Capsella* Medic.

荠 *Capsella bursa-pastoris*（L.）Medic.

分布于全国各地。

分布于青海的玉树、杂多、治多、曲麻莱、玛沁、久治、同仁、尖扎、泽库、河南、共和、同德、兴海、门源、祁连、刚察、西宁、大通、湟中、湟源、民和、乐都、互助、循化；生于灌丛、田边、荒地；海拔1 700～4 000 m。花果期4—6月。

茎叶作蔬菜食用。种子可榨油，供食用或工业用。全草入药，清热凉血，平胆明目，止血，消炎，利尿；主治痢疾、水肿、吐血、便血、经血过多、目赤疼痛、高血压病。

芹叶荠属 *Smelowskia* C. A. Mey.

藏荠 *Smelowskia tibetica*（Thomson）Lipsky

分布于四川、西藏、甘肃、青海、新疆。

分布于青海的玉树、杂多、治多、曲麻莱、囊谦、称多、玛沁、玛多、久治、同仁、泽库、河南、共和、兴海、贵德、德令哈、格尔木、乌兰、祁连、门源；生于河滩、砂砾质草甸；海拔2 900～5 100 m。花果期6—8月。

具有消除水肿、凉血化湿、利尿解毒的功效。

山萮菜属 *Eutrema* R. Br.

单花荠 *Eutrema scapiflorum*（Hook. f. et Thomson）Al-Shehbaz，G. Q. Hao et J. Quan Liu

分布于四川、云南、西藏、青海。

分布于青海的杂多、囊谦、玛多、同仁、泽库、河南、格尔木、乌兰；生于高山流石滩、盐化草甸；海拔4 100～5 400 m。花果期6—9月。

全草入药，具有清热明目、利水消肿的功效。

碎米荠属 *Cardamine* L.

紫花碎米荠 *Cardamine tangutorum* O. E. Schulz

分布于河北、山西、四川、云南、西藏、陕西、甘肃、青海。

分布于青海的玉树、玛沁、班玛、达日、久治、玛多、同仁、尖扎、泽库、河南、共和、同德、贵德、兴海、天峻、门源、祁连、海晏、刚察、大通、湟源、民和、乐都、互助、化隆、循化；生于河滩、山坡草地、林缘、林下、灌丛；海拔2 400～4 600 m。花期5—7月，果期6—8月。

庭院栽培，供观赏。花入药，治筋痛。全草药用，清热利湿，并可治黄水疮。

糖芥属 *Erysimum* L.

红紫桂竹香 *Erysimum roseum*（Maximowicz）Polatschek

分布于四川、西藏、甘肃、青海。

分布于青海的玉树、杂多、治多、曲麻莱、囊谦、称多、玛沁、玛多、久治、同仁、尖扎、泽库、河南、兴海、同德、祁连、门源、大通、互助、乐都、化隆；生于高山草甸、灌丛、河滩；海拔2 800～5 200 m。花期6—7月，果期7—8月。

全草入药，具有清热解毒的功效。

紫花糖芥 *Erysimum funiculosum* J. D. Hooker et Thomson

分布于西藏、甘肃、青海。

分布于青海的玉树、称多、治多、囊谦、曲麻莱、玛沁、久治、玛多、泽库、河南、乌兰、贵德；生于高山流石滩、河滩、湖滨；海拔3 900～

4 500 m。花期6—7月，果期7—8月。

种子入药，可祛痰定喘、泄肺行水，用全草解肉毒。

播娘蒿属 *Descurainia* Webb et Berthel.

播娘蒿 *Descurainia sophia*（L.）Webb ex Prantl

分布于全国各地。

分布于青海的玉树、杂多、称多、治多、曲麻莱、玛沁、久治、同仁、尖扎、泽库、河南、共和、同德、贵德、兴海、德令哈、门源、祁连、海晏、刚察、西宁、大通、湟中、乐都、互助、循化；生于林下、灌丛、山坡草地、河边、田边；海拔2 100 ~ 4 600 m。花期5—6月，果期7—9月。

种子可榨油，供食用或工业用。地上部分入药，藏医用于消肿，治炭疽；种子亦可入药，代葶苈子用，利小便，肺喘息急，祛痰，止咳，利水及消肿。

葶苈属 *Draba* L.

苞序葶苈 *Draba ladyginii* Pohle

分布于四川、甘肃、青海、新疆。

分布于青海的玉树、杂多、囊谦、玛沁、达日、久治、玛多、同仁、泽库、兴海、贵南、乌兰、都兰、天峻、门源、海晏、刚察、湟源、乐都、循化；生于山坡灌丛、沼泽草地；海拔3 310 ~ 4 400 m。花期5—6月，果期7—8月。

果实种子入药，泄肺气、行水、消肿。

阿尔泰葶苈 *Draba altaica*（C. A. Mey.）Bunge

分布于西藏、甘肃、青海、新疆。

分布于青海的玉树、杂多、玛沁、玛多、同仁、泽库、兴海、都兰、门源、祁连；生于山坡草地、高山流石滩、山坡砂砾地；海拔3 100 ~ 5 000 m。花期6—7月。

毛葶苈 *Draba eriopoda* Turcz

分布于山西、四川、西藏、陕西、甘肃、青海、新疆。

分布于青海的玉树、囊谦、玛沁、玛多、班玛、久治、同仁、泽库、河南、兴海、贵德、门源、乌兰、湟源、湟中、互助、乐都、化隆、循化、民和；生于林缘、灌丛、河滩、山坡；海拔2 300～4 500 m。花果期7—8月。

毛叶葶苈 *Draba lasiophylla* Royle

分布于西藏、青海。

分布于青海的玛多、泽库、循化；生于山坡草地；海拔4 300～4 850 m。花果期6—7月。

锥果葶苈 *Draba lanceolata* Royle

分布于西藏、甘肃、青海、新疆。

分布于青海的玉树、称多、玛沁、玛多、同仁、尖扎、泽库、兴海、乌兰、天峻、海晏、门源、互助、乐都；生于高山草甸、林缘、灌丛；海拔2 800～4 550 m。花期6—7月。

喜山葶苈 *Draba oreades* Schrenk

分布于内蒙古、四川、云南、西藏、陕西、甘肃、青海、新疆。

分布于青海的玉树、杂多、治多、囊谦、玛沁、久治、玛多、同仁、尖扎、泽库、河南、同德、贵德、兴海、都兰、天峻、门源、祁连、西宁、大通、湟中、互助、乐都、循化；生于高山流石滩、高山岩石缝隙、灌丛草地；海拔3 800～4 900 m。花期6—8月。

全草药用，解肉食中毒。

蒙古葶苈 *Draba mongolica* Turcz.

分布于黑龙江、内蒙古、河北、山西、四川、西藏、陕西、甘肃、青海、新疆。

分布于青海的甘德、达日、玛多、兴海、天峻、大通、湟中、互助、循化、同仁、尖扎、泽库、河南；生于山坡草地、岩石隙间、河滩；海拔2 300～5 000 m。花期6—7月。

芝麻菜属 *Eruca* Mill.

芝麻菜 *Eruca vesicaria* subsp. *sativa*（Miller）Thellung

分布于黑龙江、辽宁、内蒙古、河北、山西、四川、陕西、甘肃、青海、新疆。

分布于青海的玉树、称多、玛沁、同仁、尖扎、泽库、共和、乌兰、都

兰、祁连、西宁、湟中、互助、循化；生于田边；海拔1 800～3 100 m。花期
5—6月，果期7—8月。

茎叶作蔬菜食用，亦可作饲料；种子可榨油，供食用及医药用。药用。

独行菜属 *Lepidium* L.

独行菜 *Lepidium apetalum* Willd.

分布于黑龙江、辽宁、吉林、内蒙古、河北、山西、江苏、浙江、安徽、
四川、云南、西藏、陕西、甘肃、青海、新疆。

分布于青海的玉树、囊谦、玛沁、玛多、同仁、尖扎、泽库、共和、
同德、兴海、贵南、德令哈、乌兰、都兰、天峻、门源、刚察、西宁、
大通、湟中、民和、乐都、互助、循化；生于林缘、林下、荒地；海拔
1 700～5 000 m。花果期5—7月。

嫩叶作野菜食用。全草及种子入药，种子代葶苈子用，祛痰定喘，泻肺
行水；治咳喘多痰、水肿、小便不利。全草治肠炎腹泻、小便不利、血淋、
水肿。

头花独行菜 *Lepidium capitatum* Hook. f. et Thoms.

分布于四川、云南、西藏、青海。

分布于青海的玉树、杂多、治多、曲麻莱、玛沁、玛多、久治、同仁、
泽库、河南、兴海、刚察、德令哈、天峻；生于河滩、沙地、田边；海拔
2 400～4 300 m。花果期5—6月。

涩荠属 *Strigosella* Boiss.

涩荠 *Strigosella africana*（L.）Botschantzev

分布于河北、山西、河南、安徽、江苏、四川、陕西、宁夏、甘肃、青
海、新疆。

分布于青海的玉树、同仁、尖扎、泽库、兴海、同德、祁连、都兰、西
宁、互助、民和；生于山坡、河滩；海拔2 100～3 700 m。花果期4—8月。

全株具有芳香，可用作切花、花坛。

刚毛涩荠 *Strigosella hispida*（Litvinov）Botschantzev

分布于甘肃、青海、新疆。

分布于青海的同仁、泽库、共和、同德、贵德、兴海、乌兰、门源、西宁、民和、乐都、互助；生于干旱山坡、河滩盐碱地；海拔2 300~3 000 m。花果期6—9月。

萝卜属 *Raphanus* L.

萝卜 *Raphanus sativus* L.

全国各地普遍栽培。

青海的东部农业区及同仁、尖扎有栽培。

根作蔬菜食用；种子、鲜根、枯根、叶皆可入药：种子消食化痰；鲜根止渴、助消化，枯根利二便；叶治初痢，并预防痢疾；种子榨油工业用及食用。

大蒜芥属 *Sisymbrium* L.

垂果大蒜芥 *Sisymbrium heteromallum* C. A. Mey.

分布于山西、四川、云南、陕西、甘肃、青海、新疆。

分布于青海的玉树、杂多、称多、治多、囊谦、曲麻莱、玛沁、达日、久治、玛多、同仁、泽库、河南、共和、同德、兴海、德令哈、乌兰、天峻、门源、祁连、刚察、大通、湟源、互助、乐都；生于林下、林缘、灌丛、河滩；海拔2 500~4 300 m。花期4—5月。

全草入药，具有止咳化痰、清热解毒的功效。

多型大蒜芥 *Sisymbrium polymorphum*（Murray）Roth

分布于青海、新疆。

分布于青海的玛沁、泽库、河南；生于阴坡草地、河滩砾石地；海拔3 800~4 200 m。花果期5—8月。

丛菔属 *Solms-laubachia* Muschl. ex Diels

宽果丛菔 *Solms-laubachia eurycarpa*（Maxim.）Botsch.

分布于四川、西藏、青海。

分布于青海的玉树、曲麻莱、河南；生于高山流石滩、山坡石隙；海拔4 000~4 700 m。花果期7—8月。

全草用药，止咳。

菥蓂属 *Thlaspi* L.

菥蓂 *Thlaspi arvense* L.

分布于全国各地。

分布于青海的玉树、杂多、治多、囊谦、曲麻莱、玛沁、达日、久治、同仁、尖扎、泽库、河南、同德、贵德、贵南、门源、海晏、刚察、西宁、大通、湟中、民和、乐都、互助、化隆；生于田边、山坡、荒地；海拔2 000～4 200 m。花期3—4月，果期5—6月。

果实、种子或全草入药。种子入药，称菥蓂子，有舒筋活络，明目，利水之功效，藏医用于治肾炎和肺炎；全草入药，有清热解毒，止血，消痈排脓之效。

肉叶荠属 *Braya* Sternb. et Hoppe

蚓果芥 *Braya humilis*（C. A. Mey.）B. L. Rob.

分布于内蒙古、河北、河南、西藏、陕西、甘肃、青海、新疆。

分布于青海的玉树、杂多、称多、治多、囊谦、曲麻莱、玛沁、达日、久治、玛多、同仁、尖扎、泽库、河南、共和、同德、贵德、兴海、贵南、格尔木、德令哈、乌兰、都兰、天峻、门源、祁连、海晏、刚察、西宁、大通、湟中、湟源、乐都、互助、循化；生于山坡、山沟、林下、林缘、灌丛；海拔1 800～4 200 m。花果期5—9月。

全草入药，藏医用于健胃、解毒；治食物中毒、消化不良。

红花肉叶荠 *Braya rosea*（Turcz.）Bunge

分布于四川、西藏、青海、新疆。

分布于青海的玉树、杂多、曲麻莱、玛沁、玛多、同仁、泽库、格尔木、德令哈、乌兰、天峻、门源、祁连、兴海、大通；生于山坡草地；海拔2 500～3 000 m。花期7月。

念珠芥属 *Neotorularia* Hedge et J. Léonard

短梗念珠芥 *Neotorularia brevipes*（Karelin et Kirilov）Hedge et J. Leonard

分布于青海、新疆。

分布于青海的泽库、河南、同德、西宁、乐都；生在荒地；海拔

2 300～3 100 m。花果期6月。

景天科 Crassulaceae J. St.-Hil.

瓦松属 *Orostachys*（DC.）Fisch.

瓦松 *Orostachys fimbriata*（Turczaninow）A. Berger

分布于黑龙江、辽宁、内蒙古、山西、河北、湖北、安徽、江苏、浙江、河南、山东、陕西、宁夏、甘肃、青海。

分布于青海的治多、同仁、尖扎、泽库、贵南、贵德、门源、都兰、乌兰、西宁、互助、乐都、循化；生于石崖、山坡；海拔1 900～3 500 m。花期8—9月，果期9—10月。

全草药用，有止血、活血、敛疮之效。但有小毒，宜慎用。

红景天属 *Rhodiola* L.

喜马红景天 *Rhodiola himalensis*（D. Don）S. H. Fu

分布于四川、云南、西藏、青海。

分布于青海的玉树、囊谦、杂多、称多、玛沁、久治、同仁、尖扎、泽库、河南、门源、祁连、大通、湟中、互助；生于高山灌丛、高山草甸、高山流石滩；海拔3 000～4 500 m。花期5—6月，果期8月。

具有益气活血、止咳平喘的功效。

小丛红景天 *Rhodiola dumulosa*（Franch.）S. H. Fu

分布于吉林、内蒙古、山西、河北、湖北、四川、陕西、甘肃、青海。

分布于青海的玉树、称多、囊谦、久治、同仁、尖扎、泽库、同德、门源、大通、乐都、循化；生于林缘、灌丛、岩石缝隙；海拔2 300～3 900 m。花期6—7月，果期8月。

根颈药用，有补肾、养心安神、调经活血、明目之效。

狭叶红景天 *Rhodiola kirilowii*（Regel）Maxim.

分布于山西、河北、四川、云南、西藏、陕西、甘肃、青海、新疆。

分布于青海的玉树、囊谦、玛沁、玛多、班玛、久治、同仁、泽库、河南、祁连、西宁、大通、互助、乐都、循化；生于岩石缝隙、高山草甸、灌丛；海拔2 300～4 500 m。花期6—7月，果期7—8月。

根颈药用，可止血、止痛、破坚、消积、止泻，主治风湿腰痛、跌打损伤。

唐古红景天 *Rhodiola tangutica*（Maximowicz）S. H. Fu

分布于四川、宁夏、甘肃、青海。

分布于青海的玉树、杂多、曲麻莱、称多、玛多、班玛、久治、同仁、泽库、河南、共和、兴海、德令哈、乌兰、天峻、大通、湟源、湟中、互助、乐都、化隆；生于高山草甸、高山流石滩；海拔3 100～4 850 m。花期5—8月，果期8月。

藏医用花和根，治肺病、神经麻痹症及退烧。

四裂红景天 *Rhodiola quadrifida*（Pall.）Fisch. et Mey.

分布于四川、西藏、甘肃、青海、新疆。

分布于青海的玉树、治多、曲麻莱、囊谦、称多、玛沁、玛多、久治、同仁、尖扎、泽库、河南、共和、兴海、贵南、祁连、门源、德令哈、格尔木、乌兰、天峻、湟中、互助；生于高山流石滩、高山草甸；海拔2 800～4 800 m。花期5—6月，果期7—8月。

藏医用花和根，治肺病、神经麻痹症及退烧。

大果红景天 *Rhodiola macrocarpa*（Praeg.）S. H. Fu

分布于四川、陕西、甘肃、青海。

分布于青海的班玛、久治、同仁、尖扎、泽库、循化；生于林下、山谷；海拔2 800～4 000 m。花期6—7月，果期8—9月。

德钦红景天 *Rhodiola atuntsuensis*（Praeg.）S. H. Fu

分布于四川、云南、西藏、青海。

分布于青海的久治、同仁、泽库；生于岩石缝隙、阳坡砾石滩；海拔3 700～4 500 m。花期8月。

圆丛红景天 *Rhodiola coccinea*（Royle）Borissova

分布于甘肃、青海。

分布于青海的玉树、杂多、称多、治多、玛沁、达日、玛多、都兰、门源；生于岩石缝隙；海拔3 500~4 200 m。花期7月，果期8月。

费菜属 *Phedimus* Raf.

费菜 *Phedimus aizoon*（Linnaeus）'t Hart

分布于黑龙江、辽宁、吉林、内蒙古、山西、河北、河南、山东、湖北、江西、安徽、浙江、江苏、四川、陕西、宁夏、甘肃、青海。

分布于青海的同仁、尖扎、兴海、门源、大通、湟中、湟源、互助、乐都、循化、民和；生于山坡草地、岩石缝隙；海拔2 200~2 700 m；花期6—7月，果期8—9月。

根或全草药用，有止血散瘀、安神镇痛之效。

景天属 *Sedum* L

隐匿景天 *Sedum celatum* Frod.

分布于甘肃、青海。

分布于青海的杂多、达日、同仁、泽库、河南、兴海；生于干山坡、高山草甸；海拔2 800~4 200 m。花期7月，果期8—9月。

阔叶景天 *Sedum roborowskii* Maxim.

分布于西藏、宁夏、甘肃、青海。

分布于青海的玉树、杂多、治多、称多、同仁、泽库、河南、共和、兴海、祁连、门源、大通、循化；生于岩石缝隙；海拔2 200~4 500 m。花期8—9月，果期9月。

可栽培，用于园林绿化。

虎耳草科 Saxifragaceae Juss.

金腰属 *Chrysosplenium* Tourn. ex L.

裸茎金腰 *Chrysosplenium nudicaule* Bunge

分布于云南、西藏、甘肃、青海、新疆。

分布于青海的囊谦、玛多、久治、同仁、尖扎、泽库、河南、兴海、海晏、门源、祁连、大通、互助；生于高寒草甸、岩石缝隙；海拔3 450～4 600 m。花果期6—8月。

全草入药；苦，寒；藏医用治胆病引起之发烧、头痛、急性黄疸型肝炎，急性肝坏死等，亦可催吐胆汁。

单花金腰 *Chrysosplenium uniflorum* Maxim.

分布于四川、云南、西藏、陕西、甘肃、青海。

分布于青海的玉树、杂多、治多、玛沁、久治、玛多、河南、兴海、门源、互助、循化；生于林下、灌丛、高山草甸、山坡石隙；海拔3 100～4 700 m。花果期7—8月。

梅花草属 *Parnassia* L.

三脉梅花草 *Parnassia trinervis* Drude

分布于四川、西藏、甘肃、青海。

分布于青海的玉树、杂多、囊谦、玛沁、久治、同仁、泽库、河南、共和、兴海、德令哈、祁连、门源；生于灌丛草甸、河滩、山坡；海拔2 800～4 500 m；花期7—8月，果期9—10月。

全草入药，清热解毒，止咳化痰。

细叉梅花草 *Parnassia oreophila* Hance

分布于河北、山西、四川、陕西、宁夏、甘肃、青海。

分布于青海的班玛、同仁、泽库、兴海、祁连、门源、大通、湟源、湟中、互助、乐都、循化；生于草甸、山坡、沟谷、滩地；海拔2 500～3 800 m；花期7—8月，果期9月。

种植可作地被植物或供观赏。

茶藨子属 *Ribes* L.

长果茶藨子 *Ribes stenocarpum* Maxim.

分布于四川、陕西、甘肃、青海。

分布于青海的同仁、尖扎、泽库、门源、湟源、互助、循化；生于山坡石隙；海拔2 300～3 200 m。花期5—6月，果期7—8月。

可栽培于庭院、街道，供观赏。茎枝入药，具清热解毒功效，主治疮疖、湿疱、无名肿毒、湿疹瘙痒、黄疸型肝炎；果实可供食用、酿酒。

东方茶藨子 *Ribes orientale* Desfontaines

分布于四川、云南、西藏、青海。

分布于青海的玉树、杂多、囊谦、同仁、泽库、河南、玛沁、天峻、乌兰、都兰、乐都、互助、循化；生于高山林下、林缘、灌丛；海拔 2 700 ~ 4 300 m。花期4—5月，果期7—8月。

裂叶茶藨子 *Ribes laciniatum* J. D. Hooder et Thomson

分布于云南、西藏、青海。

分布于青海的同仁、尖扎、互助；生于林下、林缘、灌丛；海拔 2 800 ~ 3 100 m。花期6—7月，果期8—10月。

糖茶藨 *Ribes himalense* Royle ex Decne.

分布于湖北、四川、云南、西藏、青海。

分布于青海的玉树、治多、囊谦、玛沁、班玛、同仁、尖扎、泽库、河南、海晏、祁连、门源、乌兰、西宁、大通、湟源、互助、乐都、循化、民和；生于灌丛、林下、河滩；海拔 2 300 ~ 4 100 m；花期4—6月，果期7—8月。

可栽培于庭院、街道，供观赏。

长刺茶藨 *Ribes alpestre* Wall. ex Decne.

分布于山西、四川、云南、西藏、陕西、甘肃、青海。

分布于青海的玉树、囊谦、玛沁、班玛、同仁、泽库、河南、互助、民和；生于阳坡疏林、灌丛、林缘；海拔 2 650 ~ 4 000 m。花期4—6月，果期6—9月。

种植可供观赏；果实可供食用、酿酒。

冰川茶藨子 *Ribes glaciale* Wall.

分布于河南、湖北、四川、贵州、云南、西藏、陕西、甘肃、青海。

分布于青海的玉树、囊谦、曲麻莱、治多、杂多、玛沁、班玛、久治、同仁、泽库、河南、共和、兴海、门源、西宁、循化；生于高山灌丛、林缘、林下；海拔 2 100 ~ 4 000 m。花期4—6月，果期7—9月。

种植可供观赏；果味酸，可供食用。

虎耳草属 *Axifraga* Tourn. ex L.

黑虎耳草 *Saxifraga atrata* Engl.

分布于甘肃、青海。

分布于青海的玛多、同仁、泽库、共和、祁连、门源、乌兰、天峻、大通、湟源、互助、乐都；生于高山草甸、石隙；海拔3 000～3 810 m。花期7—8月。

花入药；微苦，寒；退热，治肺部疾病。

优越虎耳草 *Saxifraga egregia* Engl.

分布于四川、云南、西藏、甘肃、青海。

分布于青海的玉树、囊谦、玛沁、班玛、久治、同仁、泽库、门源、互助、乐都；生于林下、灌丛、高山草甸、高山碎石隙；海拔2 800～4 500 m。花期7—9月。

黑蕊虎耳草 *Saxifraga melanocentra* Franch.

分布于四川、云南、陕西、甘肃、青海。

分布于青海的玉树、杂多、治多、曲麻莱、囊谦、称多、玛沁、玛多、久治、同仁、泽库、河南、兴海、祁连、循化；生于高山草甸、高山灌丛、高山碎石缝隙；海拔3 000～4 800 m。花果期7—9月。

花和枝叶入药；甘、温，无毒；补血，散瘀，治眼病。

山地虎耳草 *Saxifraga sinomontana* J. T. Pan et Gornall

分布于四川、云南、西藏、陕西、甘肃、青海。

分布于青海的玉树、杂多、治多、囊谦、称多、玛沁、玛多、班玛、久治、同仁、泽库、河南、共和、兴海、祁连、门源、乌兰、大通、湟源、互助、乐都、循化；生于高山碎石隙、高山草甸、高山灌丛；海拔3 200～4 800 m。花果期5—10月。

全草入药，消炎镇痛；治头痛。

狭瓣虎耳草 *Saxifraga pseudohirculus* Engl.

分布于四川、西藏、陕西、甘肃、青海。

分布于青海的玉树、杂多、称多、玛沁、达日、久治、玛多、同仁、泽库、河南、兴海、祁连、门源、大通、互助、循化；生于高山草甸、高山流石滩；海拔3 100～4 500 m。花果期7—9月。

青藏虎耳草 *Saxifraga przewalskii* Engl.

分布于西藏、甘肃、青海。

分布于青海的玛沁、玛多、同仁、尖扎、泽库、河南、共和、兴海、乌兰、天峻、祁连、门源、互助、化隆；生于高山灌丛草甸、高山碎石缝隙；海拔3 700～4 850 m；花期7—8月。

全草入药，清热，健胃补脾；治肝炎、胆囊炎等。

唐古特虎耳草 *Saxifraga tangutica* Engl.

分布于四川、西藏、甘肃、青海。

分布于青海的玉树、杂多、治多、曲麻莱、囊谦、称多、玛沁、玛多、班玛、久治、同仁、尖扎、泽库、河南、共和、兴海、贵南、刚察、祁连、门源、乌兰、天峻、大通、互助、乐都、循化、民和；生于灌丛、林下；海拔2 900～4 600 m。花果期6—10月。

全草入药；微苦、辛；清热退烧，治食欲不振、肝病及胆病等。

爪瓣虎耳草 *Saxifraga unguiculata* Engl.

分布于四川、云南、西藏、甘肃、青海。

分布于青海的玉树、治多、曲麻莱、称多、玛沁、玛多、班玛、久治、同仁、泽库、兴海、祁连、大通、互助、乐都；生于高山草甸、高山碎石隙；海拔3 200～4 800 m；花期7—8月。

全草入药；苦，寒；可清肝胆之热，排脓敛疮。

零余虎耳草 *Saxifraga cernua* L.

分布于吉林、内蒙古、河北、山西、四川、云南、西藏、陕西、宁夏、青海、新疆。

分布于青海的玉树、同仁、泽库、河南、共和、同德；生于林下、林缘、高山草甸、高山碎石隙；海拔3 900～4 700 m。花果期6—9月。

小芽虎耳草 *Saxifraga gemmigera* var. *gemmuligera*（Engler）J. T. Pan et Gornall

分布于四川、陕西、青海。

分布于青海的玛沁、玛多、达日、泽库、河南、门源、互助；生于高山草甸、岩石缝隙；海拔3 500～4 500 m。花期6—8月。

全草入药；苦，寒；清热利肺。

光缘虎耳草 *Saxifraga nanella* Engl. et Irmsch.

分布于四川、云南、西藏、甘肃、青海、新疆。

分布于青海的玉树、治多、杂多、同仁、泽库、河南、天峻；生于高山草甸、高山灌丛草甸、高山碎石隙；海拔4 200～4 900 m。花期7—8月。

矮生虎耳草 *Saxifraga nana* Engl.

分布于四川、青海。

分布于青海的玉树、玛沁、泽库、互助；生于高山流石滩；海拔3 900～4 100 m。花期7—8月。

西藏虎耳草 *Saxifraga tibetica* A. Los.

分布于西藏、青海。

分布于青海的玉树、杂多、治多、曲麻莱、玛沁、达日、都兰、泽库、河南；生于高山草甸、沼泽草甸、高山岩石缝隙；海拔4 400～5 600 m。花果期7—9月。

亭阁草属 *Micranthes* Haw.

泽库亭阁草 *Micranthes zekoensis*（J. T. Pan）Gornall et H. Ohba

分布于青海。

产泽库；生于高寒草甸、沼泽草地；海拔3 000 m。花果期7—9月。

蔷薇科 Rosaceae Juss.

地蔷薇属 *Chamaerhodos* Bunge

地蔷薇 *Chamaerhodos erecta*（L.）Bunge

分布于黑龙江、吉林、辽宁、内蒙古、河北、山西、河南、陕西、甘肃、宁夏、青海、新疆。

分布于青海的同仁、尖扎、泽库、共和、贵德、兴海、门源、祁连、

大通、民和、乐都、循化；生于高山灌丛、山坡草地、河滩砾石地；海拔
2 200~3 400 m。花果期6—8月。

全草供药用，有祛风湿功效，主治风湿性关节炎。

无尾果属 *Coluria* R. Br.

无尾果 *Coluria longifolia* Maxim.

分布于四川、云南、西藏、甘肃、青海。

分布于青海的玉树、治多、曲麻莱、称多、玛沁、玛多、久治、泽库、河
南、共和、兴海、祁连、门源、大通、湟中、互助、循化；生于高山草甸、砾
石滩、河滩、灌丛；海拔2 600~4 800 m。花期6—7月，果期8—10月。

可作地被植物。全草供药用，有止血止痛、清热作用。

路边青属 *Geum* L.

路边青 *Geumaleppicum* Jacq.

分布于黑龙江、吉林、辽宁、内蒙古、山西、山东、河南、湖北、四川、
贵州、云南、西藏、陕西、甘肃、青海、新疆。

分布于青海的玉树、玛沁、班玛、同仁、尖扎、泽库、门源、大通、湟
中、互助、乐都、循化、民和；生于林下、林缘、河漫滩、山坡草地；海拔
1 800~3 800 m。花果期7—10月。

嫩叶可食用；种子可榨油，工业用。全草入药，镇痉、清热解毒，消肿止
痛；主治腰腿疼痛、跌打损伤、肠炎、痢疾。

栒子属 *Cotoneaster* Medik.

散生栒子 *Cotoneaster divaricatus* Rehd. et Wils.

分布于湖北、江西、四川、云南、西藏、陕西、甘肃、青海。

分布于青海的同仁、尖扎、泽库、湟中、平安、乐都、互助、循化；生于
山坡灌丛、林下、林缘；海拔2 000~3 400 m。花期5—7月，果期8—9月。

种植可供观赏。

川康栒子 *Cotoneaster ambiguus* Rehd. et Wils.

分布于四川、贵州、云南、陕西、甘肃、青海。

分布于青海的同仁、尖扎、泽库、民和；生于山坡灌丛、林下、林缘；海

拔2 500～2 700 m。花期5—7月，果期8—9月。

种植可供观赏。

灰栒子 *Cotoneaster acutifolius* Turcz.

分布于内蒙古、河北、山西、河南、湖北、西藏、陕西、甘肃、青海。

分布于青海的玉树、囊谦、班玛、同仁、尖扎、泽库、门源、大通、湟源、互助、乐都、循化、民和；生于山坡、林下、林缘；海拔2 100～3 800 m。花期5—6月，果期9—10月。

可在庭院、街道栽培，供观赏。木质坚硬，可制农具。枝、叶入药，凉血、止血；治鼻衄、牙龈出血，月经过多等症。果实入药，祛风除湿；治关节炎、关节积水。

匍匐栒子 *Cotoneaster adpressus* Bois

分布于湖北、四川、贵州、云南、西藏、陕西、甘肃、青海。

分布于青海的玉树、囊谦、称多、玛沁、班玛、久治、同仁、尖扎、泽库、河南、同德、门源、大通、湟源、互助、平安、乐都、循化、民和；生于多石山坡、岩石缝隙、林下；海拔2 200～4 100 m。花期5—6月，果期8—9月。

供观赏，颇适于装饰石园风景，或作盆景。

水栒子 *Cotoneaster multiflorus* Bunge

分布于黑龙江、辽宁、内蒙古、河北、山西、河南、四川、云南、西藏、陕西、甘肃、青海、新疆。

分布于青海的玉树、玛沁、班玛、同仁、尖扎、泽库、兴海、门源、西宁、大通、湟源、湟中、互助、平安、循化、民和；生于沟谷、林下；海拔1 800～3 700 m。花期5—6月，果期8—9月。

高大灌木，生长旺盛，夏季密着白花，秋季结红色果实，经久不凋，可作观赏植物。可作苹果砧木。

毛叶水栒子 *Cotoneaster submultiflorus* Popov

分布于内蒙古、山西、陕西、宁夏、甘肃、青海、新疆。

分布于青海的玉树、囊谦、玛沁、同仁、尖扎、泽库、兴海、祁连、门源、大通、湟源、湟中、互助、平安、乐都、民和；生于河谷滩地、灌丛、林缘；海拔1 700~4 200 m。花期5—6月，果期9月。

可在庭院、街道栽培，供观赏。

西北栒子 *Cotoneaster zabelii* Schneid.

分布于湖北、湖南、河北、山西、山东、河南、陕西、宁夏、甘肃、青海。

分布于青海的玉树、同仁、尖扎、兴海、同德、门源、西宁、湟源、互助、循化、民和；生于河岸灌丛、山沟林缘；海拔2 300~3 400 m。花期5—6月，果期8—9月。

可在庭院、街道栽培，供观赏。

草莓属 *Fragaria* L.

东方草莓 *Fragaria orientalis* Lozinsk.

分布于黑龙江、吉林、辽宁、内蒙古、河北、山西、陕西、甘肃、青海。

分布于青海的玉树、囊谦、玛沁、班玛、同仁、尖扎、泽库、河南、兴海、同德、祁连、西宁、大通、互助、乐都；生于高山灌丛、林下、河滩、山坡草地；海拔2 300~4 100 m。花期5—7月，果期7—9月。

果实可食用，可作果品、饮料。全草入药，止血排脓；治肺瘀血及子宫出血等。

西南草莓 *Fragaria moupinensis*（Franch.）Card.

分布于四川、云南、西藏、陕西、甘肃、青海。

分布于青海的同仁、尖扎、西宁、循化、民和；生于山坡草地、灌丛、林下；海拔2 300~2 900 m。花期5—6月，果期6—7月。

果实可食用；也可用于祛风止咳，清热解毒。

山莓草属 *Sibbaldia* L.

毛莓草（伏毛山莓草）*Sibbaldia adpressa* Bunge

分布于黑龙江、内蒙古、河北、西藏、甘肃、青海、新疆。

分布于青海的玉树、杂多、囊谦、玛沁、同仁、尖扎、共和、兴海、同德、贵南、贵德、格尔木、乌兰、刚察、祁连、门源、西宁、大通、互助、乐都；生于河滩砂砾地、林下、干旱山坡；海拔2 300~4 200 m。花果期5—8月。

地被植物，可种植于庭院、街道，供观赏。

隐瓣山莓草 *Sibbaldia aphanopetala* Hand.-Mazz.

分布于四川、云南、西藏、陕西、甘肃、青海。

分布于青海的玉树、囊谦、班玛、久治、同仁、泽库、河南、互助、乐都；生于高山草甸、河滩、灌丛；海拔3 200～4 500 m。花果期7—8月。

地被植物，可种植于庭院、街道，供观赏。全草入药、止咳，调经，祛瘀消肿。

毛莓草属 *Sibbaldianthe* Juz.

鸡冠茶（二裂委陵菜）*Sibbaldianthe bifurca*（L.）Kurtto et T. Erikss.

分布于黑龙江、内蒙古、河北、山西、四川、西藏、陕西、宁夏、甘肃、青海、新疆。

分布于青海的玉树、杂多、玛沁、班玛、甘德、达日、玛多、同仁、尖扎、泽库、共和、同德、贵德、兴海、贵南、德令哈、都兰、天峻、门源、祁连、刚察、西宁、大通、湟中、湟源、平安、民和、乐都、互助、化隆、循化；生于干山坡、河滩、疏林、灌丛、撂荒地；海拔2 000～4 300 m。

全草入药，消炎，杀虫，养胃健脾，利尿，止血，止痢；治功能性子宫出血、产后出血过多，痢疾。

苹果属 *Malus* Mill.

苹果 *Malus pumila* Mill.

在辽宁、河北、山西、山东、四川、云南、西藏、陕西、甘肃、青海有栽培。

青海的东部农业区及同仁、尖扎广泛栽培。花期5月，果期7—10月。

著名果树，果实可供食用。

海棠花 *Malus spectabilis*（Ait.）Borkh.

分布于河北、山东、江苏、浙江、云南、陕西、甘肃、青海。

青海的同仁、尖扎、西宁、大通、循化、平安、乐都、民和有栽培；海拔2 050～2 200 m。花期4—5月，果期8—9月。

可栽培于庭院、街道，供观赏。

楸子 *Malus prunifolia*（Willd.）Borkh.

分布于辽宁、内蒙古、河北、山东、山西、河南、陕西、甘肃、青海。

青海的同仁、尖扎、西宁、乐都有栽培；海拔2 000～2 200 m。花期4—5月，果期8—9月。

果实供食用；可用于苹果等果树的砧木。

花红（沙果）*Malus asiatica* Nakai

分布于辽宁、内蒙古、河北、河南、山东、湖北、山西、四川、贵州、云南、陕西、甘肃、青海、新疆。

青海的东部农业区及同仁有栽培。花期4—5月，果期8—9月。

果实供鲜食用，并可加工制果干、果丹皮及酿果酒之用。可用于苹果等果树的砧木。

花叶海棠 *Malus transitoria*（Batal.）Schneid.

分布于内蒙古、四川、陕西、甘肃、青海。

分布于青海的玉树、班玛、同仁、尖扎、泽库、门源、西宁、湟源、湟中、互助、循化、民和；生于山坡林下、河滩、沟谷灌丛；海拔2 000～3 700 m。花期5月，果期9月。

可栽培于庭院、街道，供观赏；可用于苹果等果树的砧木。青海以叶代茶。

梨属 *Pyrus* L.

秋子梨 *Pyrus ussuriensis* Maxim.

分布于黑龙江、吉林、辽宁、内蒙古、河北、山东、山西、陕西、甘肃、青海。

青海的同仁、尖扎、贵德、西宁、湟源、湟中、互助、乐都、化隆、循化、民和有栽培；生于山谷；海拔2 000～2 200 m。花期5月，果期8—10月。

果与冰糖煎膏有清肺止咳之效。

新疆梨 *Pyrus sinkiangensis* Yü

分布于山西、陕西、甘肃、青海、新疆。

青海的尖扎、贵德、西宁、民和有栽培；海拔1 900～2 000 m。花期4月，果期9—10月。

著名果树，食用；可栽培于庭院、街道，供观赏。

白梨 *Pyrus bretschneideri* Rehd.

分布于河北、河南、山东、山西、陕西、甘肃、青海。品种较多，如长把梨、鸭梨、黄梨等。

分布于青海的同仁，多栽培于山坡阳处；海拔2 100～2 300 m。花期4月，果期8—9月。

果实可食用；可栽培于庭院、街道，供观赏；可用于砧木。

花楸属 *Sorbus* L.

太白花楸 *Sorbus tapashana* Schneid.

分布于陕西、甘肃、青海、新疆。

分布于青海的玉树、泽库、同德、西宁、大通、湟中、湟源、民和、循化；生于林中；海拔1 900～3 500 m。花期6月，果期9月。

可栽培于庭院、街道，供观赏。

陕甘花楸 *Sorbus koehneana* Schneid.

分布于湖北、山西、河南、四川、陕西、甘肃、青海。

分布于青海的玉树、班玛、久治、同仁、尖扎、泽库、共和、贵德、门源、西宁、大通、湟中、湟源、海东、平安、民和、乐都、互助、循化；生于林缘、灌丛，海拔2 000～3 800 m。花期6月，果期9月。

枝叶秀丽，秋季白色果实累累，可栽培供观赏。

天山花楸 *Sorbus tianschanica* Rupr.

分布于甘肃、青海、新疆。

分布于青海的同仁、泽库、河南、同德、兴海、门源、祁连、西宁、大通、湟源、乐都、互助；生于河谷、林缘；海拔2 300～3 600 m。花期5—6月，果期9—10月。

枝叶雅洁，具密集的花朵和红色果实，可栽培供观赏用。

金露梅属 *Dasiphora* Raf.

银露梅 *Dasiphora glabra*（G. Lodd.）Soják

分布于内蒙古、河北、山西、安徽、湖北、四川、云南、陕西、甘肃、青海。

分布于青海的玉树、囊谦、玛沁、达日、班玛、久治、同仁、尖扎、泽库、河南、同德、门源、大通、互助、乐都；生于山坡、河漫滩、林缘、灌丛；海拔2 400～4 200 m。花果期6—11月。

可栽培于庭院、街道，供观赏。叶与果含鞣质，可提制栲胶。嫩叶可代茶叶饮用。花、叶入药，有健脾、化湿、清暑、调经之效。

白毛银露梅 *Dasiphora mandshurica*（Maxim.）Juz.

分布于内蒙古、河北、山西、湖北、四川、云南、陕西、甘肃、青海。

分布于青海的玛沁、杂多、同仁、尖扎、泽库、河南、共和、同德、兴海、贵南、门源、祁连、海晏、西宁、大通、湟中、湟源、民和、乐都、互助、循化；生于干旱山坡、沟谷、灌丛、林中；海拔1 800～3 400 m。花果期5—9月。

金露梅 *Dasiphora fruticosa*（L.）Rydb.

分布于黑龙江、吉林、辽宁、内蒙古、河北、山西、四川、云南、西藏、陕西、甘肃、青海、新疆。

分布于青海的玉树、杂多、称多、治多、囊谦、玛沁、班玛、甘德、达日、久治、玛多、同仁、尖扎、泽库、河南、同德、兴海、格尔木、乌兰、天峻、门源、祁连、海晏、刚察、西宁、湟中、湟源、乐都、互助、循化；生于高山灌丛、高山草甸、林缘、河滩、山坡；海拔2 500～4 200 m。花果期6—9月。

枝叶茂密，黄花鲜艳，适宜作庭园观赏灌木，或作矮篱。叶与果含鞣质，可提制栲胶。嫩叶可代茶叶饮用。花、叶入药，有健脾、化湿、清暑、调经之效。为中等饲用植物，骆驼最爱吃。藏族广泛用作建筑材料，填充在屋檐下或门窗上下。

白毛金露梅 *Dasiphora fruticosa* var. *albicans* Rehd. et Wils.

分布于四川、云南、西藏、青海、新疆。

分布于青海的玉树、同仁、尖扎、泽库、兴海、贵南、门源、西宁、民和、乐都、循化；生于高山草甸、干旱山坡、林缘、灌丛；海拔2 300～4 600 m。花果期6—9月。

小叶金露梅 *Dasiphora parvifolia* （Fisch. ex Lehm.） Juz.

分布于黑龙江、内蒙古、四川、西藏、甘肃、青海。

分布于青海的玉树、杂多、称多、治多、囊谦、曲麻莱、玛沁、甘德、达日、久治、玛多、同仁、泽库、河南、共和、同德、贵德、兴海、贵南、格尔木、德令哈、乌兰、都兰、天峻、门源、祁连、海晏、刚察、西宁、大通、湟中、湟源、民和、乐都、互助、化隆、循化；生于高山草甸、林缘、灌丛、河漫滩、沟谷山坡；海拔2 230～5 000 m。花果期6—8月。

可栽培于庭院、街道，供观赏。

白毛小叶金露梅 *Dasiphora parvifolia* Fisch. var. *hypoleuca* Hand.-Mazz.

分布于四川、云南、西藏、甘肃、青海。

分布于青海的玛沁、班玛、同仁、尖扎、共和、贵南、大柴旦、刚察、乐都；生于干山坡、沙丘、灌丛；海拔3 000～3 800 m。花果期4—9月。

可作地被植物，绿化或观赏。

蕨麻属 *Argentina* Hill

蕨麻 *Argentina anserina* （L.） Rydb.

分布于黑龙江、吉林、辽宁、内蒙古、河北、山西、四川、云南、西藏、陕西、宁夏、甘肃、青海、新疆。

分布于青海的玉树、杂多、治多、囊谦、曲麻莱、玛沁、班玛、达日、久治、玛多、同仁、尖扎、泽库、河南、共和、同德、贵德、兴海、贵南、德令哈、乌兰、都兰、天峻、门源、祁连、刚察、西宁、大通、湟中、湟源、平安、民和、乐都、互助、化隆、循化；生于高山草甸、河滩、山坡、水沟边；海拔1 700～4 400 m。花果期6—9月。

块根富含淀粉，可食用或酿酒；可作地被植物，用于庭院绿化。全草入药，收敛止血，止咳利痰，治各种出血及下痢。

委陵菜属 *Potentilla* L.

星毛委陵菜 *Potentilla acaulis* L.

分布于黑龙江、内蒙古、河北、山西、陕西、甘肃、青海、新疆。

分布于青海的同仁、尖扎、贵南、刚察、西宁、大通、循化；生于干旱山坡、草地、沙丘；海拔2 300～3 300 m。花果期4—8月。

可作地被植物，供观赏。

钉柱委陵菜 *Potentilla saundersiana* Royle

分布于山西、四川、云南、西藏、陕西、宁夏、甘肃、青海、新疆。

分布于青海的玉树、杂多、囊谦、玛沁、玛多、久治、同仁、尖扎、泽库、河南、共和、兴海、同德、贵德、德令哈、乌兰、天峻、海晏、祁连、门源、西宁、大通、湟源、湟中、互助、乐都；生于高山灌丛、草甸、山坡草地、河漫滩；海拔2 500～5 400 m。花果期6—8月。

可作地被植物。

丛生钉柱委陵菜 *Potentilla saundersiana* Royle var. *caespitosa*（Lehm.）Wolf

分布于内蒙古、山西、四川、云南、西藏、陕西、甘肃、青海、新疆。

分布于青海的玉树、杂多、治多、曲麻莱、囊谦、称多、玛沁、玛多、达日、久治、同仁、共和、同德、格尔木、乌兰、天峻、祁连、门源、大通、互助、乐都；生于高山草甸、灌丛、流石滩、山坡草地；海拔3 000～5 500 m。花果期6—8月。

全草入药，治肝炎、神经性发炎、关节炎等症。

委陵菜 *Potentilla chinensis* Ser.

分布于黑龙江、吉林、辽宁，内蒙古、河北、山西、山东、河南、江苏、安徽、江西、湖北、湖南、台湾、广东、广西、四川、贵州、云南、西藏、陕西、甘肃、青海。

分布于青海的玉树、玛沁、同仁、尖扎、泽库、贵德、刚察、西宁、湟源、乐都、循化；生于山坡草地、河漫滩、灌丛、林缘；海拔2 200～2 600 m。花果期4—10月。

良好的地被植物。

多裂委陵菜 *Potentilla multifida* L.

分布于黑龙江、吉林、辽宁、内蒙古、河北、四川、云南、西藏、陕西、甘肃、青海、新疆。

分布于青海的玉树、称多、同仁、尖扎、共和、贵德、祁连、门源、西宁、大通、湟中、互助、乐都；生于山坡草地、河漫滩、灌丛、林缘；海拔

3 200 ~ 4 200 m。花期5—8月。

可作地被植物，供观赏。全草入药，清热利湿、止血、杀虫，外伤出血，研末外敷伤处。

掌叶多裂委陵菜 *Potentilla multifida* var. *ornithopoda*（Tausch）Wolf

分布于黑龙江、内蒙古、河北、山西、西藏、陕西、甘肃、青海、新疆。

分布于青海的玛多、同仁、尖扎、泽库、德令哈、门源、西宁、循化；生于山坡草地、河滩、草甸、林缘；海拔2 100 ~ 4 800 m。花期5—8月。

羽毛委陵菜 *Potentilla plumosa* Yu et Li

分布于四川、西藏、甘肃、青海。

分布于青海的玉树、杂多、囊谦、玛沁、久治、同仁、泽库、兴海、同德、贵南、刚察；生于高山草甸、河谷阶地；海拔3 100 ~ 4 000 m。花果期6—8月。

可作地被植物。

多茎委陵菜 *Potentilla multicaulis* Bge.

分布于辽宁、内蒙古、河北、河南、山西、四川、陕西、宁夏、甘肃、青海、新疆。

分布于青海的玛多、同仁、泽库、共和、兴海、贵南、格尔木、刚察、门源、西宁、大通、湟中、互助、乐都；生于林下、林缘、山坡、河滩；海拔2 300 ~ 4 800 m。花果期6—8月。

可作地被植物。

雪白委陵菜 *Potentilla nivea* L.

分布于吉林、内蒙古、山西、青海、新疆。

分布于青海的玉树、玛多、同仁、兴海；生于高山灌丛、山坡草地、沼泽；海拔2 500 ~ 3 200 m。花果期6—8月。

华西委陵菜 *Potentilla potaninii* Wolf

分布于四川、云南、西藏、甘肃、青海。

分布于青海的玉树、治多、玛沁、久治、同仁、河南、兴海、同德、贵南、门源、大通、互助、乐都、民和；生于山坡草地、林缘、林下；海拔

1 800～3 000 m。花果期6—8月。

腺粒委陵菜 *Potentilla granulosa* Yü et Li

分布于四川、西藏、青海。

分布于青海的玛沁、久治、泽库、天峻、门源；生于高山草甸；海拔3 400～4 200 m；花期7—8月。

全草治血管硬化症。

腺毛委陵菜 *Potentilla longifolia* Willd. ex Schlecht.

分布于黑龙江、吉林、内蒙古、河北、山西、山东、四川、西藏、甘肃、青海、新疆。

分布于青海的玛沁、囊谦、同仁、同德、贵德、兴海、贵南、祁连、平安；生于山坡草地、高山灌丛、林缘、疏林；海拔2 300～3 200 m。花果期7—9月。

全草入药，清热解毒、止血止痢。

李属 *Prunus* L.

李 *Prunus salicina* Lindl.

分布于除我国台湾、福建、新疆、西藏、内蒙古外的其他地区。

分布于青海的同仁、尖扎、贵德、西宁、大通、湟中、湟源、乐都、化隆、民和、循化有栽培。花期4月，果期7—8月。

种植可供观赏，果实可食用。

杏 *Prunus armeniaca* L.

全国各地多有栽培。

分布于青海的班玛、同仁、尖扎、贵德、西宁、大通、湟中、湟源、互助、乐都、化隆、民和、循化有栽培。花期3—4月，果期6—7月。

种仁（杏仁）入药，有止咳祛痰、定喘润肠之效。果实可食用。

野杏 *Prunus armeniaca* var. *ansu* Maxim.

分布于河北、山西、山东、江苏、青海。

分布于青海的同仁、尖扎、西宁、互助；生于林下、林缘、灌丛；海拔1 900～2 700 m。花期4月，果期6—7月。

可栽培于庭院、街道，供观赏。可作果品、饮料。

毛樱桃 *Prunus tomentosa*（Thunb.）Wall.

分布于黑龙江、吉林、辽宁、内蒙古、河北、山西、山东、四川、云南、西藏、陕西、甘肃、宁夏、青海。

分布于青海的同仁、尖扎、泽库、门源、西宁、湟中、互助、循化；生于山坡林中、林缘、灌丛；海拔1 900～3 200 m。花期4—5月，果期6—9月。

果实微酸甜，可食用及酿酒；种仁含油率达43%左右，可制肥皂及润滑油用。种仁又入药，有润肠利水之效。

托叶樱桃 *Prunus stipulacea*（Maxim.）Yü et Li

分布于四川、陕西、甘肃、青海。

分布于青海的久治、同仁、尖扎、河南、大通、湟源、互助、乐都、循化、民和；生于山坡、林下、灌丛；海拔2 000～3 500 m。

花期5—6月，果期7—8月。

种植可供观赏。

川西樱桃 *Prunus trichostoma*（Koehne）Yü et Li

分布于四川、云南、西藏、甘肃、青海。

分布于青海的玉树、班玛、泽库；生于山坡、沟谷林中；海拔3 000～4 000 m。花期5—6月，果期7—10月。

种植可供观赏。

桃 *Prunus persica* L.

全国各地广泛栽培。

青海的东部农业区及同仁、尖扎有栽培。花期4—5月，果期8—9月。

著名水果。种植可供观赏。

梅（西梅）*Prunus mume* Siebold et Zucc.

全国各地均有栽培，青海的尖扎有栽培。

花期冬春季，果期5—8月。

种植供观赏。鲜花可提取香精，花、叶、根和种仁均可入药。果实可食用、盐渍或干制，或熏制成乌梅入药，有止咳、止泻、生津、止渴之效。可作核果类果树的砧木。

蔷薇属 *Rosa* L.

玫瑰 *Rosa rugosa* Thunb.

全国各地均有栽培。

青海的同仁、尖扎、贵德、西宁、大通、湟中、湟源、互助、平安、乐都、化隆、民和、循化有栽培。

鲜花可以蒸制芳香油，供食用及化妆品用；花瓣可以制饼馅、玫瑰酒、玫瑰糖浆，干制后可以泡茶；花蕾入药治肝、胃气痛、胸腹胀满和月经不调。种植可供观赏。

月季花 *Rosa chinensis* Jacq.

全国各地均有栽培。

青海的同仁、尖扎、贵德、德令哈、祁连、刚察、西宁、大通、湟中、湟源、互助、平安、乐都、化隆、民和、循化等地有栽培。

种植可供观赏。

黄蔷薇 *Rosa hugonis* Hemsl.

分布于山西、四川、陕西、甘肃、青海。

分布于青海的西宁、循化、民和；同仁、尖扎有引种栽培；花期5—6月，果期7—8月。

种植可供观赏。

华西蔷薇 *Rosa moyesii* Hemsl.

分布于四川、云南、陕西、青海。

分布于青海的玉树、同仁、尖扎、泽库、祁连、门源、西宁、大通、湟源、湟中、互助、乐都、民和；多生于山坡、河谷、灌丛；海拔2 100～3 800 m。花期6—7月，果期8—10月。

种植可供观赏。

峨眉蔷薇 *Rosa omeiensis* Rolfe

分布于湖北、四川、云南、西藏、陕西、宁夏、甘肃、青海。

分布于青海的班玛、尖扎、泽库、西宁、大通、湟源、互助、乐都、循化、民和；生于林下、林缘、灌丛、河谷、山坡；海拔2 300～3 900 m。

种植可供观赏。花可提取芳香油。果实可入药，止血、止痢、涩精，主治吐血、衄血、崩漏、白带等症。根皮含鞣质16%，可提制栲胶。果实味甜可食用也可酿酒，晒干磨粉掺入面粉可作食品。

小叶蔷薇 *Rosa willmottiae* Hemsl.

分布于四川、西藏、陕西、甘肃、青海。

分布于青海的玛沁、同仁、尖扎、泽库、同德、祁连、西宁、大通、互助；生于灌丛、山坡、河谷、沟边；海拔2 000～3 450 m。花期5—6月，果期7—9月。

种植可供观赏。

陕西蔷薇 *Rosa giraldii* Crep.

分布于湖北、山西、河南、四川、陕西、甘肃、青海。

分布于青海的玛沁、同仁、尖扎、同德、祁连、门源、西宁、大通、湟源、互助；生于山坡、林下、灌丛；海拔2 300～3 100 m。花期5—7月，果期7—10月。

种植可供观赏。

扁刺蔷薇 *Rosa sweginzowii* Koehne

分布于湖北、四川、云南、西藏、陕西、甘肃、青海。

分布于青海的同仁、尖扎、泽库、门源、西宁、大通、湟中、湟源、互助、乐都、循化、民和；生于山坡沟谷、灌丛、林下、林缘；海拔1 800～3 200 m。花期5—6月，果期7—9月。

花色美丽，果实鲜艳，可种植观赏。花可提取芳香油。果实入药，解毒退烧；治中毒性发烧、肝炎、肾病、关节积黄水、腹泻等症。

腺叶扁刺蔷薇 *Rosa sweginzowii* var. *glandulosa* Card.

分布于四川、云南、西藏、甘肃、青海。

分布于青海的玉树、同仁、泽库、大通、民和、循化；生于灌丛、林缘；海拔3 000～3 200 m。花期5—6月，果期7—9月。

花色美丽，果实鲜艳，可种植观赏。

细梗蔷薇 *Rosa graciliflora* Rehd. et Wils.

分布于四川、云南、西藏、青海。

分布于青海的湟中、乐都、同仁、尖扎、久治；生于山坡、林下、灌丛；海拔2 700～3 700 m。花期7—8月，果期9—10月。

花色美丽，可种植观赏。

羽叶花属 *Acomastylis* Greene

羽叶花 *Acomastylis elata*（Royle）F. Bolle

分布于四川、西藏、陕西、青海。

分布于青海的囊谦、久治、同仁、泽库、兴海、大通、湟中；生于高山灌丛、山坡草地、河滩；海拔3 300～4 500 m。花果期6—8月。

具有抗氧化、抗菌消炎的功效。

龙牙草属 *Agrimonia* L.

龙牙草 *Agrimonia pilosa* Ledeb.

分布于全国各地。

分布于青海的玉树、班玛、同仁、泽库、门源、大通、湟中、互助、乐都、循化、民和；生于林下、林缘、灌丛、山坡草地；海拔1 800～3 500 m。花果期5—12月。

全株含鞣质，可提取栲胶。全草入药，收敛止血，消炎止痢；主治呕血、咯血、鼻衄、尿血、便血、功能性子宫出血、胃肠炎、痢疾、肠道滴虫。外用治痈疖疔疮、阴道滴虫。

悬钩子属 *Rubus* L.

紫色悬钩子 *Rubus irritans* Focke

分布于四川、西藏、甘肃、青海。

分布于青海的玉树、玛沁、班玛、同仁、泽库、兴海、祁连、门源、西宁、大通、湟中、互助、乐都；生于高山灌丛、林下、草甸；海拔2 700～3 800 m。花期6—7月，果期8—9月。

种植可供观赏。果实入药，补肾固精，明目；治阳痿、遗精、遗尿、小便频繁、目暗、目晕。

地榆属 *Sanguisorba* L

地榆 *Sanguisorba officinalis* L.

分布于黑龙江、吉林、辽宁、内蒙古、河北、山西、山东、河南、江西、江苏、浙江、安徽、湖南、湖北、广西、四川、贵州、云南、西藏、陕西、甘肃、青海、新疆。

分布于青海的同仁、尖扎、泽库、西宁、互助、乐都、循化、民和；生于草甸、山坡草地、灌丛、林下；海拔2 000~3 000 m。花果期7—10月。

根为止血要药及治疗烧伤、烫伤，可提制栲胶；嫩叶可食用，又作代茶饮。

鲜卑花属 *Sibiraea* Maxim.

窄叶鲜卑花 *Sibiraea angustata*（Rehd.）Hand.-Mazz.

分布于四川、云南、西藏、甘肃、青海。

分布于青海的玉树、杂多、曲麻莱、囊谦、称多、班玛、久治、玛沁、同仁、泽库、河南、共和、同德、乌兰、海晏、刚察、门源、大通、湟源、湟中、互助、平安、乐都；生于高山草甸、灌丛、河漫滩；海拔2 500~4 300 m。花期6月，果期8—9月。

可种植庭院、街道，供观赏。

鲜卑花 *Sibiraea laevigata*（L.）Maxim.

分布于西藏、甘肃、青海。

分布于青海的治多、久治、玛沁、同仁、尖扎、泽库、共和、兴海、同德、海晏、祁连、门源、西宁、大通、湟中、互助、乐都、民和；生于高山草甸、草甸、灌丛、河滩；海拔2 300~4 000 m。花期7月，果期8—9月。

可种植庭院、街道，供观赏。

花楸属 *Sorbus* L.

湖北花楸 *Sorbus hupehensis* Schneid.

分布于湖北、江西、安徽、山东、四川、贵州、陕西、甘肃、青海。

分布于青海的同仁、尖扎、河南、刚察、门源、大通、湟源、循化、民和；生于林下；海拔2 000~3 500 m。花期5—7月，果期8—9月。

种植可观叶、观花和观果。

陕甘花楸 *Sorbus koehneana* Schneid.

分布于山西、河南、湖北、四川、陕西、甘肃、青海。

分布于青海的玉树、班玛、同仁、泽库、贵德、门源、西宁、大通、湟源、湟中、互助、平安、乐都、循化、民和；生于林下、灌丛；海拔2 000～3 800 m。花期6月，果期9月。

枝叶秀丽，秋季果实累累，可栽培，供观赏。

天山花楸 *Sorbus tianschanica* Rupr

分布于甘肃、青海、新疆。

分布于青海的同仁、尖扎、泽库、河南、兴海、同德、祁连、门源、大通、湟源、互助、乐都；生于林下、河谷山坡；海拔2 300～3 600 m。花期5—6月，果期9—10月。

枝繁叶茂花秀，可在庭院、街道栽培，供观赏。

绣线菊属 *Spiraea* L.

高山绣线菊 *Spiraea alpina* Pall.

分布于四川、西藏、陕西、甘肃、青海。

分布于青海的玉树、囊谦、玛沁、玛多、班玛、久治、同仁、尖扎、泽库、河南、共和、兴海、同德、海晏、祁连、门源、大通、湟中、乐都、化隆、循化、民和、互助；生于高山山坡、草甸、灌丛、河漫滩、河谷阶地；海拔2 900～4 600 m。花期6—7月，果期8—9月。

可种植庭院、街道，供观赏。

蒙古绣线菊 *Spiraea mongolica* Maxim.

分布于内蒙古、河北、河南、山西、四川、西藏、陕西、甘肃、青海。

分布于青海的玉树、治多、曲麻莱、囊谦、称多、班玛、同仁、尖扎、泽库、门源、西宁、大通、湟源、湟中、互助、平安、乐都、循化、民和；生于河漫滩、山坡、灌丛、林下；海拔2 100～4 100 m。花期5—7月，果期7—9月。

可种植庭院、街道，供观赏；花入药，生津止渴；治腹水。

细枝绣线菊 *Spiraea myrtilloides* Rehd.

分布于湖北、四川、云南、甘肃、青海。

分布于青海的玉树、囊谦、玛沁、班玛、同仁、尖扎、泽库、门源、西宁、大通；生于林下、林缘、灌丛；海拔2 600～4 100 m。花期6—7月，果期8—9月。

可种植庭院、街道，供观赏。

沼委陵菜属 *Comarum* L.

西北沼委陵菜 *Comarum salesovianum*（Steph.）Asch. et Gr.

分布于内蒙古、西藏、宁夏、甘肃、青海、新疆。

分布于青海的同仁、泽库、兴海、贵德、德令哈、大柴旦、乌兰、祁连、门源、湟源、循化、民和；生于河滩灌丛、河谷、山坡；海拔1 900～3 700 m。花期6—8月，果期8—10月。

可栽培于庭院，供观赏。

豆科 Fabaceae Lindl.

黄芪属 *Astragalus* L.

甘肃黄芪 *Astragalus licentianus* Hand.-Mazz.

分布于西藏、甘肃、青海。

分布于青海的玉树、杂多、同仁、尖扎、泽库、共和、兴海、久治、德令哈、乌兰、天峻、门源、祁连、大通、湟中、互助、循化；生于灌丛草甸、高山草甸；海拔3 500～4 500 m。花期7月，果期8月。

具有解毒排脓、利尿、消肿、补气的功效。

青海黄芪 *Astragalus kukunoricus* N. Ulziykhutag

分布于甘肃、青海、新疆。

分布于青海的玉树、囊谦、杂多、玛沁、同仁、尖扎、泽库、河南、刚察、共和；生于山坡草地、林缘、灌丛；海拔2 400～4 300 m。花期7—8月。

斜茎黄芪 *Astragalus laxmannii* Jacq.

分布于青海、新疆。

分布于青海的玛沁、甘德、达日、同仁、尖扎、泽库、共和、兴海、贵南、同德、贵德、德令哈、乌兰、都兰、门源、祁连、刚察、西宁、大通、湟中、湟源、互助、乐都、化隆、循化；生于林缘、河滩灌丛、盐碱沙地、山坡草甸、草原；海拔1 900～3 600 m。花期6—8月，果期8—10月。

可固氮。

糙叶黄芪 *Astragalus scaberrimus* Bunge

分布于黑龙江、吉林、辽宁、内蒙古、河北、山西、陕西、宁夏、甘肃、青海、新疆。

分布于青海的同仁、尖扎、共和、兴海、同德、贵德、西宁、大通、互助、平安、乐都、化隆、循化、民和；生于山坡草地、河滩、湖滨、沙丘；海拔2 000～3 200 m。花期4—8月，果期5—9月。

牛羊喜食；可作牧草及保持水土植物。

金翼黄芪 *Astragalus chrysopterus* Bunge

分布于河北、山西、四川、陕西、宁夏、甘肃、青海。

分布于青海的玛沁、同仁、泽库、河南、同德、都兰、祁连、门源、大通、湟中、互助、乐都、循化、民和；生于山坡、灌丛、林下、沟谷；海拔2 250～3 700 m。花果期6—8月。

花色艳丽，可作地被植物。

马衔山黄芪 *Astragalus mahoschanicus* Hand.-Mazz.

分布于内蒙古、四川、宁夏、甘肃、青海、新疆。

分布于青海的玉树、称多、玛沁、达日、玛多、同仁、泽库、河南、共和、兴海、同德、贵南、贵德、都兰、祁连、刚察、门源、西宁、大通、湟中、湟源、互助、乐都、民和；生于林缘灌丛、高山草甸、阳坡、河滩草地、沙土地；海拔2 000～4 250 m。花期6—7月，果期7—8月。

全草入药，内服利尿，愈合血管；外用治创伤。

草木樨状黄芪 *Astragalus melilotoides* Pall.

分布于长江以北各地。

分布于青海的同仁、尖扎、泽库、共和、兴海、贵德、西宁、湟中、互助、乐都、循化、民和；生于向阳山坡、河滩、沟谷；海拔1 800～2 900 m。

花期7—8月，果期8—9月。

种植可供观赏；可作绿肥。

乳白黄芪 *Astragalus galactites* Pall.

分布于黑龙江、吉林、辽宁、内蒙古、陕西、宁夏、甘肃、青海、新疆。

分布于青海的同仁、尖扎、共和、贵南、天峻、刚察、西宁、乐都；生于干旱山坡、草地、沙地；海拔2 000～3 400 m。花期5—6月，果期6—8月。

多枝黄芪 *Astragalus polycladus* Bur. et Franch.

分布于四川、云南、西藏、甘肃、青海、新疆。

分布于青海的玉树、玛沁、班玛、达日、玛多、同仁、泽库、河南、共和、同德、贵德、兴海、贵南、格尔木、德令哈、乌兰、都兰、天峻、门源、祁连、海晏、刚察、西宁、大通、湟中、湟源、平安、民和、乐都、互助、化隆；生于山坡、沟谷、河滩、林缘草甸、草原、荒漠；海拔1 900～4 600 m。花期7—8月，果期9月。

全草入药，用于肝硬化、腹水。

蒙古黄芪（膜荚黄芪）*Astragalus membranaceus* var. *mongholicus*（Bunge）P. K. Hsiao

分布于黑龙江、内蒙古、河北、山西、青海。

分布于青海的班玛、同仁、泽库、同德、大通、湟中、循化；生于山坡、沟谷、林缘、灌丛、河滩；海拔2 400～3 400 m。花期7—8月，果期9月。

具补气升阳、益卫固表、利水消肿、托疮生肌功效，用于气虚乏力、食少便溏、中气下陷、久泻脱肛、便血崩漏、表虚自汗、气虚浮肿、痈疽难溃、久溃不敛、血虚萎黄、内热消渴等。

黑紫花黄芪 *Astragalus przewalskii* Bunge

分布于四川、甘肃、青海。

分布于青海的玉树、玛沁、玛多、同仁、泽库、河南、共和、兴海、同德、祁连、门源、湟中、大通、互助、乐都；生于山坡、沟谷、林缘；海拔2 900～4 300 m。花期7—8月，果熟期8—9月。

种植可供观赏。

松潘黄芪 *Astragalus sungpanensis* Pet.-Stib.

分布于四川、甘肃、青海。

分布于青海的玉树、治多、囊谦、玛沁、班玛、久治、玛多、同仁、泽库、兴海、贵南、同德、贵德、湟中、海晏；生于山坡草地、河边砾石滩；海拔2 500~3 500 m。花期6—7月。

东俄洛黄芪 *Astragalus tongolensis* Ulbr.

分布于四川、云南、西藏、青海。

分布于青海的玛沁、达日、久治、同仁、河南、兴海、门源、祁连、循化；生于山坡草地、灌丛、林缘；海拔2 800~4 300 m。花期7—8月，果期8—9月。

肾形子黄芪 *Astragalus skythropos* Bunge

分布于四川、云南、甘肃、青海、新疆。

分布于青海的玉树、杂多、治多、曲麻莱、玛沁、久治、河南、兴海、同德、格尔木、乌兰、祁连、门源、大通、湟中、互助、乐都；生于高山草甸、阴坡灌丛草甸；海拔3 100~4 700 m。花期7月。

藏药用于水肿、诸疮。

云南黄芪 *Astragalus yunnanensis* Franch.

分布于四川、云南、西藏、青海。

分布于青海的玉树、杂多、治多、曲麻莱、囊谦、称多、玛沁、久治、同仁、河南、共和、兴海、同德、祁连、乐都；生于高山草甸、灌丛、疏林草地；海拔3 200~4 600 m。花期6—8月，果期8—9月。

花色艳丽，种植可供观赏。

茵垫黄芪 *Astragalus mattam* Tsai et Yv

分布于四川、青海、新疆。

分布于青海的杂多、治多、曲麻莱、玛沁、达日、玛多、河南、兴海、祁连；生于高山草甸；海拔3 800~4 200 m。花期7月。

乌拉特黄芪（粗壮黄芪）*Astragalus hoantchy* Franch.

分布于云南、西藏、宁夏、甘肃、青海、新疆。

分布于青海的同仁、门源、循化；生于河谷滩地、干旱山坡；海拔2 200~2 200 m。花期5—6月，果期6—7月。

单蕊黄芪（单体蕊黄芪）*Astragalus monadelphus* Bunge ex Maxim.

分布于四川、甘肃、青海。

分布于青海的玉树、玛沁、久治、同仁、同德、贵德、门源、大通、民和、乐都、互助；生于山谷、山坡、灌丛；海拔3 000~4 000 m。花期7—8月，果期8—9月。

根能补气固表，利尿托毒，排脓，敛疮生肌。用于气虚乏力，食少便溏，中气下陷，久泻脱肛，便血崩漏，表虚自汗，气虚水肿，痈疽难溃，久溃不敛，血虚萎黄，内热消渴；慢性肾炎蛋白尿，糖尿病。

变异黄芪 *Astragalus variabilis* Bunge ex Maxim.

分布于内蒙古、宁夏、甘肃、青海。

分布于青海的尖扎、德令哈、都兰、循化；生于砾石干山坡、河滩沙地；海拔1 800~2 900 m。花期5—6月，果期6—8月。

地花黄芪 *Astragalus basiflorus* Pet.-Stib.

分布于甘肃、青海。

分布于青海的同仁、泽库；生于山坡草地；海拔2 300 m。花期7—8月，果期8—9月。

蔓黄芪属 *Phyllolobium* Fisch.

蒺藜叶蔓黄芪 *Phyllolobium tribulifolium*（Benth. ex Bunge）M. L. Zhang et Podlech

分布于四川、西藏、甘肃、青海。

分布于青海的玉树、杂多、称多、治多、玛沁、班玛、久治、同仁、尖扎、泽库、河南、共和、兴海、同德、门源、祁连、海晏、大通、湟中、湟源、互助、平安、化隆、循化、民和；生于林缘、灌丛、砾石滩、河边草地；海拔2 400~4 300 m。花期6—7月，果期7—8月。

全草入药，用于镇痛、催吐，利尿；治溃疡病、胃痉挛，水肿等症，外用熬膏治创伤。

锦鸡儿属 *Caragana* Fabr.

短叶锦鸡儿 *Caragana brevifolia* Kom.

分布于四川、西藏、甘肃、青海。

分布于青海的囊谦、同仁、尖扎、泽库、河南、共和、贵德、贵南、门源、海晏、西宁、大通、湟中、湟源、民和、乐都、互助；生于山坡草地、沟谷林缘、灌丛；海拔2 100～3 800 m。花期6—7月，果期8—9月。

根入药，可解毒消炎，清热散肿，生肌止痛；治痈疽、疮疖肿痛。

鬼箭锦鸡儿 *Caragana jubata*（Pall.）Poir.

分布于内蒙古、河北、山西、青海、新疆。

分布于青海的玉树、治多、玛沁、达日、久治、玛多、同仁、尖扎、泽库、河南、共和、同德、兴海、贵南、门源、祁连、海晏、刚察、大通、湟中、乐都、互助、循化；生于山地阴坡、高山灌丛；海拔3 000～4 700 m。花期6—7月，果期8—9月。

栽培供观赏，可用于绿篱。茎纤维可制绳索、麻袋。全草入药，内服平血压，治由高血压引起的发烧；外用消毒散肿，治疗疮痈疽。根入药，可清热散肿，生肌止痛；治痈疽疮疔肿痛、跌打损伤、风湿痛疼、月经不调、乳房发炎等。花入药，治头晕头痛、耳鸣眼花、肺痨咳嗽、小儿疳积等症。

甘蒙锦鸡儿 *Caragana opulens* Kom.

分布于内蒙古、河北、山西、四川、西藏、陕西、宁夏、甘肃、青海。

分布于青海的玉树、称多、同仁、尖扎、泽库、兴海、贵南、西宁、大通、湟源、平安、乐都、互助、化隆、循化；生于石质山坡、灌丛、干旱山坡；海拔1 800～3 600 m。花期5—6月，果期6—7月。

栽培供观赏，可用于绿篱。

荒漠锦鸡儿 *Caragana roborovskyi* Kom.

分布于内蒙古、宁夏、甘肃、青海、新疆。

分布于青海的同仁、尖扎、共和、兴海、贵德、西宁、平安、乐都、化隆、循化、民和；生于干草原、干山坡、山沟、黄土丘陵、沙地；海拔1 800～3 100 m。花期5月，果期6—7月。

固沙保土植物。

川西锦鸡儿 *Caragana erinacea* Kom.

分布于四川、云南、西藏、甘肃、青海。

分布于青海的玉树、囊谦、玛沁、久治、达日、同仁、尖扎、泽库、河南、同德、贵德、大通；生于砾石干山坡、林缘、灌丛、河岸、沙丘；海拔2 500~4 500 m。花期5—6月，果期8—9月。

固沙保土植物。

青海锦鸡儿 *Caragana chinghaiensis* Liou f.

分布于甘肃、青海。

分布于青海的玛沁、同仁、尖扎、泽库、河南、兴海、贵南、同德；生于阳坡灌丛、林缘、河岸；海拔2 600~3 600 m。花期5月，果期9月。

固沙保土植物。

毛刺锦鸡儿 *Caragana tibetica* Kom.

分布于内蒙古、四川、西藏、陕西、宁夏、甘肃、青海。

分布于青海的玉树、同仁、泽库、共和、同德、兴海、贵南、西宁、湟源、乐都；生于干山坡、沙地；海拔2 200~3 500 m。花期5—7月，果期7—8月。

甘草属 *Glycyrrhiza* L.

甘草 *Glycyrrhiza uralensis* Fisch.

分布于黑龙江、吉林、辽宁、内蒙古、河北、山西、山东、陕西、宁夏、甘肃、青海、新疆。

分布于青海的同仁、尖扎、共和、贵德、格尔木、西宁、湟中、平安、循化、民和；生于碱化沙地、沙质草原；海拔2 100~3 000 m。

茎富含纤维。根茎提取物可用于食品、饮料、烟草香精、化妆品的原料。根茎入药，为镇咳祛痰药，润肺止咳，祛痰平喘；治咽喉燥痛、脾胃虚弱、手肢麻痹、十二指肠溃疡、肝炎、痈疖肿毒等。可作矫味药，调和诸药。

高山豆属 *Tibetia*（**Ali**）**Tsui**

高山豆 *Tibetia himalaica*（Baker）Tsui

分布于四川、西藏、甘肃、青海。

分布于青海的玉树、杂多、囊谦、玛沁、班玛、甘德、久治、同仁、泽库、同德、贵德、兴海、门源、祁连、海晏、大通、湟中、湟源、互助、乐都、民和；生于高山草甸、灌丛、河谷阶地、河漫滩；海拔2 400～4 200 m。花期5—6月，果期7—8月。

优良牧草。

羊柴属 *Corethrodendron* Fisch. et Basiner

红花羊柴（红花岩黄芪、红花山竹子）*Corethrodendron multijugum*（Maxim.）B. H. Choi et H. Ohashi

分布于山西、内蒙古、河南、湖北、四川、西藏、陕西、宁夏、甘肃、青海、新疆。

分布于青海的玉树、称多、曲麻莱、玛沁、同仁、尖扎、泽库、共和、兴海、贵南、同德、贵德、格尔木、德令哈、乌兰、都兰、天峻、海晏、祁连、门源、西宁、湟中、湟源、互助、平安、乐都、化隆、循化、民和；生于阳坡、沟谷、河滩、砂砾地；海拔1 800～3 800 m。花期6—8月，果期8—9月。

水土保持植物。根入药，代黄芪用；补中升阳，固表止汗，利尿排脓；蜜炒补虚，生用托疮生肌；治久病衰弱多汗、脱肛、子宫下垂、痈疽肿久不溃或溃久不敛、肾炎浮肿，强心利尿。

岩黄芪属 *Hedysarum* L.

锡金岩黄芪 *Hedysarum sikkimense* Benth. ex Baker

分布于四川、西藏、青海。

分布于青海的玉树、称多、杂多、治多、曲麻莱、玛沁、班玛、甘德、久治、玛多、同仁、尖扎、泽库、河南；生于高寒草甸、灌丛；海拔3 500～4 900 m。花期7—8月，果期8—9月。

具有较高的观赏价值。

块茎岩黄芪 *Hedysarum algidum* L. Z. Shue

分布于四川、甘肃、青海。

分布于青海的玉树、杂多、治多、曲麻莱、囊谦、称多、同仁、尖扎、泽库、河南；生于山坡草地、灌丛；海拔2 800～4 300 m。花期7—8月，果期8—9月。

全草入药，可退烧、镇痛、催吐、利尿；治溃疡病、胃痉挛、水肿等。

驴食豆属 *Onobrychis* Mill.

驴食豆（红豆草）*Onobrychis viciifolia* Scop.

内蒙古、山西、河北、陕西、宁夏、甘肃、青海有栽培。

青海的同仁、尖扎、泽库、同德、西宁、平安、民和有栽培；海拔1 800~
2 900 m。

优良牧草，家畜喜食。

苜蓿属 *Medicago* L.

青海苜蓿 *Medicago archiducis-nicolai* Sirj.

分布于四川、西藏、陕西、宁夏、甘肃、青海。

分布于青海的同仁、尖扎、西宁、大通、湟中、湟源、互助、乐都、
化隆、循化、民和；生于沟谷草甸、河滩砾地、林缘灌丛、山坡草地；海拔
2 000~4 300 m。花期6—8月，果期7—9月。

优良牧草，家畜喜食。

花苜蓿 *Medicago ruthenica*（L.）Trautv.

分布于黑龙江、吉林、辽宁、内蒙古、山西、河北、山东、四川、甘肃、
青海。

分布于青海的班玛、同仁、尖扎、贵德、海晏、门源、西宁、大通、湟
源、湟中、循化、民和；生于山坡草地、沙地、河岸；海拔2 100~3 200 m。
花期6—9月，果期8—10月。

优良牧草，家畜喜食。

天蓝苜蓿 *Medicago lupulina* L.

分布于全国各地。

分布于青海的同仁、尖扎、泽库、兴海、班玛、乌兰、门源、西宁、
大通、湟中、民和、乐都、互助、循化；生于山坡草地、沟谷、河滩；海拔
2 000~3 500 m。花期7—9月，果期8—10月。

可作牧草和绿肥。全草入药，消炎止血，清热利湿、舒筋活络；治黄疸型
肝炎、便血、痔疮出血、白血病，坐骨神经痛、腰肌劳损，外用治蛇咬伤以及

风湿筋骨疼痛。

紫花苜蓿 *Medicago sativa* L.

全国各地均有栽培或呈半野生状态。

青海的同仁、尖扎、泽库、河南、共和、同德、贵南、贵德、西宁、湟中、湟源、互助、平安、乐都、民和、循化有栽培或逸生；生于田边、荒地；海拔1 800～2 400 m。花期5—7月，果期6—8月。

优良牧草，幼苗可食用。

草木樨属 *Melilotus* Mill.

白花草木樨 *Melilotus albus* Desr.

分布于黑龙江、吉林、辽宁、内蒙古、山西、河北、四川、贵州、云南、西藏、陕西、宁夏、甘肃、青海。

分布于青海的同仁、尖扎、泽库、河南、西宁、大通、湟中、湟源、互助、平安、乐都、化隆、循化、民和。生于沟谷、山坡草地，海拔1 900～2 800 m。花期5—7月，果期7—9月。

优良的饲料植物与绿肥，为良好的水土保持植物和蜜源植物。

草木樨 *Melilotus officinalis*（L.）All.

分布于黑龙江、吉林、辽宁、广东、广西、四川、贵州、云南，全国各地常见栽培。

分布于青海的同仁、尖扎、共和、贵德、兴海、乌兰、西宁、大通、湟中、湟源、互助、平安、乐都、民和；生于山沟林下、河岸、田边；海拔1 800～2 800 m。花期5—9月，果期6—10月。

优良的牧草，也为良好的绿肥和水土保持植物。

野决明属 *Thermopsis* R. Br.

披针叶野决明 *Thermopsis lanceolata* R. Br.

分布于内蒙古、河北、山西、陕西、宁夏、甘肃、青海。

分布于青海的玉树、杂多、称多、曲麻莱、玛沁、达日、玛多、同仁、尖扎、泽库、共和、同德、贵德、兴海、格尔木、乌兰、都兰、天峻、门源、祁连、海晏、刚察、西宁、大通、湟中、湟源、平安、民和、乐都、互助、化隆、循化；生于干旱山坡草地、砂砾滩地；海拔2 200 ~ 3 500 m。花期5—7月，果期6—10月。

可作绿肥。植株有毒，少量供药用，有祛痰止咳功效。

高山野决明 *Thermopsis alpina*（Pall.）Ledeb.

分布于黑龙江、吉林、辽宁、内蒙古、河北、山西、四川、云南、西藏、陕西、甘肃、青海、新疆。

分布于青海的玉树、称多、玛沁、同仁、尖扎、共和、兴海、同德、门源、大通、湟源、互助、乐都、化隆、民和；生于河谷林缘、阴坡灌丛、山坡草地；海拔2 800 ~ 3 500 m。花期5—7月，果期7—8月。

棘豆属 *Oxytropis* DC

二色棘豆 *Oxytropis bicolor* Bunge

分布于内蒙古、河北、河南、山西、陕西、宁夏、甘肃、青海。

分布于青海的尖扎、共和、同德、西宁、大通、湟源、互助、乐都、民和；生于山坡草地、沙砾滩地；海拔2 100 ~ 3 600 m。花果期4—9月。

在冬季和春季，牛、绵羊、山羊采食其残株。

黄毛棘豆 *Oxytropis ochrantha* Turcz.

分布于内蒙古、河北、山西、四川、西藏、陕西、甘肃、青海。

分布于青海的玉树、杂多、囊谦、同仁、尖扎、泽库、河南、共和、兴海、德令哈、门源、西宁、大通、湟中、湟源、互助、乐都、循化、民和；生于山坡草地、河滩、砾石地；海拔2 300 ~ 4 200 m。花期6—7月，果期7—8月。

可用于河滩、砾石滩固土护坡。

蓝花棘豆 *Oxytropis coerulea*（Pall.）DC.

分布于黑龙江、内蒙古、河北、山西、青海。

分布于青海的河南、门源；生于高寒草甸；海拔3 100 ~ 3 600 m。花期6—7月，果期7—8月。

米尔克棘豆 *Oxytropis merkensis* Bunge

分布于内蒙古、宁夏、甘肃、青海、新疆。

分布于青海的玉树、杂多、玛沁、同仁、尖扎、共和、兴海、同德、贵德、德令哈、乌兰、都兰、门源、祁连、海晏、西宁、大通、湟中、湟源、互助、平安、乐都、化隆、循化、民和；生于高山砾石滩、山坡草地、河滩。海拔2 600～3 900 m。花期6—7月，果期7—8月。

急弯棘豆 *Oxytropis deflexa*（Pall.）DC.

分布于内蒙古、山西、四川、甘肃、青海、新疆。

分布于青海的玉树、杂多、治多、玛沁、玛多、泽库、河南、共和、兴海、贵南、同德、德令哈、乌兰、都兰、天峻、门源、祁连、刚察、西宁、大通；生于高山草甸、林缘灌丛、河滩沙地；海拔2 900～4 500 m。

种植可用于土壤营养成分的改善。

镰荚棘豆 *Oxytropis falcata* Bunge

分布于四川、西藏、甘肃、青海、新疆。

分布于青海的玉树、杂多、治多、曲麻莱、囊谦、称多、玛沁、玛多、达日、班玛、甘德、久治、泽库、河南、共和、兴海、格尔木、德令哈、大柴旦、都兰、乌兰、天峻、刚察、祁连、海晏、门源；生于湖滨沙滩、砾石地、山坡草地、河滩灌丛；海拔2 700～4 900 m。花期5—8月，果期7—9月。

全草入药，治高烧、喉炎、黄水疮、便血、红白痢、炭疽；外用可治刀伤。

密花棘豆 *Oxytropis imbricat*a Kom.

分布于宁夏、甘肃、青海。

分布于青海的玉树、杂多、玛沁、同仁、尖扎、共和、兴海、同德、贵德、德令哈、乌兰、都兰、海晏、门源、祁连、西宁、大通、湟中、湟源、互助、平安、乐都、化隆、循化、民和；生于山地阳坡；海拔1 800～2 500 m。花期5—7月，果期7—8月。

甘肃棘豆 *Oxytropis kansuensis* Bunge

分布于四川、云南、西藏、宁夏、甘肃、青海。

分布于青海的玉树、杂多、称多、治多、囊谦、曲麻莱、玛沁、甘德、达日、久治、玛多、同仁、泽库、河南、共和、同德、贵德、兴海、贵南、德令哈、乌兰、都兰、门源、祁连、刚察、大通、湟中、湟源、平安、民和、乐都、互助、化隆；生于高山草甸、阴坡灌丛、河滩草地；海拔

2 300～4 600 m。花期6—9月，果期8—10月。

花入药，利水；治各种水肿。有毒植物之一，家畜食后可引起中毒。

宽苞棘豆 *Oxytropis latibracteata* Jurtz.

分布于四川、宁夏、甘肃、青海。

分布于青海的玉树、杂多、称多、治多、玛沁、玛多、同仁、尖扎、泽库、共和、兴海、贵南、同德、贵德、格尔木、德令哈、乌兰、都兰、天峻、门源、祁连、大通、湟中、湟源、互助、乐都、化隆、民和；生于高寒草甸、高寒草原、林缘灌丛、干旱阳坡草地、石隙、砾地；海拔2 500～4 500 m。花果期7—8月。

黑萼棘豆 *Oxytropis melanocalyx* Bunge

分布于四川、云南、西藏、陕西、甘肃、青海。

分布于青海的玉树、杂多、囊谦、称多、玛多、玛沁、泽库、河南、贵德、同德、湟中；生于高山草甸、阴坡灌丛、林缘；海拔2 500～4 300 m。花期7—8月，果期8—9月。

黄花棘豆 *Oxytropis ochrocephala* Bunge

分布于四川、西藏、宁夏、甘肃、青海。

分布于青海的玉树、杂多、称多、治多、囊谦、玛沁、甘德、达日、久治、玛多、同仁、尖扎、泽库、河南、共和、兴海、贵南、同德、贵德、德令哈、乌兰、天峻、门源、祁连、海晏、刚察、西宁、大通、湟中、湟源、互助、乐都、民和；生于林缘草地、沟谷灌丛、高山草甸、山坡砾地；海拔2 000～4 300 m。花期6—8月，果期7—9月。

花入药，利水，治各种水肿。

兴隆山棘豆 *Oxytropis xinglongshanica* C. W. Chang

分布于甘肃、青海。

分布于青海的同仁、大通、循化；生于山坡草地；海拔1 800～2 600 m。花期6—7月，果期7—8月。

铺地棘豆 *Oxytropis humifusa* Kar. et Kir

分布于西藏、青海、新疆。

分布于青海的玉树、称多、泽库；生于阳坡草地、河谷、石质山坡；海拔3 600 ~ 3 800 m。花期7—8月，果期8—9月。

宽瓣棘豆 *Oxytropis platysema* Schrenk

分布于四川、西藏、青海、新疆。

分布于青海的玉树、杂多、称多、玛沁、甘德、达日、久治、玛多、同仁、乌兰、大通；生于高山草甸、河边砾石地；海拔3 500 ~ 5 000 m。花期6—7月，果期8月。

刺槐属 *Robinia* L.

刺槐 *Robinia pseudoacacia* L.

全国各地广泛栽植。

青海的同仁、尖扎、泽库、西宁、大通、湟中、湟源、平安、乐都、民和、乐都、互助、化隆有种植。花期4—6月，果期8—9月。

本种适应性强，为优良固沙保土树种；习见行道树。材质硬重，抗腐耐磨，用于多种用材；生长快，萌芽力强，是速生薪炭林树种之一；又是优良的蜜源植物。

苦马豆属 *Sphaerophysa* DC.

苦马豆 *Sphaerophysa salsula*（Pall.）DC.

分布于吉林、辽宁、内蒙古、河北、山西、陕西、宁夏、甘肃、青海、新疆。

分布于青海的同仁、尖扎、泽库、共和、贵德、格尔木、德令哈、乌兰、都兰、西宁、湟源、平安、民和、乐都、互助、化隆；生于河谷滩地；海拔2 000 ~ 3 000 m。花期5—8月，果期6—9月。

可作绿肥；种植可供观赏。果实和全草入药，利尿、消肿；治肾炎水肿、慢性肝炎、肝腹水、尿崩等症，有小毒。

野豌豆属 *Vicia* L.

窄叶野豌豆 *Vicia sativa* subsp. *nigra* Ehrhart

分布于江苏、浙江、安徽、福建、江西、山东、河南、湖北、湖南、广东、广西、四川、贵州、云南、陕西、宁夏、甘肃、青海。

分布于青海的班玛、同仁、尖扎、泽库、河南、共和、兴海、同德、贵德、西宁、湟源、互助、平安、乐都、化隆、循化、民和；生于河滩、林缘，海拔2 100～3 300 m。花期3—6月，果期5—9月。

为绿肥及牧草；亦为蜜源植物。

大龙骨野豌豆 *Vicia megalotropis* Ledeb.

分布于内蒙古、河北、山西、四川、陕西、宁夏、甘肃、青海、新疆。

分布于青海的玉树、囊谦、久治、同仁、尖扎、兴海、乐都、循化；生于山坡草地、疏林；海拔2 600～4 200 m。花果期6—7月。

为优良牧草，牛羊喜食。亦可作绿肥。

蚕豆 *Vicia faba* L.

全国各地均有栽培。

青海的同仁、尖扎、共和、贵德、西宁、湟源、互助、平安、乐都、化隆、循化、民和有栽培。花期4—5月，果期5—6月。

嫩荚供蔬食；可作为粮食磨粉制糕点、小吃。嫩时作为时新蔬菜或饲料。民间药用治疗高血压和浮肿。

救荒野豌豆 *Vicia sativa* L.

全国各地均有分布或栽培。

分布于青海的班玛、同仁、尖扎、德令哈、都兰、祁连、西宁、乐都；海拔1 850～3 000 m。花期4—7月，果期7—9月。

为绿肥及优良牧草；全草药用。

歪头菜 *Vicia unijuga* A. Br.

分布于黑龙江、吉林、辽宁、内蒙古、河北、山西、山东、江苏、安徽、浙江、江西、福建、四川、贵州、云南、西藏、陕西、宁夏、甘肃、青海、新疆。

分布于青海的班玛、同仁、尖扎、泽库、河南、刚察、祁连、门源、西宁、大通、湟源、湟中、互助、平安、乐都、化隆、循化、民和；生于林缘草甸、河谷灌丛、河边、山坡湿地、林下；海拔1 800～3 000 m。花期6—7月，果期8—9月。

嫩枝叶可食用，也可作牧草、绿肥和水土保持植物，为早春蜜源植物之一。全草入药，补虚、理气止痛、调肝；治病后体弱、肝胃不和，脘胁胀痛和头痛等症。

山野豌豆 *Vicia amoena* Fisch. ex DC.

分布于黑龙江、吉林、辽宁、内蒙古、河北、山东、河南、山西、湖北、安徽、江苏、四川、云南、西藏、陕西、宁夏、甘肃、青海。

分布于青海的玉树、同仁、尖扎、贵德、西宁、大通、湟中、湟源、民和、互助；生于河滩、山坡、林缘、灌丛湿地；海拔2 000～3 250 m。花期4—6月，果期7—10月。

为优良牧草，牛羊喜食。亦可作绿肥。

东方野豌豆 *Vicia japonica* A. Gray

分布于辽宁、吉林、河北、内蒙古、天津、四川、西藏、陕西、甘肃、青海。

分布于青海的同仁、尖扎、泽库、河南、同德、兴海、玛沁、久治；生于河谷、林下；海拔2 600～3 700 m。花果期6—9月。

为优良牧草，牛羊喜食。亦可作绿肥。

山黧豆属 *Lathyrus* L.

山黧豆 *Lathyrus quinquenervius*（Miq.）Litv.

分布于黑龙江、辽宁、吉林、内蒙古、河北、山西、陕西、甘肃、青海。

分布于青海的同仁、尖扎、贵德、西宁、湟源、湟中、互助、平安、乐都、化隆、循化、民和；生于林缘、河谷草地；海拔1 800～2 600 m。花期5—7月，果期8—9月。

优良牧草，家畜喜食。

豌豆属 *Pisum* L

豌豆 *Pisum sativum* L.

分布于河南、湖北、江苏、江西、四川。

青海的班玛、同仁、尖扎、共和、西宁、大通、湟中、湟源、乐都、民和有栽培。花期6—7月，果期7—9月。

种子及嫩荚、嫩苗均可食用；种子含淀粉、油脂，可作药用，有强壮、利尿、止泻之效；茎叶能清凉解暑，并作绿肥、饲料或燃料。

菜豆属 *Phaseolus* L.

菜豆 *Phaseolus vulgaris* L.

全国各地均有栽培。

青海的东部农业区及同仁、尖扎有种植。花期春夏。

为栽培广泛的作物，嫩荚供蔬食。

豇豆属 *Vigna* Savi

长豇豆 *Vigna unguiculata* subsp. *sesquipedalis*（L.）Verdc.

我国各地常见栽培。

青海的东部农业区及同仁、尖扎有种植。花果期夏季。

为栽培广泛的作物，嫩荚供蔬食。

牻牛儿苗科 *Geraniaceae* Juss.

熏倒牛属 *Biebersteinia* Stephan

熏倒牛 *Biebersteinia heterostemon* Maxim.

分布于四川、宁夏、甘肃、青海。

分布于青海的玉树、玛沁、同仁、尖扎、泽库、兴海、同德、西宁、湟中、互助、平安、乐都、民和；生于山坡草地、河滩、田边；海拔1 900～3 700 m。花期7—8月，果期8—9月。

果穗入药，可清热、镇痉；治小儿惊风、高烧、手足抽搐痉挛。

牻牛儿苗属 *Erodium* L' Hér. ex Aiton

牻牛儿苗 *Erodium stephanianum* Willd.

分布于黑龙江、辽宁、吉林、河北、内蒙古、山西、四川、西藏、陕西、宁夏、甘肃、青海。

分布于青海的玉树、囊谦、玛沁、同仁、泽库、兴海、贵南、同德、贵德、德令哈、西宁、互助、乐都、民和；生于山坡草地、田边；海拔1 700～3 700 m。花期6—8月，果期8—9月。

种子可榨油,工业用;茎叶可提取染料和栲胶。全草入药,可祛风湿、活血通经、清热止泻;治风湿性关节炎、坐骨神经痛、急性胃肠炎、痢疾、月经不调等。

老鹳草属 *Geranium* L

毛蕊老鹳草 *Geranium platyanthum* Duthie

分布于黑龙江、辽宁、吉林、河北、内蒙古、山西、湖北、四川、陕西、宁夏、甘肃、青海、新疆。

分布于青海的同仁、尖扎、泽库、门源、大通、湟源、湟中、互助、循化、民和;生于林下、林缘、灌丛;海拔1 800~2 900 m。花期6—7月,果期8—9月。

茎叶含鞣质,可提制栲胶。

甘青老鹳草 *Geranium pylzowianum* Maxim.

分布于四川、云南、西藏、陕西、甘肃、青海。

分布于青海的玉树、囊谦、玛沁、玛多、班玛、久治、同仁、尖扎、泽库、兴海、同德、贵德、湟源、湟中、互助、乐都;生于高山草甸、灌丛、林下、滩地;海拔2 900~3 900 m。花期7—8月,果期9—10月。

地上部入药,消炎,解毒、排脓;藏医用于治喉炎、气管炎、肺炎、腹泻等。

草地老鹳草 *Geranium pratense* L.

分布于黑龙江、辽宁、吉林、内蒙古、山西、四川、西藏、陕西、宁夏、甘肃、青海、新疆。

分布于青海的玉树、杂多、囊谦、称多、玛沁、班玛、同仁、尖扎、泽库、共和、兴海、乌兰、祁连、门源、大通、乐都;生于林下、灌丛、河滩;海拔1 900~3 700 m。花期6—7月,果期7—9月。

花形独特,种植可供观赏。

鼠掌老鹳草 *Geranium sibiricum* L.

分布于黑龙江、辽宁、吉林、内蒙古、河北、山西、湖北、四川、云南、西藏、陕西、宁夏、甘肃、青海、新疆。

分布于青海的玉树、囊谦、称多、玛沁、同仁、尖扎、泽库、同德、贵德、祁连、门源、西宁、大通、湟源、互助、乐都、循化、民和；生于山坡草地、林下、林缘、灌丛、河滩；海拔2 100～3 700 m。花期6—7月，果期8—9月。

全草入药，祛风活络，收敛止泻；治风湿性关节炎、赤白痢疾、月经不调等症。

鼠李科 Rhamnaceae Juss.

鼠李属 *Rhamnus* L.

柳叶鼠李 *Rhamnus erythroxylum* Pallas

分布于内蒙古、河北、山西、陕西、甘肃、青海。

分布于青海的尖扎；生于干旱沙丘、山坡灌丛；海拔2 000～2 100 m。花期5月，果期6—7月。

栽培可供观赏。

甘青鼠李 *Rhamnus tangutica* J. Vass.

分布于河南、四川、西藏、陕西、甘肃、青海。

分布于青海的玉树、班玛、久治、同仁、尖扎、门源、大通、民和、互助、循化；生于山谷灌丛、林下；海拔2 300～3 700 m。花期5—6月，果期6—9月。

栽培可供观赏。

枣属 *Ziziphus* Mill.

枣 *Ziziphus jujuba* Mill.

分布于吉林、辽宁、山东、河北、山西、河南、安徽、江苏、浙江、江西、福建、广东、广西、湖南、湖北、四川、贵州、云南、陕西、甘肃、新疆。

青海的东部农业区及同仁、尖扎有栽培。花期5—7月，果期8—9月。

果实供鲜食，也可以制成蜜枣、红枣、熏枣、黑枣、酒枣等蜜饯和果脯，还可以作枣泥、枣面、枣酒、枣醋等，为食品工业原料。枣又供药用，有养胃、健脾、益血、滋补、强身之效；枣仁和根均可入药，枣仁可以安神，为重要药品之一。枣树花期较长，芳香多蜜，为良好的蜜源植物。

葡萄科 Vitaceae Juss.

葡萄属 *Vitis* L.

葡萄 *Vitis vinifera* L.

全国各地均有栽培。

青海的东部农业区及同仁、尖扎有栽培。花期4—5月，果期8—9月。

著名水果，品种较多，生食或制葡萄干，并酿酒。根和藤药用能止呕、安胎。

亚麻科 Linaceae DC. ex Perleb

亚麻属 *Linum* L.

短柱亚麻 *Linum pallescens* Bunge

分布于内蒙古、西藏、陕西、宁夏、甘肃、青海、新疆。

分布于青海的玉树、玛沁、同仁、尖扎、共和、都兰、门源、西宁、民和；生于山坡、荒地、河谷砂砾地、林缘；海拔1 800～3 700 m。花果期6—9月。

种子可榨油，供工业用。

宿根亚麻 *Linum perenne* L.

分布于河北、山西、内蒙古、四川、云南、西藏、陕西、宁夏、甘肃、青海、新疆。

分布于青海的囊谦、班玛、同仁、河南、都兰、同德、贵德、海晏、西宁、湟源、化隆、乐都；生于山坡草地、山沟荒地；海拔2 300～3 800 m。花期6—7月，果期8—9月。

种子可榨油，供工业用。花果入药，通经活血；治子宫瘀血闭经等症。

亚麻（胡麻）*Linum usitatissimum* L.

全国各地均有栽培。

青海的同仁、尖扎、贵德、乌兰、都兰、西宁、互助、乐都、循化、民和有种植。花期6—8月，果期7—9月。

重要的纤维、油料和药用植物。

蒺藜科 Zygophyllaceae R. Br.

白刺属 *Nitraria* L.

白刺 *Nitraria tangutorum* Bobr.

分布于内蒙古、西藏、陕西、宁夏、甘肃、青海、新疆。

分布于青海的同仁、尖扎、泽库、共和、兴海、贵德、格尔木、德令哈、大柴旦、都兰、乌兰、西宁、民和；生于干山坡、河谷、河滩、戈壁滩；海拔1 900～3 500 m。花期5—6月，果期7—8月。

为优良的防风固沙植物；骆驼、山羊喜食。果实可食用或作饮料，也可入药治肺病和胃病。

小果白刺 *Nitraria sibirica* Pall.

分布于陕西、宁夏、甘肃、青海、新疆。

分布于青海的同仁、尖扎、共和、兴海、贵德、格尔木、德令哈、冷湖、大柴旦、都兰、乌兰、西宁、乐都、化隆、循化、民和；生于山坡、滩地、湖边沙地、荒漠草原、沙丘或路旁；海拔1 800～3 700 m。花期5—6月，果期7—8月。

为优良的防风固沙植物。枝、叶、果可作饲料，骆驼、山羊喜食。果实可食用或作饮料，也可入药治肺病和胃病。

骆驼蓬属 *Peganum* L.

多裂骆驼蓬 *Peganum multisectum*（Maxim.）Bobr.

分布于内蒙古、陕西、宁夏、甘肃、青海。

分布于青海的同仁、尖扎、共和、贵德、乌兰、西宁、乐都、循化、民和；生于干山坡、草地、沙丘、路旁荒地；海拔1 700～3 900 m。花期5—7月，果期6—9月。

种子可榨油，供工业用。种子入药，治咳嗽气喘。也可作家畜的牧草。

蒺藜属 *Tribulus* L.

蒺藜 *Tribulus terrestris* L.

分布于全国各地。

分布于青海的同仁、尖扎、兴海、贵南、贵德、大通、循化、民和；生于干旱山坡、河滩沙地；海拔1 800～3 200 m。花期5—8月，果期6—9月。

果入药，利水祛湿，平肝明目；治疗胃炎、风湿性关节炎、目赤肿痛。也可作地被植物，供观赏。

驼蹄瓣属 *Zygophyllum* L.

霸王 *Zygophyllum xanthoxylum*（Bunge）Maxim.

分布于内蒙古、宁夏、甘肃、青海、新疆。

分布于青海的同仁、尖扎、格尔木、大柴旦、都兰、贵德、西宁、乐都、民和；生于沙质河流阶地、山沟、干山坡、河谷阶地；海拔1 600～2 600 m。花期4—5月，果期7—8月。

优良的防风固沙植物。骆驼、山羊喜食。

芸香科 Rutaceae Juss.

花椒属 *Zanthoxylum* L.

花椒 *Zanthoxylum bungeanum* Maxim.

分布于全国各地。

青海的同仁、尖扎、西宁、互助、循化、民和有栽培；生于山坡、林缘、河边；海拔1 600～2 500 m。花期4—5月，果期8—9月或10月。

木材有美术工艺价值；花椒用作中药，有温中行气、逐寒、止痛、杀虫等功效。治胃腹冷痛、呕吐、泄泻、血吸虫、蛔虫等症。又作表皮麻醉剂。花椒果皮含精油，气香而味辛辣，可作食用调料或工业用油。

野花椒 *Zanthoxylum simulans* Hance

分布于安徽、江苏、浙江、湖北、江西、台湾、福建、湖南、贵州、河南、山东、甘肃、青海。

分布于青海的同仁；生于灌丛；海拔2 400～2 500 m。花期3—5月，果期7—9月。

果入药，味辛辣，麻舌。温中除湿，祛风逐寒。有止痛、健胃、抗菌，驱蛔虫功效。

苦木科 Simaroubaceae DC.

臭椿属 *Ailanthus* Desf

臭椿 *Ailanthus altissima*（Mill.）Swingle

全国各地普遍栽培。

青海的尖扎、西宁、循化有种植；海拔1 600～2 000 m。花期4—5月，果期8—10月。

可作园林风景树和行道树。木材可制作农具等；叶可饲蚕；树皮、根皮、果实均可入药，有清热利湿、收敛止痢等功效；种子含油35％。

远志科 Polygalaceae Hoffmanns. et Link

远志属 *Polygala* L.

西伯利亚远志 *Polygala sibirica* L.

分布于全国各地。

分布于青海的玉树、囊谦、同仁、尖扎、泽库、兴海、祁连、门源、大通、湟源、湟中、乐都、民和；生于林下、灌丛、河谷、坡地；海拔1 800～4 000 m。花果期6—9月。

全草入药，治气管炎、水肿。

远志 *Polygala tenuifolia* Willd.

分布于黑龙江、吉林、辽宁、内蒙古、河北、山西、河南、湖北、湖南、四川、陕西、宁夏、甘肃、青海、新疆。

分布于青海的玉树、同仁、尖扎、西宁、互助、循化；生于山坡、草地、灌丛；海拔2 150～2 300 m。花果期5—9月。

本种根皮入药，有益智安神、散郁化痰的功效。主治神经衰弱、心悸、健忘、失眠、梦遗、咳嗽多痰、支气管炎、腹泻、膀胱炎、痈疽疮肿；并有强壮、刺激子宫收缩等作用。

大戟科 Euphorbiaceae Juss.

大戟属 *Euphorbia* L

泽漆 *Euphorbia helioscopia* L.

广布于全国各地。

分布于青海的玛沁、班玛、同仁、尖扎、泽库、共和、西宁、湟中、互助、乐都、循化；生于林缘、山坡、河滩；海拔2 210~3 800 m。花果期4—10月。

全草入药，有清热、祛痰、利尿消肿及杀虫之效；可作农药，杀虫。种子含油量达30%，可供工业用。

青藏大戟 *Euphorbia altotibetica* Pauls.

分布于西藏、宁夏、甘肃、青海。

分布于青海的玉树、杂多、曲麻莱、玛沁、玛多、同仁、尖扎、泽库、河南、共和、兴海、格尔木、德令哈、刚察；生于高山草甸、山坡、沙丘；海拔2 500~4 500 m。花果期5—7月。

有毒植物，可作农药。

甘青大戟 *Euphorbia micractina* Boiss.

分布于河南、山西、四川、西藏、陕西、宁夏、甘肃、青海、新疆。

分布于青海的玉树、杂多、囊谦、称多、玛沁、久治、同仁、尖扎、河南、门源、湟中、互助、民和；生于高山草甸、灌丛、林缘；海拔2 400~4 500 m。花果期6—7月。

有毒植物，可作农药。

甘肃大戟 *Euphorbia kansuensis* Proch.

分布于江苏、河南、湖北、内蒙古、河北、山西、四川、陕西、宁夏、甘肃、青海。

分布于青海的杂多、治多、称多、玛沁、玛多、班玛、久治、泽库、河南、共和、兴海；生于高山流石坡、高山草甸；海拔3 200～4 400 m。花果期4—6月。

有毒植物，可作农药。

地锦草 *Euphorbia humifusa* Willd.

分布于全国各地。

分布于青海的同仁、尖扎、贵南、西宁、互助、平安、乐都、循化、民和；生于干旱山坡、河滩；海拔1 900～3 200 m。花果期5—10月。

全草入药，有清热解毒、利尿、通乳、止血及杀虫作用。

黄杨科 Buxaceae Dumort.

黄杨属 *Buxus* L.

黄杨 *Buxus sinica*（Rehder et E. H. Wilson）M. Cheng

分布于浙江、安徽、江苏、山东、湖北、广东、广西、江西、四川、贵州、陕西、甘肃。
青海的东部农业区及同仁、尖扎有栽培。
种植可供观赏。

卫矛科 Celastraceae R. Br.

卫矛属 *Euonymus* L.

中亚卫矛 *Euonymus semenovii* Regel et Herd.

分布于河北、山西、、四川、云南、西藏、甘肃、青海、新疆。

分布于青海的班玛、同仁、尖扎、门源、西宁、大通、湟源、湟中、互助、乐都、循化、民和；生于林下、林缘、灌丛；海拔2 300～3 500 m。

可栽培于庭院、街道，供观赏。

冷地卫矛 *Euonymus frigidus* Wall. ex Roxb.

分布于湖北、四川、贵州、云南、西藏、陕西、甘肃、青海。

分布于青海的班玛、同仁、尖扎、民和；生于山坡林下、灌丛；海拔 2 200～3 700 m。

可栽培于庭院、街道，供观赏。

锦葵科 Malvaceae Juss.

蜀葵属 *Althaca* L.

蜀葵 *Alcea rosea* L.

全国各地广泛栽培。

青海的东部农业区及西宁、同仁、尖扎有种植。花期3—8月。

栽培可供观赏。全草入药，有清热止血、消肿解毒之功，治吐血、血崩等症。茎皮含纤维可代麻用。药用。

锦葵属 *Malva* L.

锦葵 *Malva cathayensis* M. G. Gilbert，Y. Tang et Dorr

全国各地均有栽培，偶有逸生。

青海的东部农业区及同仁、尖扎有种植。花期5—10月。

栽培可供观赏，地植或盆栽均宜。

野葵 *Malva verticillata* L.

分布于全国各地。

分布于青海的玉树、治多、囊谦、玛沁、同仁、尖扎、泽库、河南、共和、兴海、贵南、同德、门源、西宁、大通、湟源、湟中、互助、乐都、循化、民和；生于田边、河滩；海拔1 800～4 200 m。花期3—11月。

种子、根和叶作中草药，能利水滑窍，润便利尿；鲜茎叶和根可拔毒排脓，治疗疔疮疖痈。嫩苗也可作蔬菜食用。

藤黄科 Clusiaceae Lindl.

金丝桃属 *Hypericum* L.

突脉金丝桃 *Hypericum przewalskii* Maxim.

分布于河南、湖北、四川、陕西、甘肃、青海。

分布于青海的班玛、玛多、同仁、尖扎、泽库、贵德、门源、西宁、大通、湟中、民和、乐都、互助、循化；生于山坡草地、林缘、林下；海拔2 300~2 800 m。花期6—7月，果期8—9月。

可作观赏园林绿化植物。

柽柳科 Tamaricaceae Link

水柏枝属 *Myricaria* Besv.

具鳞水柏枝 *Myricaria squamosa* Desv.

分布于四川、西藏、甘肃、青海、新疆。

分布于青海的玉树、杂多、囊谦、玛沁、久治、同仁、尖扎、泽库、河南、格尔木、天峻、门源、祁连、西宁、民和、乐都、互助、循化；生于河滩、河谷阶地、河床、湖边沙地；海拔2 200~4 000 m。花果期5—8月。

可用于河边、湖边绿化。嫩枝入药，发散解毒。用不水肿、肺炎、肺炎中毒性发烧、风热咳嗽、咽喉肿痛、黄水病、乌头中毒。

堇菜科 Violaceae Batsch

堇菜属 *Viola* L.

圆叶小堇菜 *Viola biflora* var. *rockiana*（W. Becker）Y. S. Chen

分布于四川、云南、西藏、甘肃、青海。

分布于青海的玛沁、久治、同仁、尖扎、河南、互助、乐都、循化；生于草甸、灌丛、林下、山坡、河滩；海拔2 600~3 700 m。花期6—7月，果期7—8月。

可作地被植物，供观赏。全草入药，能清热解毒。

西藏堇菜 *Viola kunawarensis* Royle Illustr.

分布于四川、西藏、甘肃、青海、新疆。

分布于青海的玉树、杂多、囊谦、玛沁、同仁、尖扎、泽库、兴海、天峻、门源；生于高山灌丛、高山草甸、林缘；海拔3 100～4 800 m。花期6—7月，果期7—8月。

可作地被植物，供观赏。

双花堇菜 *Viola biflora* L.

分布于黑龙江、吉林、辽宁、内蒙古、河北、山西、山东、我国台湾、河南、四川、云南、西藏、陕西、甘肃、青海、新疆。

分布于青海的玉树、囊谦、杂多、治多、玛沁、久治、同仁、泽库、祁连、湟源、互助、乐都、循化；生于高山草甸、灌丛、林缘、岩石缝隙；海拔2 800～4 200 m。花果期5—9月。

全草民间药用，能治跌打损伤。

鳞茎堇菜 *Viola bulbosa* Maxim.

分布于四川、西藏、甘肃、青海。

分布于青海的玉树、囊谦、班玛、久治、同仁、尖扎、泽库、乐都、循化、民和；生于高山草甸、林下、沟谷；海拔2 300～4 000 m。花期5—6月。

可作地被植物，供观赏。

早开堇菜 *Viola prionantha* Bunge

分布于黑龙江、吉林、辽宁、内蒙古、河北、山西、山东、江苏、河南、湖北、云南、陕西、宁夏、甘肃、青海。

分布于青海的同仁、尖扎、西宁、湟中、互助、乐都、循化、民和；生于灌丛、林下、河滩、田边；海拔2 200～2 800 m。花果期4—9月。

全草供药用，可清热解毒，除脓消炎；捣烂外敷可排脓、消炎、生肌。本种花形较大，色艳丽，花期长，是一种美丽的早春观赏植物。

裂叶堇菜 *Viola dissecta* Ledeb.

分布于吉林、辽宁、内蒙古、河北、山西、山东、浙江、四川、西藏、陕西、甘肃、青海。

分布于青海的同仁、尖扎、门源、西宁、大通；生于山坡草地、灌丛、林缘；海拔2 200～3 200 m。花期5—9月，果期6—10月。

三色堇 *Viola tricolor* L.

全国各地均有栽培。

青海的东部农业区及同仁、尖扎有种植。花期4—7月，果期5—8月。

可作观赏花卉。

瑞香科 Thymelaeaceae Juss.

瑞香属 *Daphne* L

唐古特瑞香 *Daphne tangutica* Maxim.

分布于山西、四川、贵州、云南、西藏、陕西、甘肃、青海。

分布于青海的玉树、囊谦、同仁、尖扎、泽库、久治、门源、西宁、大通、平安、民和、乐都、互助、循化；生于山坡灌丛、林下、林缘、岩石缝隙；海拔2 700～3 800 m。花期4—5月，果期5—7月。

常绿植物，可用于园林绿化，供观赏。有小毒，果、叶、皮熬膏可驱虫，治梅毒性鼻炎及下疳；花治肺脓肿；根、皮治骨痛、关节炎。茎皮纤维是很好的造纸原料。

狼毒属 *Stellear* L

狼毒 *Stellera chamaejasme* L.

分布于我国北方及西南地区。

分布于青海的玉树、杂多、称多、治多、囊谦、曲麻莱、玛沁、班玛、甘德、达日、久治、玛多、同仁、尖扎、泽库、河南、共和、同德、贵德、兴海、贵南、乌兰、天峻、门源、祁连、刚察、西宁、大通、湟中、湟源、平安、民和、乐都、互助、化隆、循化；生于草原、高山草甸、河滩；海拔2 200～4 500 m。花期4—6月，果期7—9月。

花美丽，种植可供观赏。狼毒的毒性较大，可以杀虫；根入药，有祛痰、消积、止痛之功能，外敷可治疥癣。根还可提取工业用乙醇。根和茎含纤维，为造纸原料。

胡颓子科 Elaeagnaceae Juss.

胡颓子属 *Elaeagnus* L.

沙枣 *Elaeagnus angustifolia* L.

分布于辽宁、河北、山西、河南、内蒙古、陕西、宁夏、甘肃、青海、新疆。栽培植物，亦有野生。

分布于青海的同仁、尖扎、贵德、德令哈、格尔木、都兰、西宁及海东；生于河岸阶地、田边。花期5—6月，果期8—9月。

果实可食用、酿酒；花可提芳香油，作调香原料；为蜜源植物；木材可作家具、农具；果实、叶、根可入药，果汁可作泻药，果实与车前一同捣碎可治痔疮，根煎汁可洗恶疥疮，叶干燥后研碎加水服，对治肺炎、气短有效；果实和叶可作牲畜饲料；也是防风固沙先锋树种。

沙棘属 *Hippophae* L.

中国沙棘 *Hippophae rhamnoides* L. subsp. *sinensis* Rousi

分布于河北、内蒙古、山西、四川、陕西、甘肃、青海。

分布于青海的同仁、尖扎、泽库、同德、格尔木、都兰、门源、祁连、西宁、大通、湟中、湟源、民和、乐都、互助、循化；生于高山灌丛、河谷两岸、阶地、河漫滩、山坡；海拔1 800～3 800 m。花期5—6月，果期7—9月。

种子可榨油；树皮可制栲胶；为防风固沙、水土保持的良好树种。果实可食用，可制饮料、果酱；果入药，补肺，活血；治月经不调、肺结核、胃溃疡等症。

西藏沙棘 *Hippophae tibetana* Schlechtendal

分布于四川、西藏、甘肃、青海。

分布于青海的玉树、囊谦、杂多、治多、同仁、尖扎、泽库、河南、门源、祁连、刚察、西宁、大通、湟中、湟源、民和、乐都、互助、循化；生于高寒草甸、灌丛、河漫滩、沟谷、河流两岸；海拔2 800～5 200 m。花期5—6月，果期8—9月。

为防风固沙、水土保持的良好树种。

肋果沙棘 *Hippophae neurocarpa* S. W. Liu et T. N. He

分布于四川、西藏、甘肃、青海。

分布于青海的囊谦、久治、河南、兴海、祁连；生于河谷、阶地、河漫滩；海拔2 900～4 000 m。花期5—6月，果期8—9月。

常形成灌木林，高海拔地区常作燃料。

柳叶菜科 Onagraceae Juss.

露珠草属 *Circaea* L.

高原露珠草 *Circaea alpina* L. subsp. *imaicola*（Asch. et Mag.）Kitamura

分布于山西、安徽、浙江、江西、福建、我国台湾、河南、湖北、四川、贵州、云南、西藏、陕西、甘肃、青海。

分布于青海的玉树、囊谦、班玛、久治、同仁、泽库、同德、门源、湟中、互助、平安、乐都、民和；生于林下、灌丛、岩石缝隙；海拔2 300～4 300 m。花期7—9月，果期8—10月。

全草入药，具养心安神、消食、止咳、解毒、止痒功效，主治心悸、失眠、多梦、疳积、咳嗽、疮疡脓肿、癣痒等症。

柳兰属 *Chamerion*（Raf.）Raf. ex Holub

柳兰 *Chamerion angustifolium*（L.）Holub

分布于黑龙江、吉林、内蒙古、河北、山西、四川、云南、西藏、宁夏、甘肃、青海、新疆。

分布于青海的玉树、班玛、同仁、泽库、河南、同德、祁连、大通、湟中、互助、平安、乐都、民和；生于林下、林缘、山沟、河滩；海拔2 100～3 800 m。花期6—9月，果期8—10月。

花形态奇特，可观赏；蜜源植物；全株含鞣制，可制栲胶、染料；茎叶可作猪饲料；根状茎可入药，能消炎止痛，治疗跌打损伤。

柳叶菜属 *Epilobium* L.

沼生柳叶菜 *Epilobium palustre* L.

分布于黑龙江、吉林、辽宁、内蒙古、河北、山西、四川、云南、西藏、陕西、甘肃、青海、新疆。

分布于青海的玉树、治多、囊谦、称多、玛沁、玛多、同仁、泽库、河南、共和、贵德、乌兰、门源、西宁、大通、湟中、互助、平安、乐都、民和；生于高山灌丛、林下、林缘、河滩；海拔2 000～3 600 m。花期6—8月，果期8—9月。

全草入药，治风湿性关节炎、腹泻。

短梗柳叶菜（喜山柳叶菜）*Epilobium royleanum* Haussk.

分布于河南、湖北、四川、贵州、云南、西藏、甘肃、青海、新疆。

分布于青海的玉树、玛沁、班玛、同仁、尖扎、泽库、同德、互助、乐都、循化、民和；生于林下、林缘、山坡、河滩；海拔1 500～4 200 m。花期7—9月，果期8—10月。

可栽培供观赏。

小二仙草科 Haloragaceae R. Br.

狐尾藻属 *Myriophyllum* L.

穗状狐尾藻 *Myriophyllum spicatum* L.

分布于全国各地。

分布于青海的玛沁、玛多、久治、泽库、河南、乌兰；生于河边、沼泽、湖泊；海拔2 800～4 500 m。花期5—7月，果期6—9月。

全草入药，清凉，解毒，止痢，治慢性下痢。可用于水体绿化，供观赏。

杉叶藻科 Hippuridaceae L.

杉叶藻属 *Hippuris* L.

杉叶藻 *Hippuris vulgaris* L.

分布于黑龙江、吉林、辽宁、内蒙古、河北、山西、四川、云南、西藏、陕西、甘肃、青海、新疆。

分布于青海的玉树、囊谦、玛沁、玛多、久治、泽库、乌兰、天峻、祁连、西宁、大通、互助；生于沼泽草甸、湖滨、河岸；海拔2 000～4 600 m。

全草入药，可消炎退烧，治肺炎、肝炎。

五加科 Araliaceae Juss.

五加属 *Eleutherococcus* Maxim.

红毛五加 *Eleutherococcus giraldii*（Harms）Nakai

分布于湖北、四川、陕西、宁夏、甘肃、青海。

分布于青海的囊谦、班玛、同仁、尖扎、泽库、门源、贵德、大通、湟源、民和、互助、循化；生于灌丛、林下；海拔2 300～3 500 m。花果期6—8月。

可栽培供观赏。

伞形科 Apiaceae Lindl.

变豆菜属 *Sanicula* L.

首阳变豆菜 *Sanicula giraldii* Wolff

分布于河北、河南、山西、四川、西藏、陕西、甘肃、青海。

分布于青海的玉树、班玛、同仁、尖扎、大通、湟中、互助、乐都、循化、民和；生于林缘、林下、灌丛；海拔2 300～3 550 m。花果期5—9月。

具有解毒、止血的功效。

大瓣芹属 *Semenovia* Regel et Herder

裂叶大瓣芹（裂叶独活）*Semenovia malcolmii*（Hemsl. et H.Pearson）*Pimenov*

分布于四川、云南、西藏、甘肃、青海。

分布于青海的玉树、杂多、治多、曲麻莱、称多、玛沁、玛多、达日、甘德、久治、同仁、泽库、河南、共和、兴海、贵南、同德、天峻、刚察、祁连、大通、湟源；生于高山草甸、草原、灌丛、林下；海拔2 700 ~ 4 800 m。花期6—8月，果期9—10月。

具补血活血、调经止痛、润肠通便之效，用于血虚萎黄、眩晕心悸、月经不调、经闭痛经、虚寒腹痛、肠燥便秘、风湿痹痛、跌打损伤、痈疽疮疡。

西风芹属 *Seseli* L.

粗糙西风芹 *Seseli squarrulosum* Shan et Sheh

分布于四川、青海。

分布于青海的同仁、尖扎、泽库、门源、西宁、大通、湟源、湟中、互助；生于灌丛、山坡、河滩；海拔2 200 ~ 3 200 m。花期7—8月，果期8—9月。

果实及叶有特殊香气；民间用全草入药，有解表、镇痛作用。

羌活属 *Hansenia* Turcz.

羌活 *Hansenia weberbaueriana*（Fedde ex H. Wolff）Pimenov et Kljuykov

分布于四川、西藏、陕西、甘肃、青海。

分布于青海的玉树、称多、曲麻莱、玛沁、达日、班玛、久治、泽库、河南、共和、兴海、同德、贵南、祁连、门源、湟中、乐都、民和；生于高山草甸、高山灌丛草甸、林下；海拔2 700 ~ 4 200 m。花期7月，果期8—9月。

根状茎入药，治风寒感冒、风湿性关节痛等。

宽叶羌活 *Hansenia forbesii*（H. Boissieu）Pimenov et Kljuykov

分布于山西、内蒙古、湖北、四川、陕西、甘肃、青海。

分布于青海的玛沁、班玛、同仁、泽库、河南、共和、兴海、同德、贵南、贵德、门源、湟中、互助、乐都、民和；生于高山灌丛、高山灌丛草甸、林下、林缘；海拔2 300 ~ 4 000 m。花期7月，果期8—9月。

根及根状茎入药，治风寒感冒、风湿性关节痛等。

当归属 *Angelica* L.

青海当归 *Angelica nitida* Wolff

分布于四川、甘肃、青海。

分布于青海的玛沁、达日、班玛、久治、同仁、泽库、河南、同德、门源、大通、互助；生于灌丛、灌丛草甸、林缘、山坡、河谷；海拔3 100～4 050 m。花期7—8月，果期8—9月。

具补血活血、调经止痛、润肠通便之效，用于血虚萎黄、眩晕心悸、月经不调、经闭痛经、虚寒腹痛、肠燥便秘、风湿痹痛、跌打损伤、痈疽疮疡。

葛缕子属 *Carum* L.

田葛缕子 *Carum buriaticum* Turcz.

分布于黑龙江、吉林、辽宁、内蒙古、河北、山西、四川、西藏、陕西、甘肃、青海、新疆。

分布于青海的囊谦、班玛、同仁、尖扎、泽库、共和、贵南、祁连、门源、西宁、大通、乐都、民和；生于灌丛下、林下、林缘、山坡、滩地；海拔1 700～3 610 m。花果期5—10月。

嫩叶可作蔬菜；果实含芳香油，可供制香料，也可供药用，能祛风健胃。

葛缕子 *Carum carvi* L.

分布于黑龙江、吉林、辽宁、内蒙古、河北、山西、四川、西藏、陕西、甘肃、青海、新疆。

分布于青海的玉树、杂多、称多、玛沁、班玛、久治、玛多、同仁、尖扎、泽库、共和、同德、贵德、兴海、贵南、德令哈、乌兰、都兰、门源、祁连、西宁、大通、湟中、民和、乐都、互助、循化；生于高山草甸、高山灌丛、林下、林缘；海拔2 080～4 050 m。花果期5—8月。

嫩叶可作蔬菜；果实含芳香油，可供制香料。根、果入药；根能祛风除湿，治疗感冒发烧、关节疼痛；果治心脏病、胃病、眼病。

柴胡属 *Bupleurum* L.

簇生柴胡 *Bupleurum condensatum* Shan et Y. Li

分布于青海。

产玛沁、久治、同仁、泽库、河南、共和、兴海、同德、天峻、刚察；生长高山向阳山坡、荒地河滩；海拔3 000～3 700 m。花期7—8月，果期8—9月。

全草入药，治感冒发烧。

黑柴胡 *Bupleurum smithii* Wolff

分布于内蒙古、河北、山西、河南、陕西、甘肃、青海。

分布于青海的玉树、久治、班玛、同仁、泽库、祁连、门源、西宁、大通、湟源、湟中、互助、乐都、循化、民和；生于灌丛、林缘、山坡、田边；海拔2 400～3 800 m。花期7—8月，果期8—9月。

全草入药，治感冒发烧。

三辐柴胡 *Bupleurum triradiatum* Adams ex Hoffm.

分布于四川、西藏、青海、新疆。

分布于青海的泽库、河南、玛沁、称多；生于草甸、山坡阳处、岩石缝隙；海拔2 350～4 900 m。花期7—8月，果期8—9月。

矮泽芹属 *Chamaesium* H. Wolff

矮泽芹 *Chamaesium paradoxum* Wolff

分布于四川、云南、青海。

分布于青海的玉树、治多、称多、玛沁、达日、班玛、久治、同仁；生于林下、高山灌丛、高山草甸；海拔3 300～4 600 m。花果期7—9月。

具有散风寒、止头痛、降血压的功效。

茴香属 *Foeniculum* Mill.

茴香 *Foeniculum vulgare* Mill.

全国各地均有栽培。

青海的东部农业区及同仁、尖扎有种植。花期5—6月，果期7—9月。

嫩叶可作蔬菜食用或作调味用。果实入药，有祛风祛痰、散寒、健胃和止痛之效。

藁本属 *Ligusticum* L.

长茎藁本 *Ligusticum thomsonii* C. B. Clarke

分布于西藏、甘肃、青海。

分布于青海的玉树、杂多、治多、曲麻莱、玛沁、玛多、达日、班玛、甘德、久治、同仁、泽库、河南、兴海、德令哈、刚察、祁连、门源、大通、互助、乐都；生于林下、林缘、高山灌丛、高山草甸；海拔2 600～4 300 m。花期7—8月，果期9月。

牛羊喜食。

串珠藁本 *Ligusticum moniliforme* Z. X. Peng et B. Y. Zhang

分布于甘肃、青海。

分布于青海的杂多、玛沁、同仁、泽库、共和、同德、门源、刚察；生于高山草甸、灌丛草甸；海拔3 100～4 100 m。花期7—8月，果期9月。

具有解痉平喘、祛湿止痛的功效。

丝瓣芹属 *Acronema* Edgew.

尖瓣芹 *Acronema chinense* Wolff

分布于四川、甘肃、青海。

分布于青海的玛沁、久治、泽库、河南、同德、大通、乐都、互助；生于谷地灌丛、河谷林下；海拔3 800～4 400 m。花期7月，果期8—9月。

具有利尿消肿的功效。

棱子芹属 *Pleurospermum* Hoffm.

粗茎棱子芹 *Pleurospermum wilsonii* H. de Boissieu

分布于四川、云南、甘肃、青海。

分布于青海的久治、同仁、尖扎、天峻、门源、祁连、刚察、湟源、互助、乐都；生于山坡草地、高山灌丛；海拔3 000～4 500 m。花期9—10月。

松潘棱子芹 *Pleurospermum franchetianum* Hemsl.

分布于湖北、四川、陕西，宁夏、甘肃、青海。

分布于青海的同仁、泽库、西宁、湟源、湟中、互助、乐都、循化；生于灌丛、林下、林缘、河滩；海拔2 300～2 800 m。花期7—8月，果期9月。

青藏棱子芹 *Pleurospermum pulszkyi* Kanitz

分布于甘肃、西藏、青海。

分布于青海的玉树、杂多、治多、玛沁、达日、久治、玛多、同仁、泽库、河南、同德、贵德、兴海、乌兰、天峻、门源、祁连、西宁、乐都、互助；生于山坡草地、岩石缝隙；海拔3 600～4 600 m。花期7月，果期8—9月。

泽库棱子芹 *Pleurospermum tsekuense* Shan

分布于青海。

产玛沁、泽库；生于山坡草地；海拔3 400～3 500 m；花期8月。

西藏棱子芹 *Pleurospermum hookeri* var. *thomsonii* C. B. Clarke

分布于四川、云南、西藏、甘肃、青海。

分布于青海的玉树、称多、治多、曲麻莱、玛沁、甘德、达日、久治、玛多、泽库、同德、兴海、祁连、大通；生于山坡草地、高山灌丛、高山流石滩；海拔3 500～4 500 m。花期8月，果期9—10月。

青海棱子芹 *Pleurospermum szechenyii* Kanitz

分布于甘肃、青海。

分布于青海的囊谦、曲麻莱、玛沁、甘德、达日、泽库、河南、兴海、大通、互助；生于山坡草地、高山流石滩；海拔3 700～4 200 m。花期7月，果期8月。

迷果芹属 *Sphallerocarpus* Besser ex DC.

迷果芹 *Sphallerocarpus gracilis*（Bess.）K.-Pol.

分布于黑龙江、吉林、辽宁、河北、山西、内蒙古、甘肃、青海、新疆。

分布于青海的玉树、治多、曲麻莱、囊谦、玛沁、玛多、班玛、同仁、尖扎、泽库、河南、共和、兴海、贵南、同德、贵德、德令哈、乌兰、西宁、大通、互助、乐都、循化、民和；生于林下、灌丛、草甸、河畔；海拔1 800～4 400 m。

根及根茎入药，可祛肾寒，敛黄水。

东俄芹属 *Tongoloa* H. Wolff

条叶东俄芹 *Tongoloa taeniophylla*（de Boiss.）Wolff

分布于四川、云南、青海。

分布于青海的玛沁、甘德、达日、久治、同仁、泽库、河南、同德；生于山坡草地、高寒灌丛、砾石山坡；海拔3 100～3 500 m。花期8月。

杜鹃花科 Ericaceae Juss.

松下兰属 *Hypopitys* Hill

松下兰*Hypopitys monotropa* Crantz

分布于吉林、辽宁、山西、湖北、四川、陕西、甘肃、青海、新疆。

分布于青海的同仁、泽库、门源、湟源、互助；生于山地林下；海拔1 800~3 650 m。花期6—7月；果期7—8月。

具有镇咳补虚的功效。

北极果属 *Arctous*（A. Gray）Nied.

北极果 *Arctous alpinus*（L.）Niedenzu

分布于内蒙古、四川、陕西、甘肃、青海、新疆。

分布于青海的久治、同仁、泽库、门源、大通；生于山坡林缘、林下、河岸灌丛；海拔2 800~4 200 m。花期5—6月，果期7—8月。

具有平喘、消炎的功效，其浆果有毒。

杜鹃花属 *Rhododendron* L.

烈香杜鹃 *Rhododendron anthopogonoides* Maxim.

分布于四川、甘肃、青海。

分布于青海的泽库、河南、贵德、海晏、门源、湟中、互助、乐都、循化、民和；生于高山阴坡；海拔3 000~4 100 m。花期6—7月，果期8—9月。

高山地区很好的蜜源植物；叶及花富含挥发油，为香料和化工原料，且药用对慢性气管炎有疗效；叶为野生食草动物及山羊等的饲料；常绿灌木，植株及花叶秀丽芳香，具观赏价值。

头花杜鹃 *Rhododendron capitatum* Maxim.

分布于四川、陕西、甘肃、青海。

分布于青海的玛沁、同仁、尖扎、泽库、河南、兴海、同德、贵德、门源、湟中、互助、平安、乐都、循化；生于高山阴坡；海拔2 900~4 300 m。花期4—6月，果期7—9月。

叶和幼枝可提取芳香油，治老年性慢性气管炎。常绿灌木，栽培可供观赏。

陇蜀杜鹃 *Rhododendron przewalskii* Maxim.

分布于四川、陕西、甘肃、青海。

分布于青海的同仁、尖扎、泽库、贵德、湟中、互助、乐都、循化；生于高山阴坡；海拔2 800～3 800 m。花果期6—7月。

果可药用；藏医用于清凉镇咳；治梅毒性炎症、肺脓肿、内脏脓肿；外用治皮肤发痒。常绿灌木，栽培可供观赏。

千里香杜鹃 *Rhododendron thymifolium* Maxim.

分布于四川、甘肃、青海。

分布于青海的同仁、尖扎、泽库、贵德、门源、互助、平安、乐都、循化；生于高山阴坡、半阴坡，林缘、高山灌丛；海拔2 800～3 800 m。花期5—7月，果期9—10月。

叶和幼枝可提取芳香油，治老年性慢性气管炎。常绿灌木，栽培可供观赏。

报春花科 Primulaceae Batsch ex Borkh.

点地梅属 *Androsace* L.

小点地梅 *Androsace gmelinii* (Gaertn.) Roem. et Schult.

分布于内蒙古、青海。

分布于青海的玛沁、玛多、久治、同仁、尖扎、泽库、河南、同德、祁连、大通、湟中、互助、循化；生于灌丛、山坡草地；海拔2 400～4 500 m。花期5—6月。

具有清热解毒、消肿止痛的功效。

直立点地梅 *Androsace erecta* Maxim.

分布于四川、云南、西藏、甘肃、青海。

分布于青海的玉树、杂多、玛沁、同仁、泽库、河南、兴海、同德、湟源、大通、乐都、民和；生于山坡草地、河漫滩；海拔2 700～4 000 m。花期4—6月；果期7—8月。

地被植物，种植可供观赏。

西藏点地梅 *Androsace mariae* Kanitz

分布于内蒙古、四川、西藏、甘肃、青海。

分布于青海的杂多、囊谦、称多、玛沁、玛多、久治、同仁、尖扎、泽库、河南、都兰、乌兰、共和、兴海、同德、贵德、门源、西宁、大通、湟源、互助、乐都、循化、民和；生于山坡、灌丛、草甸、林缘；海拔2 050～4 500 m。花期6月。

地被植物，种植可供观赏。

鳞叶点地梅 *Androsace squarrosula* Maxim.

分布于甘肃、青海、新疆。

分布于青海的玉树、玛沁、达日、玛多、泽库、河南、兴海、乌兰；生于河谷山坡；海拔3 000～3 300 m。花期5—6月。

雅江点地梅 *Androsace yargongensis* Petitm.

分布于四川、甘肃、青海。

分布于青海的玉树、称多、治多、囊谦、玛沁、班玛、久治、玛多、泽库、河南、同德、兴海、门源、大通、互助；生于高山石砾滩、高山草甸、河滩；海拔3 600～4 800 m。花期6—7月，果期7—8月。

海乳草属 *Glaux* L.

海乳草 *Glaux maritima* L.

分布于黑龙江、辽宁、内蒙古、河北、山东、四川、西藏、陕西、甘肃、青海、新疆。

分布于青海的玉树、杂多、治多、囊谦、玛多、久治、同仁、尖扎、泽库、河南、共和、格尔木、大柴旦、乌兰、刚察、门源、西宁、大通、民和；生于河滩沼泽、草甸、盐碱地；海拔2 800～4 500 m。花期6月，果期7—8月。

用作中等饲用植物。

报春花属 *Primula* L.

岷山报春 *Primula woodwardii* Balf.

分布于陕西、甘肃、青海。

分布于青海的囊谦、玛沁、玛多、久治、同仁、尖扎、泽库、河南、共和、兴海、祁连、门源、大通、互助、乐都、循化；生于高山草甸、灌丛草甸、山地阴坡；海拔3 100~4 800 m。花期6—7月。

花色艳丽、花形奇特，种植可供观赏。

苞芽粉报春 *Primula gemmifera* Batal.

分布于四川、西藏、甘肃、青海。

分布于青海的玉树、杂多、治多、玛沁、班玛、达日、久治、玛多、同仁、河南、同德、海晏、祁连、门源、互助、乐都、循化；生于沟谷、阳坡；海拔2 300~4 500 m。花期5—8月，果期8—9月。

花色艳丽、花形奇特，种植可供观赏。

天山报春 *Primula nutans* Georgi

分布于内蒙古、四川、甘肃、青海、新疆。

分布于青海的玉树、玛沁、玛多、班玛、久治、同仁、尖扎、泽库、共和、兴海、格尔木、德令哈、天峻、刚察、祁连、门源、乐都；生于沼泽湿地、草甸、山坡；海拔2 700~4 500 m。花期5—6月，果期7—8月。

花色艳丽、花形奇特，种植可供观赏。

紫罗兰报春 *Primula purdomii* Craib

分布于四川、甘肃、青海。

分布于青海的玉树、囊谦、杂多、治多、曲麻莱、称多、久治、泽库、河南、同德、贵德；生于高山草甸、砾石滩、河谷湿地；海拔3 700~5 000 m。花期6—7月，果期8月。

栽培可供观赏。

狭萼报春 *Primula stenocalyx* Maxim.

分布于四川、西藏、甘肃、青海。

分布于青海的玉树、杂多、囊谦、称多、玛沁、久治、同仁、尖扎、同德、贵德、门源、大通、互助、乐都、民和；生于灌丛、阴坡、林下、草地；海拔2 300~4 400 m。花期5—7月，果期8—9月。

花色艳丽、花形奇特，种植可供观赏。

甘青报春 *Primula tangutica* Duthie

分布于四川、甘肃、青海。

分布于青海的玉树、玛沁、久治、同仁、尖扎、泽库、河南、共和、兴海、同德、贵德、天峻、祁连、大通、湟中、互助、乐都、循化、民和；生于阴坡湿地、林下草地、灌丛；海拔2 600～4 100 m。花期6—7月，果期8月。

花色艳丽、花形奇特，种植可供观赏。种子入药，治神经痛、关节痛、肺病、心脏病、高血压病及烫伤、疔疮等。

黄花粉叶报春 *Primula flava* Maxim.

分布于四川、甘肃、青海。

分布于青海的玉树、玛沁、久治、同仁、泽库、河南、同德；生于灌丛草甸、岩石缝隙；海拔3 200～4 300 m。花期5—8月。

束花报春（束花粉报春）*Primula fasciculata* Balf. F. et Ward

分布于四川、云南、西藏、甘肃、青海。

分布于青海的玉树、杂多、称多、治多、曲麻莱、玛沁、久治、玛多、泽库、河南；生于沼泽草甸、河滩；海拔3 500～4 900m；花期6月，果期7—8月。

狭萼报春 *Primula stenocalyx* Maxim.

分布于四川、西藏、甘肃、青海。

分布于青海的玉树、杂多、称多、囊谦、玛沁、久治、同仁、尖扎、同德、贵德、门源、西宁、大通、民和、乐都、互助、循化；生于山坡草地、林下、河漫滩、岩石缝隙；海拔2 700～4 300 m。花期5—7月，果期8—9月。

羽叶点地梅属 *Pomatosace* Maxim.

羽叶点地梅 *Pomatosace filicula* Maxim.

分布于四川、西藏、青海。

分布于青海的玉树、杂多、曲麻莱、囊谦、称多、玛沁、玛多、班玛、久治、同仁、尖扎、泽库、河南、共和、兴海、同德、天峻、祁连、门源；生于灌丛、林缘草地、草甸、干旱山坡；海拔3 100～4 800 m。花期6—7月，果期7—8月。

全草入药，治肝炎、高血压引起的发烧、子宫出血、月经不调、疝痛、关节炎等症。

白花丹科 Plumbaginaceae Juss.

补血草属 *Limonium* Mill.

黄花补血草 *Limonium aureum*（L.）Hill.

分布于黑龙江、吉林、辽宁、内蒙古、河北、山西、陕西、宁夏、甘肃、青海、新疆。

分布于青海的玉树、称多、甘德、玛多、同仁、尖扎、泽库、共和、兴海、贵德、德令哈、格尔木、乌兰、都兰、海晏、祁连、刚察、西宁、湟源、互助、平安、乐都；生于林缘、荒漠、盐碱地、山坡；海拔2 230～4 200 m。花期6—8月，果期7—8月。

花色艳丽、花形奇特，种植可供观赏，也可作干花。花萼治妇女月经不调、鼻衄、带下。

鸡娃草属 *Plumbagella* Spach

鸡娃草 *Plumbagella micrantha*（Ledeb.）Spach

分布于四川、西藏、甘肃、青海、新疆。

分布于青海的杂多、治多、玛多、达日、久治、同仁、泽库、河南、共和、贵南、德令哈、门源、祁连、刚察、西宁、湟源、互助、乐都；生于荒地、河滩、山坡；海拔2 230～4 200 m。花期7—8月，果期7—9月。

全草入药；有杀虫、解毒作用；外用可治疗各种皮肤癣。

木樨科 Oleaceae Hoffmanns. et Link

丁香属 *Syringa* L.

紫丁香 *Syringa oblata* Lindl.

分布于黑龙江、吉林、辽宁、内蒙古、河北、山西、四川、云南、西藏、陕西、宁夏、甘肃、青海、新疆。

青海的同仁、尖扎、西宁、互助、乐都、循化有栽培；海拔2 000～2 400 m。花期4—5月，果期6—10月。

花可提制芳香油；嫩叶可代茶。花期长，香味浓，良好的绿化观赏树种。

暴马丁香 *Syringa reticulate*（Blume）Hara var. *amurensis*（Rupr.）Pringl

分布于黑龙江、吉林、辽宁。

青海的同仁、尖扎、门源、西宁、乐都、循化有栽培；海拔2 200～2 500 m。花期6—7月，果期8—9月。

花序大，花期长，香味浓，优美的绿化观赏树种；花可作为蜜源；花的浸膏质地优良，可广泛调制各种香精，是一种使用价值较高的天然香料。树皮可药用，具有清肺祛痰、止咳、平喘、消炎、利尿功能，主要用于治疗咳嗽、痰鸣喘嗽、痰多以及支气管炎，支气管哮喘和心脏性浮肿等症。

龙胆科 Gentianaceae Juss.

喉毛花属 *Comastoma*（Wettst.）Toyok.

喉毛花 *Comastoma pulmonarium*（Turcz.）Toyok.

分布于山西、四川、云南、西藏、陕西、甘肃、青海。

分布于青海的玉树、杂多、治多、曲麻莱、囊谦、称多、玛沁、班玛、久治、同仁、泽库、共和、兴海、贵德、祁连、门源、大通、湟中、互助、乐都、化隆、循化、民和；生于河滩、山坡草地、林下、灌丛、高山草甸；海拔2 600～4 600 m。花果期7—9月。

花美丽，种植可供观赏。

镰萼喉毛花 *Comastoma falcatum*（Turcz. ex Kar. & Kir.）Toyok.

分布于内蒙古、山西、河北、四川、西藏、甘肃、青海、新疆。

分布于青海的玉树、杂多、治多、曲玛莱、囊谦、称多、玛沁、玛多、班玛、同仁、泽库、河南、共和、兴海、同德、德令哈、都兰、乌兰、互助、乐都、化隆；生于高山草甸、高山流石滩、山坡草地、沼泽草甸；海拔3 200～4 850 m。花果期7—9月。

花美丽，种植可供观赏。

皱边喉毛花 *Comastoma polycladum*（Diels et Gilg）T. N. Ho

分布于内蒙古、山西、甘肃、青海。

分布于青海的玉树、玛沁、同仁、泽库、共和、同德、德令哈、都兰、门源、祁连、刚察、互助、平安、乐都、循化；生于高山草甸、山坡草地、河滩；海拔2 500～3 600 m。花果期8—9月。

花美丽，种植可供观赏。

长梗喉毛花 *Comastoma pedunculatum*（Royle ex D. Don）Holub

分布于四川、云南、西藏、甘肃、青海。

分布于青海的玉树、杂多、玛沁、达日、久治、玛多、同仁、泽库、河南、共和、兴海、德令哈、门源、祁连、刚察、乐都；生于山坡草地、沼泽草甸、高山草甸；海拔3 200～4 400 m。花果期7—10月。

花美丽，种植可供观赏。

龙胆属 *Gentiana*（Tourn.）L.

达乌里秦艽 *Gentiana dahurica* Fisch.

分布于黑龙江、吉林、辽宁、内蒙古、河北、山西、四川、陕西、宁夏、甘肃、青海、新疆。

分布于青海的玛沁、玛多、同仁、尖扎、泽库、河南、共和、贵南、德令哈、乌兰、门源、刚察、祁连、湟中、湟源、乐都；生于高寒草甸、高寒草原、河谷阶地、沙丘；海拔2 500～4 300 m。花果期7—9月。

具有清热解毒、止咳化痰的功效。

线叶龙胆 *Gentiana lawrencei* Burk. var. *farreri*（I. B. Balf.）T. N. Ho

分布于四川、西藏、甘肃、青海。

分布于青海的玉树、玛沁、玛多、同仁、泽库、河南、刚察、祁连、门源、湟源、互助；生于高山草甸、山坡草地；海拔3 000～4 500 m。花果期7—9月。

具有清热燥湿、泄肝胆火、促进消化的作用。

花美丽，可作地被植物，用于园林绿化。

偏翅龙胆 *Gentiana pudica* Maxim.

分布于四川、甘肃、青海。

分布于青海的玛沁、泽库、河南、兴海、祁连、门源、互助、乐都、化隆、循化；生于高山草甸、河滩；海拔2 600～4 200 m。花果期6—9月。

花美丽，可作地被植物，用于园林绿化。

短柄龙胆 *Gentiana stipitata* Edgew.

分布于四川、西藏、青海。

分布于青海的玉树、称多、达日、泽库、河南；生于河滩、沼泽草甸、高山灌丛草甸、高山草甸；海拔3 200～4 600 m。花果期6—10月。

刺芒龙胆 *Gentiana aristata* Maxim.

分布于四川、云南、西藏、甘肃、青海。

分布于青海的玉树、杂多、称多、玛沁、久治、同仁、泽库、河南、兴海、祁连、门源、大通、湟源、互助、乐都、化隆、循化；生于山坡草地、河滩草地、沼泽草甸、高山草甸、灌丛；海拔2 900～4 500 m。花果期6—9月。

全草入药，可解毒祛湿，治黄水疮。

蓝白龙胆 *Gentiana leucomelaena* Maxim.

分布于四川、西藏、甘肃、青海、新疆。

分布于青海的玉树、囊谦、称多、杂多、治多、曲麻莱、玛沁、玛多、同仁、泽库、河南、共和、兴海、门源；生于沼泽草甸、河滩草甸、高山草甸；海拔2 500～4 600 m。花果期6—9月。

花美丽，可作地被植物，或用于园林绿化。

假水生龙胆 *Gentiana pseudoaquatica* Kusnezow

分布于黑龙江、吉林、辽宁、山西、河北、河南、内蒙古、四川、西藏、甘肃、青海、新疆。

分布于青海的玉树、囊谦、杂多、治多、曲麻莱、称多、同仁、尖扎、泽库、共和、兴海、互助、化隆；生于河滩、沼泽草地、灌丛草甸、林下；海拔2 300～4 600 m。花果期7—9月。

可作地被植物。

麻花艽 *Gentiana straminea* Maxim.

分布于湖北、四川、西藏、宁夏、甘肃、青海。

分布于青海的玉树、杂多、治多、曲麻莱、囊谦、称多、玛沁、玛多、久治、同仁、尖扎、泽库、河南、共和、兴海、贵南、贵德、德令哈、都兰、祁连、大通、湟源、湟中、乐都、化隆；生于山坡草地、河滩、灌丛、林缘、高山草甸；海拔2 600~4 500 m。花果期7—10月。

根入药，可祛风除湿，退虚热；主治风湿关节痛、结核病潮热、黄疸。藏医用全草治关节痛、肺病发烧、黄疸及二便不通。花美丽，可作地被植物，用于园林绿化。

大花龙胆 *Gentiana szechenyii* Kanitz

分布于四川、云南、西藏、青海。

分布于青海的玉树、杂多、治多、曲麻莱、称多、玛沁、玛多、同仁、泽库、河南、兴海、同德；生于高山草甸、山坡草甸、滩地；海拔3 400~4 700 m。花果期6—9月。

花入药，治天花、气管炎、咳嗽。

青藏龙胆 *Gentiana futtereri* Diels et Gilg

分布于四川、云南、西藏、青海。

分布于青海的玉树、杂多、囊谦、久治、同仁、泽库、同德、祁连、湟源；生于山坡草地、河滩草地、高山草甸、灌丛、林下；海拔2 800~4 400 m。花果期8—11月。

管花秦艽 *Gentiana siphonantha* Maxim. ex Kusnez.

分布于四川、宁夏、甘肃、青海。

分布于青海的玉树、曲麻莱、玛沁、玛多、泽库、河南、德令哈、格尔木、乌兰、都兰、共和、兴海、祁连、湟中、乐都；生于河滩、山坡、草甸；海拔3 000~4 500 m。花果期7—9月。

种植可供观赏。

黄管秦艽 Gentiana officinalis H. Smith

分布于四川、甘肃、青海。

分布于青海的玉树、玛沁、久治、同仁、泽库、河南、共和、同德、贵南、祁连、大通、平安、乐都、循化、民和；生于灌丛、河滩；海拔2 500 ~ 3 500 m。花果期8—9月。

种植可供观赏。

匙叶龙胆 Gentiana spathulifolia Maxim. ex Kusnez.

分布于四川、甘肃、青海。

分布于青海的班玛、久治、泽库、河南、西宁、循化；生于山坡草地；海拔2 800 ~ 3 800 m。花果期8—9月。

鳞叶龙胆 Gentiana squarrosa Ledeb.

分布于黑龙江、吉林、辽宁、山西、河北、河南、内蒙古、四川、西藏、陕西、甘肃、青海、新疆。

分布于青海的同仁、泽库、共和、兴海、贵南、格尔木、刚察、祁连、互助、乐都、化隆、循化；生于山坡、河滩、高山草甸；海拔2 200 ~ 3 600 m。花果期6—9月。

花美丽，可作地被植物，或用于园林绿化。

蓝玉簪龙胆 Gentiana veitchiorum Hemsl.

分布于四川、云南、西藏、甘肃、青海。

分布于青海的玉树、杂多、治多、曲麻莱、称多、玛沁、同仁、泽库、河南、共和、兴海；生于高山草甸、河滩；海拔3 200 ~ 4 200 m。花果期6—10月。

花入药，治天花、气管炎、咳嗽。花美丽，可作地被植物，或用于园林绿化。

云雾龙胆 Gentiana nubigena Edgew.

分布于四川、西藏、甘肃、青海。

分布于青海的玉树、杂多、玛沁、久治、玛多、同仁、泽库、河南、同德、贵德、兴海、天峻、门源、祁连、刚察、西宁、大通、湟中、乐都、互助；生于沼泽草甸、高山灌丛草原、高山草甸、高山流石滩；海拔3 000 ~

5 300 m。花果期7—9月。

仁昌龙胆 *Gentiana trichotoma* var. *chingii*（C. Marquand）T. N. Ho

分布于四川、云南、甘肃、青海。

分布于青海的玛沁、玛多、泽库、河南、共和、兴海、民和；生于山坡草地；海拔2 800～4 500 m。花期7—9月。

泽库秦艽 *Gentiana zekuensis* T. N. Ho & S. W. Liu

分布于四川、青海。

分布于青海的玉树、同仁、泽库、民和；生于山坡灌丛、林缘；海拔3 400～3 600 m。花期7—9月。

丽江龙胆 *Gentiana georgei* Diels

分布于四川、云南、西藏、甘肃、青海。

分布于青海的玛多、泽库、河南；生于山坡草地、高山草甸、河滩；海拔3 400～4 000 m。花果期8—9月。

蓝灰龙胆 *Gentiana caeruleogrisea* T. N. Ho

分布于甘肃、青海、西藏。

分布于青海的玉树、玛多、泽库、河南；生于高山草甸、河滩灌丛、沼泽草甸；海拔3 400～4 200 m。花果期7—9月。

针叶龙胆 *Gentiana heleonastes* H. Smith ex Marq.

分布于四川、青海。

分布于青海的玛沁、久治、玛多、泽库、河南；生于向阳湿润草地、灌丛草甸、河滩草地、沼泽草甸；海拔3 250～4 200 m。花果期6—9月。

紫花龙胆 *Gentiana syringea* T. N. Ho

分布于四川、甘肃、青海。

分布于青海的玛沁、同仁、泽库、共和、同德、德令哈、门源、西宁；生于河滩、高山草甸；海拔2 200～3 900 m。花果期6—8月。

三色龙胆 *Gentiana tricolor* Diels et Gilg

分布于甘肃、青海。

分布于青海的玉树、治多、玛沁、同仁、尖扎、共和、兴海、西宁、大通、互助；生于湖滨、河滩、沼泽草甸、林下；海拔2 200～3 200m；花果期6—8月。

黄白龙胆 *Gentiana prattii* Kusnez.

分布于四川、云南、陕西、青海。

分布于青海的达日、同仁；生于山坡草地、滩地；海拔3 000～4 000 m。花果期6—9月。

华龙胆属 *Sinogentiana* Adr. Favre et Y. M. Yuan

条纹华龙胆 *Sinogentiana striata*（Maxim.）Adr. Favre et Y. M. Yuan

分布于四川、宁夏、甘肃、青海。

分布于青海的玉树、杂多、称多、玛沁、班玛、久治、同仁、泽库、河南、兴海、同德、贵德、乌兰、门源、祁连、大通、湟中、互助、平安、乐都；生于灌丛、林下；海拔3 200～3 900 m。花果期7—9月。

花美丽，可作地被植物，或用于园林绿化。

扁蕾属 *Gentianopsis* Ma

扁蕾 *Gentianopsis barbata*（Froel.）Ma

分布于黑龙江、吉林、辽宁、山西、河北、河南、内蒙古、四川、云南、西藏、陕西、甘肃、青海、新疆。

分布于青海的玉树、囊谦、同仁、泽库、共和、兴海、贵德、德令哈、都兰、乌兰、天峻、门源、大通、湟源、湟中、乐都、化隆、民和；生于沼泽、河滩、山坡、灌丛；海拔2 700～4 000 m。花果期7—9月。

具有清热解毒、利胆除湿的功效。种植可供观赏。

湿生扁蕾 *Gentianopsis paludosa*（Hook. f.）Ma

分布于河北、山西、内蒙古、四川、云南、西藏、陕西、宁夏、甘肃、青海。

分布于青海的玉树、杂多、治多、曲麻莱、囊谦、称多、玛沁、玛多、班玛、同仁、泽库、河南、共和、兴海、贵德、天峻、刚察、祁连、湟源、湟中、互助、乐都、化隆；生于灌丛、河滩、山坡草地；海拔2 400～4 500 m。

花果期7—10月。

全草入药；清热解毒；治急性黄疸性肝炎、结膜炎、高血压、急性肾盂肾炎、疮疖肿毒。藏医用全草治流行性感冒及胆病引起的发烧。

假龙胆属 *Gentianella* Moench

黑边假龙胆 *Gentianella azurea*（Bunge）Holub

分布于四川、云南、西藏、甘肃、青海、新疆。

分布于青海的玉树、囊谦、杂多、治多、曲麻莱、玛沁、达日、久治、玛多、同仁、泽库、河南、共和、兴海、同德、德令哈、门源、刚察、祁连、大通、湟中、互助、平安、乐都、化隆、循化；生于高山流石滩、高山草甸、山坡草地、湖边沼泽地；海拔2 700～4 850 m。花果期7—9月。

可作地被植物。

花锚属 *Halenia* Borkh.

卵萼花锚（椭圆叶花锚）*Halenia elliptica* D. Don

分布于辽宁、内蒙古、湖南、湖北、山西、四川、云南、贵州、西藏、陕西、甘肃、青海、新疆。

分布于青海的玉树、杂多、囊谦、称多、玛沁、班玛、同仁、泽库、祁连、湟源、湟中、大通、互助、化隆；生于林缘、灌丛、河滩、山坡草地；海拔1 900～4 100 m。花果期7—9月。

全草入药，清热利湿、平肝利胆；主治急性黄疸型肝炎、胆囊炎、胃炎、头晕、头痛、牙痛。

肋柱花属 *Lomatogonium* A. Braun

肋柱花 *Lomatogonium carinthiacum*（Wulf.）Reichb.

分布于山西、河北、四川、云南、西藏、甘肃、青海、新疆。

分布于青海的玉树、杂多、治多、称多、曲麻莱、玛沁、玛多、同仁、泽库、河南、共和、海晏、刚察；生于高山草甸、河滩湿地、山坡；海拔3 500～4 700 m。花果期8—9月。

花美丽，种植可供观赏。具有清热、利湿、解毒的功效。

辐状肋柱花 *Lomatogonium rotatum*（L.）Fries ex Nym.

分布于黑龙江、吉林、辽宁、山西、河北、内蒙古、四川、云南、西藏、陕西、甘肃、青海、新疆。

分布于青海的玛沁、同仁、尖扎、泽库、河南、共和、兴海、同德、门源、祁连、刚察、湟中、湟源、互助、乐都；生于山坡草地；海拔2 400～4 200 m。花果期8—9月。

大花肋柱花 *Lomatogonium macranthum*（Diels et Gilg）Fern.

分布于四川、西藏、甘肃、青海。

分布于青海的玉树、杂多、治多、称多、囊谦、玛沁、达日、玛多、同仁、泽库、河南、共和、兴海、祁连、循化；生于高山草甸、河谷阶地、林下、山坡；海拔3 200～4 700 m。花果期8—10月。

花美丽，种植可供观赏。

合萼肋柱花 *Lomatogonium gamosepalum*（Burk.）H. Smith

分布于四川、西藏、甘肃、青海。

分布于青海的玉树、杂多、称多、囊谦、曲麻莱、玛沁、久治、同仁、泽库、河南、同德、大通、门源；生于河滩、林下、灌丛、高山草甸；海拔2 800～4 500 m。花果期8—10月。

翼萼蔓属 *Pterygocalyx* Maxim.

翼萼蔓 *Pterygocalyx volubilis* Maxim.

分布于黑龙江、吉林、湖北、河南、山西、河北、内蒙古、四川、云南、西藏、陕西、青海。

分布于青海的同仁、尖扎、门源、西宁、湟中、湟源、循化；生于山地林下；海拔1 900～2 800 m。花果期8—9月。

具有消食化积、解暑、清肝的功效。

獐牙菜属 *Swertia* L.

北方獐牙菜 *Swertia diluta*（Turcz.）Benth. et Hook. f.

分布于黑龙江、辽宁、吉林、内蒙古、山西、河北、河南、山东、四川、陕西、甘肃、青海。

分布于青海的班玛、久治、同仁、同德、门源、西宁、湟中、湟源、民和；生于阴湿山坡、林下；海拔2 500～2 700 m。花果期8—10月。

具有清湿热、健胃的功效。

红直獐牙菜 *Swertia erythrosticta* Maxim.

分布于山西、河北、内蒙古、湖北、四川、甘肃、青海。

分布于青海的同仁、泽库、同德、贵南、门源、大通、湟中、湟源、平安、乐都；生于林缘、河滩草地、高山草甸；海拔1 800～4 300 m。花果期8—10月。

抱茎獐牙菜 *Swertia franchetiana* H. Smith

分布于四川、西藏、甘肃、青海。

分布于青海的玉树、称多、玛沁、同仁、泽库、共和、西宁、大通、湟中、互助、乐都、化隆；生于林缘、山坡草地、河滩；海拔2 300～3 800 m。花果期7—10月。

清肝利胆、健胃；治黄疸型肝炎、病毒性肝炎、胆囊炎、消化不良。

二叶獐牙菜 *Swertia bifolia* Batal.

分布于四川、西藏、陕西、甘肃、青海。

分布于青海的玉树、称多、玛沁、玛多、久治、泽库、共和、天峻、湟中、乐都、化隆、循化；生于山坡草地、灌丛、流石滩；海拔3 200～4 300 m。花果期7—9月。

全草入药，治急性黄疸型肝炎、胆囊炎。

四数獐牙菜 *Swertia tetraptera* Maxim.

分布于四川、西藏、甘肃、青海。

分布于青海的玉树、杂多、囊谦、称多、玛沁、班玛、久治、同仁、泽库、河南、共和、兴海、贵德、海晏、刚察、祁连、门源、大通、湟源、湟中、互助、乐都、化隆、民和；生于山坡草地、沼泽湿地、河滩、灌丛；海拔2 300～4 000 m。花果期7—9月。

全草入药，治急性黄疸型肝炎、胆囊炎。

歧伞獐牙菜 *Swertia dichotoma* L.

分布于黑龙江、辽宁、吉林、内蒙古、山西、河北、河南、湖北、四川、陕西、宁夏、甘肃、青海、新疆。

分布于青海的同仁、尖扎、泽库、门源、大通、湟源、平安、乐都、循化；生于河边、山坡、林缘；海拔2 350～3 100 m。花期5—7月。

葫芦科 Cucurbitaceae Juss.

南瓜属 *Cucurbita* L.

西葫芦（菜瓜）*Cucurbita pepo* L.

全国各地广泛栽培。

青海的东部农业区及同仁、尖扎有栽培。

果实作蔬菜。

夹竹桃科 Apocynaceae Juss.

鹅绒藤属 *Cynanchum* L.

鹅绒藤 *Cynanchum chinense* R. Br.

分布于辽宁、江苏、浙江、河北、河南、山东、山西、陕西、宁夏、甘肃、青海。

分布于青海的尖扎、贵德、西宁、互助、循化；生于灌丛、河滩、干旱阳坡；海拔1 800～2 400 m。花期6—8月，果期8—10月。

全株可作祛风剂；根入药，祛风解毒，健胃止痛，主治小儿食积。

白前属 *Vincetoxicum* Wolf

华北白前 *Vincetoxicum mongolicum* Maxim.

分布于内蒙古、河北、山西、四川、陕西、甘肃、青海。

分布于青海的玉树、尖扎、化隆、循化、民和；生于河滩、沙石地、干旱山坡、岩石缝隙；海拔1 700～2 100 m。花期5—7月，果期6—8月。

全株入药；活血、止痛、消炎，主治关节痛、牙痛、秃疮；藏医用种子入药，治胆囊炎。

旋花科 Convolvulaceae Juss.

旋花属 *Convolvulus* L

田旋花 *Convolvulus arvensis* L.

分布于吉林、黑龙江、辽宁、河北、河南、山东、山西、内蒙古、江苏、四川、西藏、陕西、甘肃、宁夏、青海、新疆。

分布于青海的玉树、称多、同仁、尖扎、共和、兴海、湟源、湟中、互助、平安、乐都、化隆、循化、民和；生于山坡、荒地；海拔1 800～3 900 m。花期6—8月，果期7—8月。

种植可作地被植物，供观赏。全草入药；活血调经、滋阴补虚、止痒、祛风；主治神经性皮炎、牙痛、风湿性关节痛。

银灰旋花 *Convolvulus ammannii* Desr.

分布于黑龙江、吉林、辽宁、内蒙古、河北、河南、山西、西藏、陕西、宁夏、甘肃、青海、新疆。

分布于青海的玛沁、同仁、尖扎、共和、贵南、德令哈、乌兰、刚察、西宁、化隆、民和；生于干旱山坡、荒滩；海拔1 800～3 400 m。花期6—8月，果期7—8月。

全草入药；解表、止咳；治感冒、咳嗽。

紫草科 Boraginaceae Juss.

软紫草属 *Arnebia* Forssk.

疏花软紫草 *Arnebia szechenyi* Kanitz

分布于内蒙古、宁夏、甘肃、青海。

分布于青海的同仁、尖扎、西宁、循化；生于向阳山坡；海拔2 200～2 800 m。花果期6—9月。

种植可供观赏。

齿缘草属 *Eritrichium* **Schrad.**

异果齿缘草 *Eritrichium heterocarpum* Lian et J. Q. Wang

分布于云南、青海。

分布于青海的同仁、尖扎、同德；生于灌丛、干旱砾石山坡；海拔 3 200～3 300 m。花果期7—8月。

具有清温解热的功效。

附地菜属 *Trigonotis* **Stev.**

西藏附地菜 *Trigonotis tibetica*（C. B. Clarke）Johnst.

分布于四川、西藏、青海。

分布于青海的玉树、治多、曲麻莱、玛沁、久治、同仁、尖扎、泽库、河南、兴海、同德、贵南、贵德、天峻、湟中、互助、乐都、循化；生于灌丛、林下；海拔2 500～4 200 m。花期5—9月，果期6—9月。

附地菜 *Trigonotis peduncularis*（Trev.）Benth. ex Baker et Moore

分布于黑龙江、吉林、辽宁、内蒙古、河北、天津、北京、山西、河南、江西、福建、广西、云南、西藏、陕西、宁夏、甘肃、青海、新疆。

分布于青海的玉树、玛沁、班玛、达日、同仁、尖扎、同德、兴海、门源、祁连、海晏、西宁、大通、湟中、民和、乐都、互助、循化；生于山坡草地、林缘；海拔2 000～2 800 m。花果期5—7月。

全草入药，能温中健胃、消肿止痛、止血。嫩叶可供食用。

糙草属 *Asperugo* **L**

糙草 *Asperugo procumbens* L.

分布于山西、内蒙古、四川、西藏、陕西、甘肃、青海、新疆。

分布于青海的囊谦、玛沁、久治、同仁、泽库、河南、共和、兴海、同德、贵南、贵德、海晏、西宁、大通、湟中、乐都、民和；生于干旱山坡、田边；海拔3 200～3 900m。花果期6—9月。

全草入药，具有清热解毒的功效。

斑种草属 *Bothriospermum* Bunge

狭苞斑种草 *Bothriospermum kusnetzowii* Bunge ex A. DC.

分布于黑龙江、吉林、河北、山西、内蒙古、陕西、宁夏、甘肃、青海。

分布于青海的玉树、同仁、尖扎、门源、西宁、互助、乐都、循化、民和；生于河漫滩、林下；海拔1 800～2 800 m。花果期5—9月。

全草入药，具有解毒消肿、利湿止痒的功效。

锚刺果属 *Actinocarya* Benth.

锚刺果 *Actinocarya tibetica* Benth.

分布于西藏、甘肃、青海。

分布于青海的玉树、称多、囊谦、久治、达日、玛多、同仁、泽库、兴海；生于河漫滩、灌丛草甸；海拔3 100～4 500 m。花果期7—8月。

琉璃草属 *Cynoglossum* L.

甘青琉璃草 *Cynoglossum gansuense* Y. L. Liu

分布于四川、宁夏、甘肃、青海。

分布于青海的同仁、尖扎、大通、湟源、湟中、互助、平安、乐都、循化；生于林缘草地、河滩、林下；海拔2 300～2 700 m。花果期6—8月。

具有收敛止泻的功效。

倒提壶 *Cynoglossum amabile* Stapf et Drumm.

分布于四川、贵州、云南、西藏、甘肃、青海。

分布于青海的玉树、同仁、泽库、湟中、民和、乐都；生于山坡草地、山地灌丛；海拔2 550～4 500 m。花果期5—9月。

全草入药，味苦性寒，有利尿消肿及治黄疸之功效。

鹤虱属 *Lappula* Moench

卵盘鹤虱 *Lappula redowskii*（Hornem.）Greene

分布于黑龙江、吉林、辽宁、河北、山西、内蒙古、四川、西藏、陕西、宁夏、甘肃、青海。

分布于青海的玛沁、同仁、尖扎、共和、同德、贵南、德令哈、乌兰、门源、刚察、西宁、大通、互助、平安、乐都、化隆、循化、民和；生于荒地、草原、沙地、干旱山坡；海拔1 800～3 500 m。花果期5—8月。

干燥成熟果实可入药，用于蛔虫病、蛲虫病、绦虫病、虫积腹痛、小儿疳积。

蓝刺鹤虱 *Lappula consanguinea*（Fisch. et Mey.）Gurke

分布于内蒙古、河北、宁夏、甘肃、青海、新疆。

分布于青海的同仁、泽库、共和、同德、贵德、兴海、德令哈、乌兰、都兰、门源、西宁；生于荒地、石质山坡、干旱坡地；海拔2 000～3 600 m。花期6—7月，果期7—9月。

微孔草属 *Microula* Benth

微孔草 *Microula sikkimensis*（Clarke）Hemsl.

分布于四川、云南、西藏、陕西、甘肃、青海。

分布于青海的玉树、杂多、治多、曲麻莱、囊谦、玛沁、玛多、达日、班玛、久治、同仁、泽库、共和、兴海、同德、贵德、刚察、祁连、门源、西宁、大通、湟源、湟中、互助、乐都、民和；生于灌丛、林下、林缘、灌丛、草甸、河滩；海拔2 300～4 700 m。花果期6—9月。

为蜜源植物；种子可榨油，供食用；全草入药，治热性病、眼炎。

西藏微孔草 *Microula tibetica* Benth.

分布于西藏、青海。

分布于青海的玉树、杂多、治多、称多、玛沁、甘德、久治、达日、玛多、泽库、河南、德令哈、乌兰、天峻、兴海、同德、祁连；生于河漫滩、阳坡；海拔3 800～4 500 m。花果期7—9月。

小花西藏微孔草 *Microula tibetica* Benth. var. *pratensis*（Maxim）W. T. Wang

分布于西藏、青海、新疆。

分布于青海的玉树、囊谦、称多、玛沁、班玛、泽库、河南、共和、兴海、祁连、乌兰、天峻、湟源；生于草甸、河滩、向阳山坡；海拔3 300～4 700 m。花果期7—9月。

宽苞微孔草 *Microula tangutica* Maxim.

分布于西藏、甘肃、青海。

分布于青海的玉树、囊谦、玛沁、玛多、班玛、达日、同仁、泽库、共和、兴海、同德、贵德、乌兰、祁连、门源、大通、湟中、互助、乐都、化隆；生于高寒草甸、流石滩；海拔2 800～4 800 m。花果期6—9月。

疏散微孔草 *Microula diffusa*（Maxim.）Johnst.

分布于西藏、甘肃、青海。

分布于青海的玉树、杂多、称多、囊谦、甘德、达日、同仁、泽库、河南、共和、兴海、同德、贵南、乌兰、天峻、门源、湟源、互助、循化；生于沙地、河滩、石砾山坡、林下；海拔3 000～4 200 m。花果期6—9月。

柔毛微孔草 *Microula rockii* Johnst.

分布于甘肃、青海。

分布于青海的久治、同仁；生于高山草甸；海拔3 400～4 000 m。花果期7—8月。

甘青微孔草 *Microula pseudotrichocarpa* W. T. Wang

分布于四川、西藏、甘肃、青海。

分布于青海的玉树、杂多、称多、囊谦、玛沁、班玛、甘德、达日、久治、同仁、尖扎、泽库、共和、同德、贵德、兴海、天峻、祁连、刚察、西宁、大通、湟中、民和、乐都；生于高山草甸；海拔2 200～3 500 m。花果期7—8月。

长叶微孔草 *Microula trichocarpa*（Maxim.）Johnst.

分布于四川、陕西、甘肃、青海。

分布于青海的玛多、班玛、玛沁、同仁、泽库、都兰、天峻、大通、湟源、循化、乐都、民和、互助；生于林下、林缘、灌丛；海拔2 400～3 600 m。花期6—7月，果期7—8月。

蜜源植物；种子可榨油，供食用。

狭叶微孔草 *Microula stenophylla* W. T. Wang

分布于四川、西藏、甘肃、青海。

分布于青海的治多、泽库、德令哈、共和、贵南、刚察、海晏；生于沙滩、潮湿滩地；海拔3 300～4 000 m。花期6—7月，果期7—8月。

蜜源植物；种子可榨油，供食用。

牛舌草属 *Anchusa* L.

狼紫草 *Anchusa ovata* Lehmann

分布于河北、山西、河南、内蒙古、西藏、陕西、宁夏、甘肃、青海、新疆。

分布于青海的同仁、尖扎、乌兰、西宁、大通、民和、互助、循化；生于山坡、河滩；海拔1 800～2 700 m。花果期5—7月。

种子富含油脂，可榨油供食用。

胡桃科 Juglandaceae DC. ex Perleb

胡桃属 *Juglans* L.

胡桃（核桃）*Juglans regia* L.

分布于华北、华中、华南、华东、西南、西北。

青海的东部农业区及同仁、尖扎有栽培。花期5—6月，果期9—10月。

种仁含油量高，可生食，亦可榨油食用；木材坚实，是很好的硬木材料。

唇形科 Lamiaceae Martinov

筋骨草属 *Ajuga* L.

白苞筋骨草 *Ajuga lupulina* Maxim.

分布于河北、山西、四川、西藏、甘肃、青海。

分布于青海的玉树、杂多、治多、曲麻莱、玛沁、甘德、达日、久治、同仁、泽库、河南、共和、兴海、同德、贵南、天峻、海晏、门源、祁连、刚察、大通、湟中、湟源、乐都、化隆；生于河谷滩地、山坡、灌丛、高山草甸；海拔2 900～4 500 m。花期7—9月，果期8—10月。

全草入药；解热消炎、活血消肿；主治痨伤咳嗽、吐血气痛、跌损瘀凝、面神经麻痹、梅毒、炭疽。藏医用全草治流行性感冒、中毒性肝脏损害。种植可供观赏。

青兰属 *Dracocephalum* L.

香青兰 *Dracocephalum moldavica* L.

分布于黑龙江、吉林、辽宁、内蒙古、河北、山西、河南、陕西、甘肃、青海。

分布于青海的玛沁、同仁、尖扎、共和、同德、循化；生于干燥山地、山谷、河滩多石处；海拔2 000～2 700 m。花果期6—8月。

全草含芳香油，可用于糖果、化妆品。

白花枝子花（异叶青兰）*Dracocephalum heterophyllum* Benth.

分布于山西、内蒙古、四川、西藏、宁夏、甘肃、青海、新疆。

分布于青海的玉树、杂多、称多、治多、曲麻莱、玛沁、甘德、久治、玛多、同仁、尖扎、泽库、河南、共和、同德、贵德、兴海、贵南、格尔木、德令哈、乌兰、都兰、天峻、门源、祁连、刚察、西宁、大通、湟源、平安、民和、乐都、互助、化隆、循化；生于山坡、河滩、田边、沙丘；海拔2 000～4 700 m。花期6—8月。

全草入药；清热；治黄疸性发烧、热性病头痛、止咳、清肝火、散郁结；治支气管炎、高血压病、甲状腺肿大、淋巴结结核、淋巴结炎。

甘青青兰 *Dracocephalum tanguticum* Maxim.

分布于四川、西藏、甘肃、青海。

分布于青海的玉树、杂多、称多、治多、囊谦、曲麻莱、玛沁、班玛、久治、玛多、同仁、尖扎、泽库、河南、共和、同德、贵德、兴海、贵南、门源、祁连、海晏、刚察、西宁、大通、湟中、湟源、平安、民和、乐都、互助、循化；生于阳坡、林下、河谷；海拔2 400～4 200 m。花果期6—8月。

全草入药；清肝胃之热；治胃炎、肝炎、头晕、神疲、关节炎及疥疮。

岷山毛建草 *Dracocephalum purdomii* W. W. Smith

分布于四川、甘肃、青海。

分布于青海的同仁、尖扎、泽库、贵德、门源、湟源、互助、乐都、民和；生于河滩、水沟边、林下，海拔2 000～3 000 m。花期7—8月。

全草入药，具有清热解毒、消肿止痛、利尿通淋的功效。

香薷属 *Elsholtzia* Willd.

鸡骨柴 *Elsholtzia fruticosa*（D. Don）Rehd.

分布于四川、云南、青海。

分布于青海的玉树、称多、囊谦、班玛、久治、泽库、河南、平安；生于河谷；海拔3 600～4 300 m。花期7—8月，果期9—10月。

花、叶入药，治感冒；根入药，温经通络、祛风除湿；治风湿关节疼痛。

高原香薷 *Elsholtzia feddei* Levl.

分布于四川、云南、西藏、青海。

分布于青海的玉树、治多、曲麻莱、囊谦、称多、同仁、尖扎、泽库、同德、西宁、互助、循化、民和；生于河滩、荒地、山坡草地；海拔2 000～4 100 m。花果期7—9月。

全草入药，治感冒。

密花香薷 *Elsholtzia densa* Benth.

分布于河北、山西、四川、云南、西藏、陕西、甘肃、青海、新疆。

分布于青海的玉树、杂多、称多、曲麻莱、玛沁、达日、玛多、同仁、尖扎、泽库、兴海、同德、贵德、乌兰、都兰、海晏、门源、祁连、刚察、西宁、大通、湟中、湟源、互助、平安、乐都、民和；生于荒地、田边、路边、水沟边；海拔1 800～3 800 m。花果期7—10月。

全草入药；发汗、解暑、利尿；治夏季感冒、发热无汗、中暑、急性胃炎、胸闷、口臭、小便不利。藏医用全草治胃病、疮疖、喉炎，并能驱虫。

野芝麻属 *Lamium* L.

宝盖草 *Lamium amplexicaule* L.

分布于江苏、安徽、浙江、福建、湖南、湖北、河南、四川、贵州、云南、西藏、陕西、甘肃、青海、新疆。

分布于青海的玉树、杂多、治多、曲麻莱、囊谦、称多、玛沁、久治、同仁、泽库、河南、兴海、同德、贵德、祁连、门源、西宁、大通、湟中、互助、乐都、民和；生于田边、水沟边；海拔2 200～4 300 m。花期3—5月，果期7—8月。

全草入药，治水肿、止血。

益母草属 *Leonurus* L

益母草 *Leonurus japonicus* Houtt.

分布于全国各地。

分布于青海的同仁、尖扎、湟中、循化、乐都、民和；生于荒地、田边、水沟边；海拔2 000～3 000 m。花期6—9月，果期9—10月。

全草入药；调经活血、祛痰生新、利尿消肿；主治月经不调、闭经、产后瘀血腹痛、肾炎浮肿、小便不利、尿血；嫩苗入药称童子益母草，功效同全草，并有补血作用；花治贫血体弱；果称茺蔚子，有利尿，治眼疾、肾炎水肿、子宫脱垂之效。

夏至草属 *Lagopsis*（**Bunge ex Benth.**）**Bunge**

夏至草 *Lagopsis supina*（Stephan ex Willd.）Ikonn.-Gal.

分布于黑龙江、吉林、辽宁、内蒙古、河北、河南、山西、山东、浙江、江苏、安徽、湖北、四川、贵州，云南、陕西、甘肃、青海、新疆。

分布于青海的玉树、玛沁、同仁、尖扎、门源、西宁、大通、湟中、互助、乐都、民和；生于田边、水沟边、荒地；海拔2 000～3 450 m。花期3—4月，果期5—6月。

全草入药；养血调经；治贫血性头晕、半身不遂、月经不调。藏医用花，治沙眼、结膜炎、遗尿症。

毛穗夏至草 *Lagopsis eriostachys*（Benth.）Ik.-Gal. ex Knorr.

分布于青海、新疆。

分布于青海的玉树、同仁、尖扎、祁连、西宁、湟中、互助、乐都、民和；生于田边、水沟边、荒地；海拔2 000～3 450 m。花期8月。

种植可供观赏。

鼬瓣花属 *Galeopsis* L.

鼬瓣花 *Galeopsis bifida* Boenn.

分布于黑龙江、吉林、内蒙古、山西、湖北、四川、贵州、云南、西藏、陕西、甘肃、青海。

分布于青海的玉树、称多、玛沁、班玛、同仁、尖扎、泽库、河南、同德、贵德、祁连、门源、西宁、大通、湟中、互助、循化、民和；生于田边、河滩、荒地、路边；海拔1 850～3 700 m。花期7—9月，果期9月。

种子富含脂肪油，用于工业；入药可清热解毒，明目退翳；主治目赤肿痛、翳障、梅毒、疮疡。

糙苏属 *Phlomoides* Moench

独一味 *Phlomoides rotata*（Benth. ex Hook. f.）Mathiesen

分布于四川、云南、西藏、甘肃、青海。

分布于青海的玉树、杂多、治多、囊谦、称多、玛沁、达日、久治、河南、同德、民和；生于高山草甸、灌丛、河滩；海拔3 430～4 300 m。花期6—7月，果期8—9月。

全草入药，治跌打损伤、筋骨疼痛、气滞闪腰、浮肿后流黄水、关节积黄水、骨松质发炎。

尖齿糙苏 *Phlomoides dentosa*（Franch.）Kamelin et Makhm.

分布于河北、内蒙古、甘肃、青海。

分布于青海的同仁、尖扎、贵德、门源、西宁、互助、乐都、循化、民和；生于干旱山坡、河滩；海拔1 800～2 800 m。花期5—8月，果期9月。

花形独特，可种植观赏；根或全草入药，主治清热消肿；治疮痈肿毒。

薄荷属 *Mentha* L.

薄荷 *Mentha canadensis* L.

分布于全国各地。

分布于青海的同仁、尖扎、西宁、湟源、乐都、循化、民和；生于林下、林缘、河边、田边；海拔1 800～2 500 m。花期7—9月，果期10月。

全草入药，治感冒发烧、头痛、目赤、皮肤风疹瘙痒。茎叶含薄荷油，广泛用于食品、医药、化妆品。

荆芥属 *Nepeta* L.

蓝花荆芥 *Nepeta coerulescens* Maxim.

分布于四川、西藏、甘肃、青海。

分布于青海的玉树、杂多、治多、曲麻莱、囊谦、称多、玛沁、玛多、同仁、尖扎、泽库、河南、共和、兴海、贵德、德令哈、祁连、门源、大通；生于河谷、山坡、砾石滩、田边；海拔2 300～3 600 m。花期7—8月，果期8—9月。

全草入药，可消炎、止血、排脓、杀菌。

康藏荆芥 *Nepeta prattii* Levl.

分布于山西、河北、四川、西藏、陕西、甘肃、青海。

分布于青海的玉树、囊谦、称多、玛沁、班玛、同仁、尖扎、泽库、河南、兴海、同德、门源、西宁、大通、湟中、湟源、互助、平安、乐都、循化、民和；生于灌丛、山坡草地；海拔2 300～3 900 m。花期7—10月，果期8—11月。

可种植于庭院，供观赏。全草可入药，有疏风、解表、利湿、止血、止痛功效。

裂叶荆芥属 *Schizonepeta*（Benth.）Briq.

多裂叶荆芥 *Schizonepeta multifida*（L.）Briq.

分布于内蒙古、河北、山西、陕西、甘肃、青海。

分布于青海的同仁、尖扎、西宁、循化；生于林缘、山坡草地；海拔1 700～2 200 m。花期7—9月，果期9—10月。

全株含芳香油，味清香，用于化妆品。

鼠尾草属 *Salvia* L.

甘西鼠尾草 *Salvia przewalskii* Maxim.

分布于四川、云南、西藏、甘肃、青海。

分布于青海的玉树、囊谦、玛沁、班玛、同仁、尖扎、泽库、互助、循化、民和；生于山谷、林下、山坡、河滩；海拔1 900～3 800 m。花期5—8月。

种植可供观赏。藏医用花入药，治慢性咳嗽、肝炎。根入药，作丹参代用品，有活血、止血及镇痛的功效。

黏毛鼠尾草 *Salvia roborowskii* Maxim.

分布于四川、云南、西藏、甘肃、青海。

分布于青海的玉树、杂多、称多、治多、曲麻莱、玛沁、班玛、达日、久治、同仁、尖扎、泽库、河南、共和、兴海、同德、门源、祁连、西宁、大通、湟中、湟源、互助、平安、乐都、化隆；生于山谷、林下、河滩、田边；海拔2 800～4 200 m。花期6—8月，果期9—10月。

全草入药，治肝炎、牙痛。

黄芩属 *Scutellaria* L.

并头黄芩 *Scutellaria scordifolia* Fisch. ex Schrank.

分布于黑龙江、内蒙古、河北、山西、青海。

分布于青海的班玛、久治、同仁、尖扎、门源、西宁、大通、湟源、互助、乐都、循化、民和；生于田边、路边、水沟边、山坡、林下；海拔2 230～2 800 m。花期6—8月，果期8—9月。

花形奇特，种植可供观赏。全草入药；清热解毒、利尿；主治肝炎、阑尾炎、跌打损伤。叶可代茶用。

水苏属 *Stachys* L.

甘露子 *Stachys sieboldii* Miquel

分布于辽宁、河北、山东、广西、广东、湖南、江西、江苏、山西、河南、四川、云南、陕西、甘肃、青海。

分布于青海的玉树、称多、囊谦、班玛、同仁、尖扎、河南、泽库、祁连、门源、西宁、大通、湟中、互助、乐都、循化、民和；生于林下、河滩；海拔2 000～4 200 m。花期7—8月，果期9月。

地下块茎可供食用，作酱菜或泡菜。全草入药，治肺炎、风热感冒。

茄科 Solanaceae Juss.

山莨菪属 *Anisodus* Link et Otto

山莨菪 *Anisodus tanguticus*（Maxim.）Pasher

分布于云南、西藏、甘肃、青海。

分布于青海的玉树、囊谦、杂多、治多、曲麻莱、玛沁、班玛、久治、玛多、同仁、泽库、河南、共和、兴海、同德、贵德、海晏、门源、祁连、刚察、西宁、大通、湟中、湟源、互助、乐都、化隆；生于山坡、沟谷；海拔2 300～4 100 m。花期5—6月，果期7—8月。

根供药用，有镇痛作用；外用治溃疡恶疮及红肿疔毒；本种为提取莨菪碱的重要资源植物；地上部分掺入牛饲料中，有催膘作用。

曼陀罗属 *Datura* L.

曼陀罗 *Datura stramonium* L.

分布于全国各地。

分布于青海的同仁、尖扎、西宁、循化；生于荒地、田边；海拔2 000～2 500 m。花期6—10月，果期7—11月。

本种作药用，但全株有毒。主含莨菪碱，具镇痛、镇痉、镇静、麻醉的功能；可清热解毒、利湿；治烫伤、烧伤、黄水疮；内服宜慎，体弱者禁用。种子油可工业用。

天仙子属 *Hvoscyamus* L.

天仙子 *Hyoscyamus niger* L.

分布于山西、河北、四川、贵州、云南、西藏、陕西、甘肃、青海、新疆。

分布于青海的玛沁、同仁、尖扎、兴海、同德、贵南、贵德、门源、西宁、大通、湟中、互助、乐都、化隆、循化、民和；生于荒地、田边；花果期6—9月。

根、叶、种子药用，含莨菪碱及东莨菪碱，有镇痉镇痛之效，可作镇咳药及麻醉剂。藏医用于治鼻疳、梅毒、头神经麻痹、虫牙等疾病。种子油可供制肥皂。

枸杞属 *Lycium* L.

北方枸杞 *Lyium chinense* Mill. var. *Potaninii*（Pojark.）A.M.Lu

分布于河北、山西、内蒙古、陕西、宁夏、甘肃、青海、新疆。

分布于青海的同仁、尖扎、西宁、乐都；生于山坡、荒地、田埂；海拔2 200～2 600 m。花果期5月—10月。

耐干旱，可作水土保持植物。叶可作为家畜饲料。果实中药称枸杞子，有滋肝补肾、益精明目的作用。

宁夏枸杞 *Lycium barbarum* L.

分布于内蒙古、河北、天津、四川、陕西、宁夏、甘肃、青海、新疆。

分布于青海的玉树、共和、兴海、贵南、德令哈、乌兰、都兰、西宁、民和、乐都、互助、循化、同仁、尖扎；生于干旱山坡；海拔1 800～3 200 m。花期5—8月，果期8—11月。

果实中药称枸杞子，性味甘平，有滋肝补肾、益精明目的作用。果柄及叶还是猪、羊的良好饲料。

马尿脬属 *Przewalskia* Maxim.

马尿脬 *Przewalskia tangutica* Maxim.

分布于四川、西藏、甘肃、青海。

分布于青海的玉树、称多、治多、曲麻莱、玛沁、甘德、达日、玛多、同仁、河南、泽库、共和、兴海、祁连；生于山坡草地、河滩；海拔3 400～5 100 m。花期6—7月。

根及种子作药用；有镇痛、镇痉、散肿的作用；外敷治痈肿疔毒、皮肤病；内服慎用。

茄属 *Solanum* L.

红果龙葵 *Solanum villosum* Miller

分布于河北、山西、甘肃、青海、新疆。

分布于青海的同仁、尖扎、共和、循化、乐都；生于水边、荒地；海拔2 000～2 500 m。花果期7—10月。

具有清热解毒、消炎利尿、消肿散结、生津止咳的功效。

种植可供观赏。

野海茄 *Solanum japonense* Nakai

分布于黑龙江、吉林、辽宁、河南、河北、江苏、浙江、安徽、湖南、广西、广东、四川、云南、陕西、青海、新疆。

分布于青海的同仁、尖扎、泽库、兴海、西宁、大通、湟中、互助、乐都、化隆、循化、民和；生于河滩灌丛、荒地、河边；海拔1 900~2 800 m。花期6—8月，果期8—9月。

具有清热解毒、利尿消肿、祛风湿的功效。种植可供观赏。

茄 *Solanum melongena* L.

全国各地均有栽培。

青海的东部农业区及同仁、尖扎有栽培。

果可供蔬食。根、茎、叶入药，为收敛剂，有利尿之效，叶也可以作麻醉剂。

番茄（西红柿）*Solanum lycopersicum* L.

全国各地均有栽培。

青海的东部农业区及同仁、尖扎有栽培。

果实为盛夏的蔬菜和水果。

马铃薯（土豆、洋芋）*Solanum tuberosum* L.

全国各地均有栽培。

青海的东部农业区及同仁、尖扎、贵德、门源有栽培。花期6—8月。

块茎富含淀粉，可供食用，为山区主粮之一，并为淀粉工业的主要原料。刚抽出的芽条及果实中有丰富的龙葵碱，为提取龙葵碱的原料。

辣椒属 *Capsicum* L.

辣椒 *Capsicum annuum* L.

全国各地均有栽培。

青海的东部农业区及同仁、尖扎有栽培。花果期5—11月。

果实为蔬菜和调味品。

玄参科 Scrophulariaceae Juss.

大黄花属 *Cymbaria* L.

光药大黄花*Cymbaria mongolica* Maxim.

分布于内蒙古、河北、山西、陕西、甘肃、青海。

分布于青海的同仁、尖扎、泽库、共和、贵南、西宁、互助、平安、乐都、化隆、循化、民和；生于干旱山坡、滩地；海拔1 800～3 200 m。花期4—8月。

具有祛风除湿、利尿止血的功效。花形独特，具有观赏价值。

小米草属 *Euphrasia* L.

小米草 *Euphrasia regelii* Wettst.

分布于山西、河北、湖北、内蒙古、四川、云南、陕西、甘肃、青海、新疆。

分布于青海的玉树、杂多、称多、囊谦、曲麻莱、玛沁、班玛、久治、同仁、尖扎、泽库、河南、共和、同德、贵德、乌兰、都兰、天峻、门源、祁连、西宁、大通、湟中、湟源、互助、平安、乐都、循化、民和；生于灌丛、草甸、林下、林缘、河滩；海拔2 200～4 200 m。花期5—9月。

全草可入药；具有清热、利尿功效；主治热病、口渴、头痛、小便不利。

小米草 *Euphrasia pectinata* Tenore

分布于内蒙古、山西、河北、宁夏、甘肃、青海、新疆。

分布于青海的囊谦、玛沁、同仁、尖扎、泽库、河南、共和、兴海、同德、门源、互助、乐都、循化；生于高山灌丛、草甸、山沟、河漫滩、林缘、林下；海拔2 200～4 600 m。花期6—9月。

全草可以入药，具有清热解毒，利尿功效。主治热病口渴、头痛、肺热咳嗽、咽喉肿痛、热淋、小便不利、口疮、痈肿。

兔耳草属 *Lagotis* Gaertn.

短穗兔耳草 *Lagotis brachystachya* Maxim.

分布于四川、西藏、甘肃、青海。

分布于青海的玉树、杂多、称多、治多、曲麻莱、玛沁、甘德、达日、久治、玛多、同仁、尖扎、泽库、河南、共和、兴海、同德、贵南、贵德、格尔木、天峻、祁连、刚察、西宁、大通、湟源；生于滩地、林下、林缘；海拔2 600～4 500 m。花果期5—8月。

可用于地被植物。可作牧草，马、牛、羊均采食。全草入药；清肺胃瘀血、排脓；可治高血压、肺病、肺炎等症。

短筒兔耳草 *Lagotis brevituba* Maxim.

分布于西藏、甘肃、青海。

分布于青海的玉树、杂多、囊谦、同仁、泽库、河南、共和、兴海、同德、贵德、乌兰、天峻、祁连、门源、大通、湟中、互助、化隆；生于高山流石滩、高山草甸；海拔3 700～5 100 m。花果期6—8月。

全草入药；退烧、降血压、调经、解毒；藏医用于治全身发烧、肾炎、肺病、高血压病、动脉粥样硬化症、月经不调。

圆穗兔耳草 *Lagotis ramalana* Batalin

分布于四川、西藏、甘肃、青海。

分布于青海的玉树、囊谦、玛沁、久治、玛多、泽库、河南、同德；生于高山草甸；海拔4 000～5 300 m。花果期5—8月。

肉果草属 *Lancea* Hook. f. et Thomson

肉果草 *Lancea tibetica* Hook. f. et Thoms.

分布于四川、云南、西藏、甘肃、青海。

分布于青海的玉树、杂多、称多、治多、曲麻莱、玛沁、甘德、达日、久治、玛多、同仁、尖扎、泽库、河南、共和、兴海、同德、贵南、乌兰、天峻、门源、祁连、海晏、刚察、西宁、大通、湟中、湟源、互助、平安、乐都、化隆、循化、民和；生于高山灌丛、草甸、河漫滩、砾石滩地、林缘、林下；海拔2 200～4 500 m。花期5—7月，果期7—9月。

全草入药；清肺祛痰、解毒；主治肺炎、肺脓肿、哮喘、咯血、咳嗽失音；花可治风湿性关节炎、心脏病；叶治疮疖、刀伤；果实治月经不调、下腹疼痛、便秘等。

细穗玄参属 *Scrofella* Maxim.

细穗玄参 *Scrofella chinensis* Maxim.

分布于四川、甘肃、青海。

分布于青海的玛沁、班玛、久治、同仁、泽库、河南、同德、湟中、平安、乐都、民和；生于高山灌丛、河滩草地、沼泽滩地、林缘；海拔3 100～4 000 m。花期7—8月。

疗齿草属 *Odontites* Ludw.

疗齿草 *Odontites vulgaris* Moench

分布于黑龙江、吉林、辽宁、内蒙古、山西、河北、陕西、宁夏、甘肃、青海、新疆。

分布于青海的尖扎、共和、西宁、湟中、平安、乐都、循化；生于沼泽草甸；海拔1 700～2 000 m。花期7—8月。

具有清热燥湿、凉血止痛的功效。

马先蒿属 *Pedicularis* L.

阿拉善马先蒿 *Pedicularis alaschanica* Maxim.

分布于内蒙古、甘肃、青海。

分布于青海的玉树、杂多、称多、曲麻莱、玛沁、班玛、达日、玛多、同仁、尖扎、共和、兴海、同德、贵南、贵德、格尔木、德令哈、乌兰、都兰、海晏、门源、祁连、刚察、西宁、大通、湟源、互助、平安、乐都、化隆、民和；生于干旱山坡、沙地、河漫滩；海拔2 300～4 300 m。花果期6—10月。

具有祛风利湿、杀虫的功效。

短唇马先蒿 *Pedicularis brevilabris* Franch.

分布于四川、西藏、甘肃、青海。

分布于青海的久治、囊谦、同仁、同德、大通、乐都、互助；生于高山草甸、灌丛；海拔2 700～3 500 m。花期7月。

三叶马先蒿 *Pedicularis ternata* Maxim.

分布于内蒙古、甘肃、青海。

分布于青海的玛沁、达日、久治、玛多、泽库、河南、共和、兴海、德令哈、乌兰、天峻、门源、祁连、大通、民和、互助；生于灌丛；海拔3 200～4 550 m。花果期7—8月。

轮叶马先蒿 *Pedicularis verticillata* L.

分布于黑龙江、吉林、辽宁、内蒙古、河北、山西、四川、西藏、陕西、甘肃、青海。

分布于青海的玉树、杂多、称多、玛沁、达日、久治、玛多、同仁、泽库、河南、共和、同德、贵德、兴海、天峻、门源、祁连、刚察、西宁、湟中、乐都、互助；生于沼泽草甸；海拔2 100～3 350 m。花期7—8月。

多齿马先蒿 *Pedicularis polyodonta* Li

分布于四川、青海。

分布于青海的玉树、囊谦、班玛、同仁、泽库、兴海、同德；生于高山草甸、灌丛、林缘、林间草地、河滩地；海拔3 000～4 200 m。花期6—8月。

凸额马先蒿 *Pedicularis cranolopha* Maxim.

我国特有种，分布于四川、甘肃、青海。

分布于青海的久治、杂多、玛沁、达日、泽库、河南、兴海、同德、门源、祁连；生于高山草甸；海拔3 300～4 250 m。花期6—7月。

全草入药，主治发热、尿路感染、肺炎、肝炎、外伤肿痛。

中国马先蒿 *Pedicularis chinensis* Maxim.

分布于山西、河北、甘肃、青海。

分布于青海的玉树、玛沁、久治、同仁、泽库、河南、同德、贵德、门源、刚察、祁连、西宁、大通、湟中、互助、乐都、循化；生于河滩草地、高山草甸、高山灌丛；海拔2 300～3 600 m。花期7—8月，果期9—10月。

极丽马先蒿 *Pedicularis decorissima* Diels

我国特有种，分布于四川、甘肃、青海。

分布于青海的同仁、泽库；生于高山草甸；海拔2 900～3 500 m。花期6—7月。

全草或花入药，主治急性胃肠炎；食物中毒，有清热解毒药功效。

硕大马先蒿 *Pedicularis ingens* Maxim.

分布于四川、甘肃、青海。

分布于青海的玉树、杂多、囊谦、称多、玛沁、玛多、达日、甘德、久治、泽库、河南、兴海、同德、贵德、循化；生于山坡、灌丛、草甸；海拔3 400～4 600 m。花期7—9月。

花形独特，种植可供观赏。

大唇拟鼻花马先蒿 *Pedicularis rhinanthoides* subsp. *labellata*（Jacq.）Tsoong

分布于河北、山西、四川、云南、西藏、陕西、甘肃、青海。

分布于青海的玉树、杂多、称多、治多、曲麻莱、玛沁、甘德、达日、久治、玛多、同仁、泽库、河南、兴海、乌兰、天峻、门源、祁连、海晏、大通、乐都、互助、循化；生于山谷潮湿处、高山草甸；海拔3 000～4 500 m。花期7—9月。

毛额马先蒿 *Pedicularis lasiophrys* Maxim.

分布于甘肃、青海。

分布于青海的玉树、杂多、称多、囊谦、玛沁、久治、玛多、同仁、泽库、共和、兴海、天峻、祁连、门源、大通、湟中、乐都；生于高山灌丛、草甸、沼泽滩地、林缘灌丛、林下、高山碎石带；海拔2 500～4 800 m。花期7—8月。

花形独特，种植可供观赏。

藓生马先蒿 *Pedicularis muscicola* Maxim.

分布于湖北、山西、陕西、甘肃、青海。

分布于青海的同仁、尖扎、泽库、兴海、同德、海晏、祁连、门源、大通、湟中、湟源、互助、平安、乐都、化隆、循化、民和；生于林下、灌丛、石缝；海拔2 300～3 500 m。花期5—7月；果期8月。

可种植于林下，供观赏。

侏儒马先蒿 *Pedicularis pygmaea* Maxim.

分布于青海。

分布于青海的玉树、称多、杂多、玛多、同仁、河南、互助、乐都；生于山坡、河边、沼泽草甸；海拔3 400～4 500 m。花期7月。

种植可供观赏。

甘肃马先蒿 *Pedicularis kansuensis* Maxim.

分布于四川、西藏、甘肃、青海。

分布于青海的玉树、杂多、称多、治多、囊谦、曲麻莱、玛沁、班玛、达日、久治、玛多、同仁、尖扎、泽库、河南、共和、兴海、同德、贵南、贵德、都兰、天峻、门源、祁连、刚察、西宁、大通、湟中、湟源、互助、平安、乐都、循化、民和;生于林下、林缘、河滩、灌丛、草甸、山坡;海拔2 200～4 600 m。花期6—8月。

家畜采食,可作牧草。全草入药;清热、调经、活血、固齿;治肝炎、月经不调等。

长花马先蒿 *Pedicularis longiflora* Rudolph

分布于河北、甘肃、青海。

分布于青海的玉树、杂多、称多、玛沁、久治、玛多、河南、共和、兴海、同德、贵南、天峻、门源、祁连、刚察、西宁、大通、循化、民和;生于滩地、沼泽草甸;海拔2 700～4 100 m。花期7—9月。

花形独特,种植可供观赏。

斑唇马先蒿 *Pedicularis longiflora* Rudolph var. *tubiformis*(Klotz.)Tsoong

分布于四川、云南、青海。

分布于青海的玉树、杂多、治多、曲麻莱、囊谦、称多、达日、同仁、泽库、河南、共和、兴海、贵德、海晏、祁连、大通;生于高山灌丛、草甸、河滩;海拔2 100～4 800 m。花果期6—9月。

开花前期为马、牛、羊喜食。全草入药;花清热;治肝炎、胆囊炎、水肿、遗精、小便带脓血等症;全草健脾开胃、消食化积;治小儿疳积、食积不化、脘腹胀满等症。

青藏马先蒿 *Pedicularis przewalskii* Maxim.

分布于西藏、甘肃、青海。

分布于青海的玉树、治多、杂多、曲麻莱、囊谦、称多、玛沁、玛多、达日、同仁、泽库、河南、兴海、大通、互助、乐都;生于高山灌丛、草甸;海拔3 400～5 000 m。花期6—7月。

花形独特,种植可供观赏。

半扭卷马先蒿 *Pedicularis semitorta* Maxim.

分布于四川、甘肃、青海。

分布于青海的玉树、玛沁、达日、久治、同仁、泽库、河南、同德、门源、湟中、乐都、民和等地；生于林缘、林下、干旱山坡、河滩；海拔2 900～4 500 m。花期6—7月。

花形独特，种植可供观赏。

琴盔马先蒿 *Pedicularis lyrata* Prain ex Maxim.

分布于四川、西藏、青海。

分布于青海的玉树、杂多、治多、称多、曲麻莱、玛沁、达日、久治、同仁、泽库、河南、兴海、同德、祁连、门源、大通；生于高山草甸、高山灌丛、河滩、林下；海拔2 800～4 200 m。花期7—8月；果期9月。

粗野马先蒿 *Pedicularis rudis* Maxim.

分布于内蒙古、四川、甘肃、青海。

分布于青海的班玛、同仁、泽库、贵德、门源、大通、湟中、湟源、互助、平安、乐都、民和；生于山坡灌丛、林下、林缘；海拔2 000～3 750 m。花期7—8月，果期8—9月。

花形独特，种植可供观赏。

欧亚马先蒿 *Pedicularis oederi* Vahl

分布于河北、山西、四川、云南、西藏、陕西、甘肃、青海、新疆。

分布于青海的玉树、杂多、称多、治多、曲麻莱、玛沁、久治、玛多、同仁、尖扎、共和、兴海、同德、贵德、德令哈、乌兰、海晏、门源、祁连、刚察、大通、互助、乐都、循化；生于高山沼泽草甸、林下；海拔2 600～4 000 m。花果期6—9月。

四川马先蒿 *Pedicularis szetschuanica* Maxim.

分布于四川、西藏、甘肃、青海。

分布于青海的玉树、称多、玛沁、班玛、甘德、达日、久治、玛多、同仁、泽库、河南、同德、乌兰、民和；生于高山草甸、林下；海拔3 380～4 450 m。花期7月。

阴郁马先蒿 *Pedicularis tristis* L.

分布于山西、甘肃、青海。

分布于青海的称多、玛沁、甘德、达日、久治、同仁、尖扎、泽库、河南、同德、贵德、门源；生于山地灌丛、高山草甸；海拔2 750～3 050 m。花期7—8月。

碎米蕨叶马先蒿 *Pedicularis cheilanthifolia* Schrenk

分布于西藏、甘肃、青海、新疆。

分布于青海的玉树、囊谦、杂多、治多、称多、曲麻莱、玛沁、班玛、甘德、久治、玛多、同仁、泽库、河南、共和、兴海、同德、贵南、贵德、格尔木、天峻、门源、刚察、祁连、西宁、大通、湟源、互助、乐都、循化；生于林下、河滩、高山草甸、高山灌丛；海拔2 500～4 700 m。花期6—8，果期7—9月。

花形独特，种植可供观赏。

草甸马先蒿 *Pedicularis roylei* Maxim.

分布于四川、云南、西藏、青海。

分布于青海的玉树、杂多、称多、治多、曲麻莱、玛沁、久治、玛多、泽库、河南、同德、天峻、祁连；生于高山草甸；海拔3 700～4 500 m。花期7—8月，果期8—9月。

鸭首马先蒿 *Pedicularis anas* Maxim.

分布于四川、西藏、甘肃、青海。

分布于青海的玉树、同仁、泽库、同德、湟中、平安、乐都、互助；生于高山草甸；海拔3 000～4 300 m。花期7—9月，果期8—10月。

黄花鸭首马先蒿 *Pedicularis anas* var. *xanthantha*（Li）Tsoong

分布于四川、甘肃、青海。

分布于青海的玛沁、泽库、兴海；生于高山草甸；海拔3 130～3 170 m。花果期7—9月。

具冠马先蒿 *Pedicularis cristatella* Pennell et Li

分布于四川、陕西、甘肃、青海。

分布于青海的玛沁、囊谦、同仁、门源；生于山坡草地、林下；海拔2 600～3 050 m。花期7月。

长角凸额马先蒿 *Pedicularis cranolopha* var. *longicornuta* Prain

分布于四川、云南、甘肃、青海。

分布于青海的玛沁、同仁、泽库、河南、同德；生于高山草甸；海拔2 600～4 150 m。花果期7—9月。

玄参属 *Scrophularia* L.

砾玄参 *Scrophularia incisa* Weinm.

分布于黑龙江、内蒙古、宁夏、甘肃、青海。

分布于青海的玛沁、达日、同仁、尖扎、河南、共和、兴海、同德、贵德、乌兰、刚察、祁连、门源、循化、民和；生于山坡林缘、干旱山坡；海拔2 500～3 400 m。花期6—8月，果期8—9月。

全草入蒙药，主治麻疹不透、水痘、天花、猩红热。耐干旱，可作水土保持植物。

小花玄参 *Scrophularia souliei* Franch.

我国特有种，分布于四川、甘肃、青海。

分布于青海的治多、玛沁、久治、同仁、泽库、河南、同德；生于山坡草地；海拔3 700 m。花果期6—7月。

婆婆纳属 *Veronica* L.

长果婆婆纳 *Veronica ciliata* Fisch.

分布于四川、西藏、陕西、甘肃、青海。

分布于青海的玉树、杂多、称多、治多、玛沁、班玛、达日、久治、玛多、同仁、尖扎、泽库、河南、兴海、同德、贵南、贵德、乌兰、天峻、门源、祁连、海晏、刚察、大通、湟中、湟源、互助、乐都、民和；生于高山灌丛、草甸、林下、流石滩；海拔2 400～4 500 m。花期6—8月。

清热解毒、祛风利湿；治肝炎、胆囊炎、风湿病、荨麻疹。种植可供观赏。

毛果婆婆纳 *Veronica eriogyne* H. Winkl.

分布于四川、西藏、甘肃、青海。

分布于青海的玉树、曲麻莱、称多、玛沁、班玛、达日、久治、同仁、泽库、河南、共和、兴海、同德、贵德、海晏、祁连、门源、大通、湟中、互助、乐都、民和；生于高山灌丛、草甸、河滩灌丛、林下；海拔2 500～4 500 m。花期7月。

种植可供观赏。

婆婆纳 *Veronica didyma* Tenore

分布于内蒙古、河北、山西、河南、湖北、湖南、四川、云南、西藏、陕西、甘肃、青海。

分布于青海的同仁、尖扎、循化；生于山坡草地，河边滩地；海拔2 500～2 600 m。花期3—10月。

茎叶味甜，可食用。

丝梗婆婆纳 *Veronica filipes* Tsoong

分布于四川、甘肃、青海。

分布于青海的称多、泽库、河南、兴海、贵德；生于高山流石滩、草甸；海拔3 700～4 400 m。花期6—8月。

两裂婆婆纳 *Veronica biloba* L.

分布于四川、西藏、陕西、宁夏、甘肃、青海、新疆。

分布于青海的玉树、同仁、泽库、河南、同德、门源、西宁、大通、互助、循化；生于林下、林缘、草甸；海拔2 500～3 700 m。花期4—8月。

全草入药，苦、寒、清热解毒，藏药用于治血热病、赤巴病及其引起的热性病、陈旧热症、高血压、肝炎、胆囊炎、全身疼痛、瘫痪；外敷治跌打损伤、疮疖痈肿。

光果婆婆纳 *Veronica rockii* L.

分布于山西、河北、河南、湖北、四川、陕西、甘肃、青海。

分布于青海的玉树、囊谦、称多、玛沁、班玛、久治、同仁、泽库、河南、同德、贵德、门源、大通、互助、平安、乐都、循化、民和；生于林下、灌丛、河滩；海拔2 400～4 400 m。花期7—8月。

全草入药，主治伤热、各种出血、疖、痈。

唐古拉婆婆纳 *Veronica vandellioides* Maxim.

分布于四川、西藏、陕西、甘肃、青海。

分布于青海的同仁、河南、同德、海晏、大通、互助；生于林下、山坡草地；海拔2 000～4 400 m。花期7—8月。

疏花婆婆纳 *Veronica laxa* Benth.

分布于湖南、湖北、四川、贵州、云南、陕西、甘肃、青海。

分布于青海的泽库；生于沟谷阴处、山坡林下；海拔1 700～2 500 m。花期6月。

北水苦荬 *Veronica anagallis-aquatica* L.

分布于黑龙江、吉林、辽宁、河北、天津、山西、山东、河南、安徽、江苏、湖北、四川、贵州、云南、西藏、陕西、宁夏、甘肃、青海、新疆。

分布于青海的玉树、称多、囊谦、同仁、尖扎、泽库、门源、西宁、大通、湟中、湟源、民和、乐都、互助、循化；生于河边、沼泽草甸；海拔2 300～4 000 m。花期4—9月。

嫩苗可蔬食。

紫葳科 Bignoniaceae Juss.

角蒿属 *Bignoniaceae* Juss.

密生波罗花 *Incarvillea compacta* Maxim.

分布于四川、云南、西藏、甘肃、青海。

分布于青海的玉树、杂多、称多、治多、玛沁、甘德、达日、久治、玛多、同仁、泽库、兴海、贵德、德令哈、格尔木、天峻、门源、祁连、刚察、西宁、大通、湟中、湟源、互助、循化、民和；生于干旱山坡，海拔2 400～4 600 m。花果期6—8月。

花大艳丽，花形独特，种植可供观赏。花、种子、根均入药，治胃病、黄疸、消化不良、耳炎、耳聋、月经不调、高血压、肺出血。药用。

大花鸡肉参（大花角蒿）*Incarvillea mairei*（Levl.）Griers. var. *grandiflora*（Wehrhahn）Griers.

分布于四川、云南、青海。

分布于青海的玉树、囊谦、称多、同仁、尖扎、兴海、德令哈、格尔木；生于山坡灌丛、沙丘；海拔3 000～4 100 m。花期6—7月，果期7—9月。

根、叶治产后乳少，久病虚弱，头晕、贫血。花大、艳丽、美观，种植可作地被植物，供观赏。

黄花角蒿 *Incarvillea sinensis* Lam. var. *przewalskii*（Batalin）C. Y. Wu et W. C. Yin

分布于四川、陕西、甘肃、青海。

分布于青海的同仁、尖扎、乌兰、门源、西宁、大通、互助、平安、乐都、循化、民和；生于干旱山坡、灌丛；海拔1 900～2 500 m。花果期7—9月。

具有祛风除湿、调经活血、解毒杀虫的功效。

花形独特、艳丽，可供观赏。

车前科 Plantaginaceae Juss.

车前属 *Plantago* L.

平车前 *Plantago depressa* Willd.

分布于黑龙江、吉林、辽宁、内蒙古、河北、山西、山东、江苏、河南、安徽、江西、湖北、四川、云南、西藏、陕西、宁夏、甘肃、青海、新疆。

分布于青海的玉树、杂多、囊谦、治多、曲麻莱、玛沁、玛多、久治、同仁、尖扎、泽库、河南、共和、兴海、同德、贵南、贵德、德令哈、都兰、乌兰、刚察、祁连、门源、西宁、大通、湟中、湟源、互助、乐都、循化、民和；生于灌丛草甸、河滩、山坡、路边；海拔2 300～4 100 m。花期5—7月，果期7—9月。

藏药用全草，治肠热腹痛、腹泻、肾脏病、尿血等症；中医用种子，代车前。

大车前 *Plantago major* L.

分布于黑龙江、吉林、辽宁、内蒙古、河北、山西、山东、江苏、福建、中国台湾、广西、海南、四川、云南、西藏、陕西、甘肃、青海、新疆。

分布于青海的同仁、尖扎、兴海、西宁、大通、乐都；生于草地、路边、沟旁、田埂；海拔2 100～2 800 m。花期6—8月，果期7—9月。

茜草科 Rubiaceae Juss.

拉拉藤属 *Galium* L.

拉拉藤（猪殃殃）*Galium spurium* L.

分布于青海、新疆。

分布于青海的玉树、囊谦、称多、玛多、班玛、久治、同仁、尖扎、泽库、共和、贵德、德令哈、刚察、门源、西宁、互助、民和；生于河边、阳坡灌丛、农田、山坡；海拔2 200～4 300 m。花果期7—9月。

全草入药；清热解毒，消肿止痛；藏医用于止血愈疮，治外伤出血。

砧草（北方拉拉藤）*Galium boreale* L.

分布于黑龙江、吉林、辽宁、内蒙古、河北、山西、山东、四川、西藏、甘肃、青海、新疆。

分布于青海的玉树、玛沁、班玛、久治、同仁、尖扎、泽库、共和、门源、祁连、西宁、大通、湟中、湟源、互助、乐都、循化、民和；生于阴坡、山坡；海拔2 300～3 500 m。花果期7—9月。

全草药用，治肺炎。

蓬子菜 *Galium verum* L.

分布于黑龙江、吉林、辽宁、内蒙古、河北、山西、山东、江苏、安徽、浙江、河南、湖北、四川、西藏、陕西、宁夏、甘肃、青海、新疆。

分布于青海的玉树、玛沁、班玛、玛多、同仁、尖扎、泽库、共和、同德、贵南、海晏、门源、刚察、祁连、西宁、大通、湟中、湟源、平安、乐都、化隆、民和；生于高山草甸、灌丛、河滩、山坡；海拔2 100～4 300 m。花果期7—9月。

全草及根药用；清热止血、活血化瘀；根主治吐血衄血、便血血崩、尿血、月经不调、经闭腹痛、瘀血肿痛、跌打损伤、赤痢；全草主治肺炎、肾炎及阴道滴虫病。

毛果蓬子菜 *Galium verum* var. *trachycarpum* Candolle

分布于黑龙江、吉林、辽宁、内蒙古、河北、山西、河南、浙江、四川、西藏、甘肃、青海、新疆。

分布于青海的玉树、杂多、玛沁、班玛、玛多、同仁、尖扎、泽库、河南、共和、同德、兴海、贵南、门源、祁连、海晏、刚察、西宁、大通、湟中、湟源、平安、民和、乐都、互助、化隆；海拔1 800～4 100 m。花果期6—9月。

准噶尔拉拉藤 *Galium soongoricum* Schrenk

分布于四川、陕西、宁夏、甘肃、青海、新疆。

分布于青海的久治、玛多、同仁、尖扎、泽库、祁连、乐都、互助；生于山坡林下、山坡草地；海拔2 500～4 200 m。花果期7—9月。

具有活血祛瘀、利尿排毒的功效。

茜草属 *Rubia* L.

茜草 *Rubia cordifolia* L.

分布于黑龙江、吉林、辽宁、内蒙古、河北、山西、四川、西藏、陕西、甘肃、青海、新疆。

分布于青海的玉树、囊谦、称多、玛沁、班玛、同仁、泽库、兴海、贵南、门源、祁连、湟中、湟源、互助、平安、乐都、循化、民和；生于河谷、阴坡、林下、沙丘；海拔2 000～4 200 m。花果期6—8月。

根可提取染料，用于染植物纤维，为食品的红色食用色素。全草及根药用，有清热止血、活血化瘀等作用；新鲜嫩叶加食盐，外敷治疗疮，有吸脓消肿之效。藏医用全草治肺炎、肾炎及阴道滴虫病；根有利尿、通经行血之效，用于治疗咯血、吐血、月经不调、闭经腹痛等症；民间还用以祛风寒、退热。

忍冬科 Caprifoliaceae Juss.

莛子藨属 *Triosteum* L.

莛子藨 *Triosteum pinnatifidum* Maxim.

分布于湖北、山西、河南、河北、四川、陕西、宁夏、甘肃、青海。

分布于青海的玛沁、班玛、同仁、尖扎、泽库、门源、西宁、大通、湟中、湟源、互助、乐都、循化、民和；生于山坡灌丛、林下；海拔2 500～3 600 m。花期6—7月，果期8—9月。

根入药，有温补的功效。

忍冬属 *Lonicera* L.

华西忍冬 *Lonicera webbiana* Wall. ex DC.

分布于江西、湖北、山西、四川、云南、西藏、陕西、宁夏、甘肃、青海。

分布于青海的玉树、班玛、久治、同仁、尖扎、泽库、门源、湟源、互助、乐都、循化、民和；生于林下、灌丛；海拔2 000～4 200 m。花期6—7月，果期8—9月。

具有抗菌消炎、改善免疫力的功效。

花形独特，可种植在街道、庭院等地，供观赏。

葱皮忍冬 *Lonicera ferdinandii* Franch.

分布于辽宁、河北、山西、陕西、宁夏、青海。

分布于青海的尖扎、循化、民和；生于山坡、林下；海拔2 000～2 500 m。花期6—7月，果期7—8月。

花美丽，花色多变，可用作绿化观赏树种。

金花忍冬 *Lonicera chrysantha* Turcz.

分布于黑龙江、吉林、辽宁、内蒙古、河北、山西、山东、江西、河南、湖北、四川、陕西、宁夏、甘肃、青海。

分布于青海的同仁、尖扎、泽库、门源、西宁、大通、湟源、互助、乐都、循化、民和；生于沟谷、林下、林缘、灌丛；海拔2 250～2 700 m。花期

6—7月，果期7—9月。

花美丽，可用作绿化观赏树种。

唐古特忍冬 *Lonicera tangutica* Maxim.

分布于湖北、四川、云南、西藏、陕西、宁夏、甘肃、青海。

分布于青海的玉树、班玛、同仁、尖扎、泽库、同德、贵德、门源、祁连、西宁、大通、湟源、互助、平安、乐都、循化、民和；生于山谷、山坡、林缘；海拔2 400～3 800 m。花期5—6月，果期7—8月。

花美丽，可用作绿化观赏树种。

刚毛忍冬 *Lonicera hispida* Pall. ex Roem. et Schult.

分布于河北、山西、四川、云南、西藏、陕西、宁夏、甘肃、青海、新疆。

分布于青海的玉树、杂多、治多、囊谦、曲麻莱、称多、玛沁、班玛、达日、久治、同仁、尖扎、泽库、共和、兴海、同德、贵德、海晏、祁连、门源、大通、湟中、湟源、互助、平安、乐都、循化；生于河谷、山坡、灌丛、林缘；海拔2 400～4 200 m。花期6—7月，果熟期7—9月。

花形独特，可种植在街道、庭院等地，供观赏。花蕾供药用，功能清热解毒，用以治感冒、肺炎等症。

小叶忍冬 *Lonicera microphylla* Willd. ex Roem. et Schult.

分布于内蒙古、河北、山西、西藏、宁夏、甘肃、青海、新疆。

分布于青海的同仁、尖扎、泽库、同德、贵德、德令哈、格尔木、乌兰、门源、祁连、湟源、大通、湟源、互助、乐都、循化、民和；生于山坡、河谷、林下；海拔2 300～3 900 m。花期5—7月，果期7—8月。

花形独特，可种植在街道、庭院等地，供观赏。

红脉忍冬 *Lonicera nervosa* Maxim.

分布于山西、河南、四川、云南、陕西、宁夏、甘肃、青海。

分布于青海的同仁、尖扎、泽库、祁连、门源、大通、湟源、互助、乐都、循化、民和；生于山坡灌丛、林下；海拔2 200～3 100 m。花期6—7月，果熟期8—9月。

花形独特，可种植在街道、庭院等地，供观赏。

矮生忍冬 *Lonicera rupicola* var. *minuta*（Batalin）Q. E. Yang

分布于甘肃、青海。

分布于青海的杂多、治多、称多、玛沁、玛多、泽库、河南、共和、兴海、乌兰、都兰、海晏、刚察、祁连；生于河滩、山坡；海拔2 800～4 600 m。花期6—7月，果熟期8—9月。

可作地被植物，也可种植在街道、庭院等地，供观赏。

岩生忍冬 *Lonicera rupicola* Hook. f. et Thoms.

分布于四川、云南、西藏、宁夏、甘肃、青海。

分布于青海的玉树、杂多、囊谦、称多、曲麻莱、玛沁、班玛、达日、久治、同仁、尖扎、泽库、河南、共和、兴海、同德、贵德、德令哈、海晏、门源、祁连、大通、湟中、湟源、互助、乐都、化隆、循化、民和；生于山谷、山坡、河滩、林缘；海拔3 200～4 500 m。花期6—8月，果期8—9月。

花形独特，可种植在街道、庭院等地，供观赏。

红花岩生忍冬 *Lonicera rupicola* Hook. f. et Thoms. var. *yringantha*（Maxim.）Zabel

分布于四川、云南、西藏、宁夏、甘肃、青海。

分布于青海的玛沁、久治、同仁、尖扎、泽库、河南、共和、兴海、同德、贵德、海晏、祁连、门源、西宁、大通、湟源、湟中、互助、乐都、民和；生于山谷、灌丛、河滩；海拔2 400～3 700 m。

花形独特，可种植在街道、庭院等地，供观赏。

蓝果忍冬 *Lonicera caerulea* L. var. *edulis* Turcz. ex Herd.

分布于黑龙江、吉林、辽宁、内蒙古、河北、山西、四川、云南、宁夏、甘肃、青海。

分布于青海的同仁、尖扎、门源、西宁、大通、互助、乐都、民和；生于河谷、林缘、林下；海拔2 300～2 900 m。花期5—6月，果期8—9月。

果实味酸甜可食用。花形独特，可种植在街道、庭院等地，供观赏。

毛花忍冬 *Lonicera trichosantha* Bur. et Franch.

分布于四川、云南、西藏、陕西、甘肃、青海。

分布于青海的玉树、囊谦、班玛、同仁、泽库、民和、循化；生于林下、林缘、灌丛；海拔2 700～4 100 m。花期5—7月，果期8月。

荚蒾属 *Viburnum* L.

蒙古荚蒾 *Viburnum mongolicum*（Pall.）Rehd.

分布于内蒙古、河北、山西、陕西、宁夏、甘肃、青海。

分布于青海的同仁、尖扎、门源、西宁、大通、湟源、互助、乐都、循化、民和；生于山坡、林下、河滩；海拔1 800～2 400 m。花期5月，果期9月。

具有清热解毒、利尿消肿、消炎止痛的功效。

甘松属 *Nardostachys* DC

甘松（匙叶甘松）*Nardostachys jatamansi*（D. Don）DC.

分布于四川、云南、西藏、青海。

分布于青海的玛沁、班玛、久治、同仁、泽库、河南；生于灌丛草甸、河漫滩、山坡、河谷、沼泽；海拔3 200～4 200 m。花果期7—8月。

根、茎入药，有祛寒、解毒、排脓作用。根可提制芳香油，可作香料。种植可供观赏。

缬草属 *Valeriana* L.

缬草 *Valeriana officinalis* L.

分布于黑龙江、吉林、辽宁、四川、贵州、云南、西藏、青海。

分布于青海的玉树、囊谦、称多、班玛、久治、同仁、泽库、河南、祁连、门源、大通、湟中、湟源、互助、平安、乐都、循化、民和；生于林下、灌丛、草甸；海拔2 600～4 000 m。花果期6—8月。

根可提取芳香油，用于烟草的香精。根茎及根供药用，可祛风、镇痉，治跌打损伤等。

小缬草 *Valeriana tangutica* Bat.

分布于内蒙古、宁夏、甘肃、青海。

分布于青海的治多、玛沁、同仁、尖扎、河南、共和、兴海、同德、贵南、贵德、德令哈、乌兰、都兰、天峻、门源、祁连、大通、互助、乐都、循化、民和；生于山沟、潮湿草地；海拔1 800～3 600 m。花期6—7月，果期

7—8月。

髯毛缬草 *Valeriana barbulata* Diels

分布于四川、云南、西藏、青海。

分布于青海的玉树、囊谦、同仁、泽库；生于高山草甸、流石滩；海拔3 600～4 200 m。花期7—8月，果期8—9月。

毛果缬草 *Valeriana hirticalyx* L. C. Chiu

分布于西藏、青海。

分布于青海的杂多、泽库、河南、天峻、祁连；生于灌丛、河滩石砾地；海拔4 100～4 300 m。花期7—8月，果期8—9月。

刺参属 *Morina* L.

圆萼刺参 *Morina chinensis*（Bat.）Diels

分布于内蒙古、四川、甘肃、青海。

分布于青海的玉树、玛沁、达日、同仁、泽库、河南、共和、兴海、贵德、同德、刚察、祁连、门源、大通、乐都；生于灌丛、山坡草地、林下、河滩；海拔2 200～4 850 m。花期7—8月，果期9月。

种子作藏药，治关节疼痛、小便失禁、腰痛、眩晕及口眼歪斜等症。

青海刺参 *Morina kokonorica* Hao

分布于四川、西藏、甘肃、青海。

分布于青海的玉树、杂多、称多、治多、曲麻莱、玛沁、同仁、泽库、门源、同德、兴海、大通、湟源；生于山坡、草地、河滩；海拔3 000～4 500 m。花期6—8月，果期8—9月。

刺续断属 *Acanthocalyx*（DC.）Tiegh.

白花刺续断 *Acanthocalyx alba*（Hand.-Mazz.）M. Connon

分布于四川、云南、西藏、甘肃、青海。

分布于青海的玉树、囊谦、称多、杂多、班玛、玛沁、同仁、泽库、河南、互助、乐都；生于灌丛、山坡草地；海拔2 800～4 400 m。花期6—8月，果期8—9月。

带根嫩苗药用，具有催吐、健胃功效。

五福花科 Adoxaceae E. Mey.

五福花属 *Adoxa* L.

五福花 *Adoxa moschatellina* L.

分布于黑龙江、辽宁、河北、山西、新疆、青海、四川、云南。

分布于青海的同仁、泽库、玛沁、久治、门源、海晏、同德、贵德、大通、互助、循化；生于林下、林缘、草地；海拔2 500～4 000 m。花期5—7月，果期7—8月。

桔梗科 Campanulaceae Juss.

沙参属 *Adenophora* Fisch.

长柱沙参 *Adenophora stenanthina*（Ledeb.）Kitag.

分布于内蒙古、河北、山西、陕西、宁夏、甘肃。

分布于青海的玉树、囊谦、玛沁、久治、同仁、泽库、河南、天峻、乌兰、德令哈、香日德、共和、兴海、贵德、贵南、西宁、大通、湟源、湟中、乐都、民和、互助、刚察、祁连、门源；生于林下、灌丛、山坡草地、河谷；海拔2 600～3 900 m。花期8—9月。

叶入药，有养阴止咳作用。

喜马拉雅沙参 *Adenophora himalayana* Feer

分布于四川、西藏、甘肃、青海、新疆。

分布于青海的玉树、杂多、治多、囊谦、称多、曲麻莱、班玛、同仁、泽库、河南、贵德、大通、乐都、互助、门源；生于林缘、灌丛、山坡草地；海拔2 400～4 500 m。花期7—9月。

根入药，具有清热养阴、润肺止咳的功效。

泡沙参 *Adenophora potaninii* Korsh.

分布于山西、四川、陕西、宁夏、甘肃、青海。

分布于青海的同仁、泽库、西宁、大通、循化、湟源、湟中、乐都、民和、互助、门源；生于干旱山坡、灌丛；海拔1 900～2 900 m。花期7—10月，果期10—11月。

根富含淀粉，供食用及酿酒。根入药，治肺虚久咳、慢性支气管炎。

党参属 *Codonopsis* Wall.

绿花党参 *Codonopsis viridiflora* Maxim.

分布于四川、陕西、宁夏、甘肃、青海。

分布于青海的玉树、囊谦、同仁、泽库、贵德、门源、湟中、互助、乐都、循化、民和；生于灌丛、河滩、山坡；海拔2 700～3 800 m。花果期7—10月。

根富含淀粉；种子可榨油。根入药，为强壮剂；有补脾、益气、生津、利尿、健胃、祛痰之效。治肺结核、贫血等症。

党参 *Codonopsis pilosula*（Franch.）Nannf.

分布于黑龙江、吉林、辽宁、内蒙古、河南、山西、河北、四川、云南、西藏、陕西、宁夏、甘肃、青海。

分布于青海的同仁、尖扎、大通、循化、民和；生于灌丛；海拔2 000～2 500 m。花果期7—10月。

能增强机体抵抗力；有调节胃肠运动、抗溃疡、抑制胃酸分泌、降低胃蛋白酶活性等作用；对化疗、放疗所引起的白细胞下降有提升作用；能扩张周围血管而降低血压，又可抑制肾上腺素的升压作用。

风铃草属 *Campanula* L.

钻裂风铃草 *Campanula aristata* Wall.

分布于四川、云南、西藏、陕西、甘肃、青海。

分布于青海的玉树、囊谦、称多、杂多、治多、同仁、泽库、天峻、湟中、祁连、门源、刚察；生于高山流石滩、灌丛、高山草甸；海拔3 200～4 600 m。花期6—8月。

具有清热解毒、消肿止痛的功效。

菊科 Asteraceae Bercht. et J. Presl

漏芦属 *Rhaponticum* Vaill.

顶羽菊 *Rhaponticum repens*（Linnaeus）Hidalgo

分布于山西、河北、内蒙古、陕西、甘肃、青海、新疆。

分布于青海的同仁、尖扎、共和、同德、贵德、兴海、乌兰、都兰、西宁、民和、乐都、循化；生于荒漠草原、山坡、荒地；海拔1 800～3 000 m。花果期5—9月。

根系发达，有固沙作用。秋季干后，家畜喜食，可作饲料。地上部分入药，清热解毒、活血消肿，主治痈疽疔疮、无名肿毒、关节炎。

亚菊属 *Ajania* Poljakov

铺散亚菊 *Ajania khartensis*（Dunn）Shih

分布于四川、云南、西藏、宁夏、甘肃、青海。

分布于青海的杂多、治多、曲麻莱、玛沁、同仁、泽库、河南、格尔木、德令哈、刚察；生于沙滩、草甸、山坡沙石滩、河漫滩；海拔2 900～5 000 m。花果期7—9月。

具有清热解毒、消炎症、止血、毒杀蚊虫的功效。

细叶亚菊 *Ajania tenuifolia*（Jacq.）Tzvel.

分布于四川、西藏、甘肃、青海。

分布于青海的玉树、囊谦、称多、玛多、玛沁、班玛、同仁、尖扎、泽库、河南、都兰、天峻、共和、贵南、湟源、大通、循化、乐都、祁连、门源；生于河滩、草甸、多石山坡；海拔3 000～4 500 m。花果期6—10月。

牛羊可采食。

细裂亚菊 *Ajania przewalskii* Poljak.

分布于四川、宁夏、甘肃、青海。

分布于青海的玉树、杂多、称多、囊谦、玛沁、班玛、达日、久治、玛多、同仁、尖扎、泽库、河南、共和、同德、兴海、贵南、都兰、天峻、门源、祁连、刚察、西宁、大通、湟中、湟源、民和、乐都、互助、循化；生于山坡草地、林缘、岩石缝隙；海拔2 800～4 500 m。花果期7—9月。

多花亚菊 *Ajania myriantha*（Franch.）Ling et Shih

分布于四川、云南、西藏、甘肃、青海。

分布于青海的玉树、称多、治多、曲麻莱、同仁、平安、乐都、互助、循化；生于山坡草地、河谷；海拔2 250～3 600 m。花果期7—10月。

灌木亚菊 *Ajania fruticulosa*（Ledeb.）Poljak.

分布于内蒙古、西藏、陕西、甘肃、青海、新疆。

分布于青海的同仁、尖扎、共和、同德、贵德、兴海、贵南、德令哈、祁连、西宁、大通、湟中、平安、民和、乐都、互助、循化；生于荒漠、荒漠草原；海拔2 100～4 400 m。花果期6—10月。

柳叶亚菊 *Ajania salicifolia*（Mattf.）Poljak.

分布于四川、陕西、甘肃、青海。

分布于青海的同仁、泽库、共和、门源、西宁、大通、湟中、民和、乐都、互助；生于山坡草地；海拔2 600～4 600 m。花果期6—9月。

全草入药，有清肺止咳功效。

牛蒡属 *Arctium* L.

牛蒡 *Arctium lappa* L.

分布于全国各地。

分布于青海的同仁、尖扎、贵德、门源、西宁、大通、湟中、湟源、民和、乐都、互助；生于山坡、山谷、林缘、灌丛、河边潮湿地；海拔1 800～2 500 m。花果期6—9月。

果实入药，性味辛、苦寒，疏散风热，宣肺透疹、散结解毒；根入药，有清热解毒、疏风利咽之效。

蒿属 *Artemisia* L.

臭蒿 *Artemisia hedinii* Ostenf. et Pauls.

分布于内蒙古、四川、云南、西藏、甘肃、青海、新疆。

分布于青海的玉树、杂多、治多、囊谦、曲麻莱、玛沁、甘德、久治、玛多、同仁、泽库、河南、共和、同德、兴海、贵南、门源、祁连、刚察、大通、湟源、乐都、互助；生于滩地、河滩、山坡；海拔2 700～4 700 m。花果期7—10月。

地上部分入药，有清热、解毒、凉血、消炎、除湿之效。此外，还用作杀虫药。

灰苞蒿 *Artemisia roxburghiana* Bess.

分布于湖北、四川、贵州、云南、西藏、陕西、甘肃、青海。

分布于青海的玉树、囊谦、玛沁、班玛、泽库、河南、都兰、乌兰、共和、同德、西宁、大通、循化、祁连、门源；生于山坡草地、干河谷、阶地、路旁；海拔2 200～3 900 m。花果期8—10月。

入药作"艾"（家艾）的代用品，有温经、散寒、止血的作用。

黄花蒿 *Artemisia annua* L.

分布于全国各地。

分布于青海的同仁、同德、西宁、湟中、民和、乐都、互助；生于山坡、荒地；海拔1 800～3 000 m。花果期8—11月。

全草入药，主治伤寒、疟疾、虚热。也可作农药，防治蚜虫、小麦锈病等。可提取芳香油。

猪毛蒿 *Artemisia scoparia* Waldst. et Kit.

分布于全国各地。

分布于青海的玛沁、同仁、尖扎、共和、同德、兴海、贵南、门源、西宁、大通、湟中、湟源、平安、乐都、互助；生于山坡草地、林缘；海拔2 800～3 200。花果期7—10月。

叶入药，民间称"土茵陈"；亦作青蒿的代用品。

直茎蒿 *Artemisia stricta* Heyne. et DC.

分布于四川、云南、西藏、甘肃、青海、新疆。

分布于青海的玉树、杂多、囊谦、曲麻莱、玛沁、班玛、久治、玛多、同仁、泽库、河南、共和、同德、贵德、兴海、德令哈、乌兰、都兰、门源、祁连、刚察、西宁、大通、湟中、平安、民和、乐都、互助；生于干山坡、林缘、河滩、荒地、灌丛；海拔2 200～4 700 m。花果期7—9月。

青海民间入药，作"茵陈"用。

龙蒿 *Artemisia dracunculus* L.

分布于黑龙江、吉林、辽宁、内蒙古、河北、山西、湖北、四川、陕西、宁夏、甘肃、青海、新疆。

分布于青海的玉树、同仁、泽库、共和、兴海、门源、祁连、刚察；生于干山坡、林缘、干河谷、河岸阶地、盐碱滩；海拔2 000～3 800 m。花果期7—10月。

民间入药，治暑湿发热、虚劳等。牧区作牲畜饲料。

小球花蒿 *Artemisia moorcroftiana* Wall. ex DC.

分布于四川、云南、西藏、宁夏、甘肃、青海。

分布于青海的玉树、杂多、称多、治多、曲麻莱、玛沁、甘德、达日、久治、玛多、同仁、泽库、河南、同德、兴海、门源、大通、湟源、乐都；生于山坡、干河谷、砾质坡地；海拔2 000～3 000 m。花果期7—10月。

全草入药，有止血、消炎作用。

黏毛蒿 *Artemisia mattfeldii* Pamp.

分布于四川、西藏、甘肃、青海。

分布于青海的久治、同仁、门源、大通、互助、循化；生于山坡草地；海拔2 600～3 800 m。花果期7—10月。

秋季家畜可采食。

蒙古蒿 *Artemisia mongolica*（Fisch. ex Bess.）Nakai

分布于黑龙江、吉林、辽宁、内蒙古、河北、山西、山东、江苏、安徽、江西、福建、河南、湖北、湖南、广东、四川、贵州、陕西、宁夏、甘肃、青海、新疆。

分布于青海的玛沁、同仁、泽库、河南、都兰、西宁、大通、湟中、循化、乐都、互助、门源；生于河边、山坡草地、林缘；海拔2 000～3 200 m。花果期7—9月。

全草入药，作"艾"的代用品，有温经、止血、散寒、祛湿等作用。另可提取芳香油，供化工工业用；全株作牲畜饲料，又可作纤维与造纸的原料。

冷蒿 *Artemisia frigida* Willd.

分布于黑龙江、吉林、辽宁、内蒙古、河北、山西、西藏、陕西、宁夏、甘肃、青海、新疆。

分布于青海的玛沁、玛多、称多、同仁、尖扎、泽库、共和、同德、贵德、兴海、格尔木、乌兰、都兰、门源、祁连、西宁、大通、湟中、湟源、平安、乐都、互助、化隆、循化；生于干旱山坡、沙滩、河岸阶地；海拔2 200～4 300 m。花果期7—10月。

全草入药；清热、利湿、退黄；主治湿热黄疸、小便不利、风痒疮疥；民间也用于治各种出血、肾热、月经不调、疮痈；也可作家畜的饲料。

牛尾蒿 *Artemisia dubia* Wall. ex Bess.

分布于内蒙古、四川、云南、西藏、甘肃、青海。

分布于青海的班玛、同仁、泽库、河南、兴海、共和、同德、大通、循化、乐都、互助；生于河滩、河谷阶地；海拔2 200～3 800 m。花果期8—10月。

地上部分入药，有清热、解毒、消炎、杀虫之效。

大籽蒿 *Artemisia sieversiana* Ehrhart ex Willd.

分布于黑龙江、吉林、辽宁、内蒙古、河北、山西、四川、贵州、云南、西藏、陕西、宁夏、甘肃、青海、新疆。

分布于青海的玉树、称多、治多、囊谦、曲麻莱、玛沁、玛多、同仁、泽库、河南、共和、同德、贵德、兴海、贵南、德令哈、乌兰、都兰、门源、祁连、西宁、大通、湟中、湟源、乐都、互助；生于荒地、河漫滩、干山坡、林缘；海拔2 200～3 800 m。花果期6—9月。

民间入药，有消炎、清热、止血之效；高原地区用于治疗太阳紫外线辐射引起的灼伤。牧区作牲畜饲料。

毛莲蒿 *Artemisia stechmanniana* Bess.

分布于全国各地。

分布于青海的玉树、称多、囊谦、玛沁、班玛、甘德、达日、尖扎、泽库、河南、同德、兴海、格尔木、乌兰、都兰、门源、刚察、西宁、大通、湟中、平安、乐都、互助；生于河滩、山坡、林缘；海拔2 300～3 500 m。花果期8—10月。

民间入药，有清热、解毒、祛风、利湿之效，可作"茵陈"代用品，又作止血药。秋季牛羊采食，为中等牧草。

沙蒿 *Artemisia desertorum* Spreng.

分布于黑龙江、吉林、辽宁、内蒙古、河北、山西、四川、贵州、云南、西藏、陕西、宁夏、甘肃、青海、新疆。

分布于青海的玉树、囊谦、玛多、玛沁、班玛、久治、同仁、泽库、河南、格尔木、乌兰、德令哈、兴海、共和、贵德、同德、西宁、湟中、乐都、互助、大通；生于高山草原、荒坡、砾质坡地、干河谷、河滩、林缘；海拔2 000～3 500 m。花果期8—10月。

秋季家畜采食，为中等牧草。

昆仑蒿 *Artemisia nanschanica* Krasch.

分布于西藏、甘肃、青海、新疆。

分布于青海的杂多、治多、曲麻莱、玛沁、达日、久治、玛多、同仁、泽库、兴海、德令哈、门源、刚察、西宁；生于干山坡草地、滩地、砾质坡地等；海拔2 100～5 300 m。花果期7—10月。

褐苞蒿 *Artemisia phaeolepis* Krasch.

分布于内蒙古、山西、西藏、宁夏、甘肃、青海、新疆。

分布于青海的同仁、泽库、同德、贵德、兴海、乌兰、门源、祁连、刚察、大通、互助；生于山坡草地、沟谷、林缘灌丛；海拔2 500～3 600 m。花果期7—10月。

白叶蒿 *Artemisia leucophylla*（Turcz. ex Bess.）C. B. Clarke

分布于黑龙江、吉林、辽宁、内蒙古、河北、山西、四川、贵州、云南、西藏、陕西、宁夏、甘肃、青海、新疆。

分布于青海的同仁、泽库、乌兰、天峻、门源、祁连、大通、湟中、乐都；生于山坡草地、林缘、河边、砾质坡地；海拔3 000～4 000 m。花果期7—10月。

入药，作"艾"（家艾）的代用品，有温气血、逐寒湿、止血、消炎的作用。

毛冠菊属 *Nannoglottis* Maxim.

毛冠菊 *Nannoglottis carpesioides* Maxim.

分布于云南、陕西、甘肃、青海。

分布于青海的玉树、囊谦、同仁、尖扎、班玛、门源、大通、湟源、乐都、互助、循化；海拔1 900 ~ 3 200 m。花期6—7月。

多榔菊属 *Doronicum* L.

狭舌多榔菊 *Doronicum stenoglossum* Maxim.

分布于四川、云南、西藏、甘肃、青海。

分布于青海的玉树、囊谦、称多、玛沁、班玛、同仁、泽库、祁连、湟中、互助；生于灌丛、林下；海拔2 700 ~ 4 200 m。花期7—9月。

种植可供观赏。

香青属 *Anaphalis* DC.

淡黄香青 *Anaphalis flavescens* Hand.-Mazz.

分布于四川、西藏、陕西、甘肃、青海。

分布于青海的玉树、囊谦、称多、杂多、治多、曲麻莱、玛多、达日、玛沁、久治、同仁、泽库、河南、乌兰、天峻、共和、兴海、祁连、门源、西宁、大通、乐都、互助；生于高山草甸、河滩、林下；海拔2 200 ~ 4 700 m。花期8—9月，果期9—10月。

全草入药，治疮癣药。

乳白香青 *Anaphalis lactea* Maxim.

分布于四川、甘肃、青海。

分布于青海的玛多、玛沁、同仁、河南、都兰、天峻、共和、兴海、贵南、刚察、海晏、祁连、门源、大通、湟源、湟中、民和、互助；生于高山草甸、山谷滩地、灌丛、林下、林缘；海拔2 600 ~ 4 700 m。花果期7—9月。

全草入药，有活血散瘀，平肝潜阳，祛痰及外用止血之功效。

黄腺香青 *Anaphalis aureopunctata* Lingelsh et Borza

分布于内蒙古、河北、山西、河南、湖北、湖南、山东、四川、贵州、云南、西藏、陕西、宁夏、甘肃、青海、新疆。

分布于青海的班玛、久治、同仁、门源、大通、湟中、循化、乐都、民和、互助；生于林下、灌丛、山坡；海拔1 850～4 000 m。花期7—9月，果期9—10月。

花膜质，种植可供观赏。

珠光香青 *Anaphalis margaritacea*（L.）Benth. et Hook. f.

分布于内蒙古、河北、山西、河南、山东、四川、贵州、云南、西藏、陕西、宁夏、甘肃、青海、新疆。

分布于青海的同仁、尖扎、门源、祁连、湟中、循化、乐都、民和、互助；生于河滩、山坡、灌丛；海拔1 900～3 000 m。花果期8—11月。

制作干花和镶花的材料，干花瓣舒展，洁白美观。全草或根入药；清热解毒、祛风通络、驱虫；主治感冒、牙痛、痢疾、风湿关节痛、蛔虫病；外用治刀伤、跌打损伤、颈淋巴结结核。

铃铃香青 *Anaphalis hancockii* Maxim.

分布于山西、河北、四川、西藏、陕西、甘肃、青海。

分布于青海的玉树、杂多、治多、曲麻莱、玛多、班玛、玛沁、久治、同仁、泽库、河南、兴海、贵德、祁连、刚察、门源、大通、湟中、乐都、互助；生于河滩草地、灌丛、高山草甸；海拔2 800～4 200 m。花期6—8月，果期8—9月。

花序含芳香油，可作调香原料。全草入药；清热解毒、杀虫；主治子宫颈炎、阴道滴虫。

二色香青 *Anaphalis bicolor*（Franch.）Diels

分布于四川、云南、西藏、甘肃、青海。

分布于青海的玉树、称多、囊谦、玛沁、久治、同仁、泽库、同德、湟源；生于山坡草地、灌丛、林下；海拔2 000～3 500 m。花期7—9月，果期8—10月。

青海二色香青 *Anaphalis bicolor* var. *kokonorica* Ling

分布于甘肃、青海。

分布于青海的玉树、杂多、称多、久治、泽库、河南、兴海、门源、刚察、大通、平安、乐都、互助；生于山坡草地、灌丛、林下；海拔

3 000～3 800 m。花期7—10月，果期9—11月。

尼泊尔香青 *Anaphalis nepalensis*（Spreng.）Hand.-Mazz.

分布于四川、云南、西藏、陕西、甘肃、青海。

分布于青海的玉树、杂多、泽库；生于山坡草地、灌丛、林下；海拔2 000～3 500 m。花期6—9月，果期8—10月。

小甘菊属 *Cancrinia* Kar. et Kir.

灌木小甘菊 *Cancrinia maximowiczii* C. Winkl.

分布于甘肃、青海、新疆。

分布于青海的玛沁、同仁、尖扎、泽库、德令哈、乌兰、兴海、共和、贵德、祁连、门源、循化、西宁、互助；生于干旱山坡、干河滩；海拔1 800～3 900 m。花果期7—10月。

根系发达，耐干旱，为水土保持植物。秋季干后，为家畜喜食饲草。

旋覆花属 *Inula* L.

旋覆花 *Inula japonica* Thunb.

分布于黑龙江、吉林、辽宁、内蒙古、河北、山西、河南、山东、陕西、宁夏、甘肃、青海、新疆。

分布于青海的同仁、尖扎、西宁、大通、民和、乐都、互助、循化；生于山坡、湿润草地、河滩；海拔1 700～2 400 m。花期6—10月，果期9—11月。

供药用。根及叶治刀伤、疗毒，煎服可平喘镇咳；花是健胃祛痰药，也治胸膈痞闷、胃部膨胀、暖气、咳嗽、呕逆等。

天名精属 *Carpesium* L.

高原天名精 *Carpesium lipskyi* Winkl.

分布于四川、云南、甘肃、青海。

分布于青海的玉树、班玛、泽库、门源、大通、湟中、乐都、互助；生于林缘、灌丛、河滩；海拔2 500～3 700 m。花期7—9月，果期8—10月。

全草入药；清热解毒、祛痰、截疟；治咽喉肿痛、疮肿、胃痛、牙痛、疟疾、虫蛇咬伤。

紫菀木属 *Asterothamnus* Novopokr.

中亚紫菀木 *Asterothamnus centrali-asiaticus* Novopokr.

分布于内蒙古、宁夏、甘肃、青海。

分布于青海的尖扎、同仁、格尔木、德令哈、大柴旦、都兰、共和、贵德、循化；生于山坡、河滩；海拔2 100～3 600 m。花果期7—9月。

重要的水土保持植物。幼枝为骆驼的上等饲料。

紫菀属 *Aster* L.

三脉紫菀 *Aster ageratoides* Turcz

分布于内蒙古、四川、云南、西藏、陕西、甘肃、青海、新疆。

分布于青海的同仁、尖扎、贵德、门源、西宁、大通、湟中、民和、乐都、互助、循化；生于河滩、山坡、灌丛、林下；海拔2 500～2 900 m。花果期7—10月。

供药用。清热解毒，利尿止血，用于咽喉肿痛、咳嗽痰喘、小便淋痛、痈疖肿毒、外伤出血。

星舌紫菀（块根紫菀）*Aster asteroides*（DC.）O. Ktze.

分布于四川、西藏、青海。

分布于青海的玉树、称多、杂多、曲麻莱、玛多、玛沁、久治、尖扎、同仁、兴海、刚察、祁连、门源、乐都、互助；生于沼泽草甸、山坡草地、高山草甸、高山灌丛、高山流石滩；海拔2 700～4 800 m。花果期6—8月。

花入药；可退烧、解毒；治流行性感冒、发烧、食物中毒。

重冠紫菀 *Aster diplostephioides*（DC.）C. B. Clarke.

分布于四川、云南、西藏、甘肃、青海。

分布于青海的玉树、囊谦、杂多、曲麻莱、玛沁、班玛、同仁、泽库、兴海、共和、祁连、大通、湟中、平安、循化；生于灌丛、草甸、滩地、河谷阶地；海拔2 800～4 600 m。花期7—9月，果期9—10月。

种植可供观赏。花入药；清热解毒；治头痛、眼痛。

萎软紫菀 *Aster flaccidus* Bunge

分布于内蒙古、四川、贵州、西藏、陕西、甘肃、青海、新疆。

分布于青海的玉树、杂多、称多、治多、囊谦、曲麻莱、玛沁、甘德、达日、久治、玛多、同仁、尖扎、泽库、河南、共和、兴海、德令哈、乌兰、天峻、门源、祁连、海晏、刚察、大通、湟中、湟源、乐都、互助、循化；生于河滩、高山草甸、高山流石滩；海拔2 800～5 000 m。花果期6—11月。

全草入药；清热解毒、止咳；主治肺脓肿、肺炎、肺结核、百日咳；藏医用花入药；退烧、解毒；治流行性感冒、发烧、食物中毒。

狭苞紫菀 *Aster farreri* W. W. Sm. et J. F. Jeffr.

分布于山西、河北、四川、甘肃、青海。

分布于青海的玉树、囊谦、玛沁、班玛、久治、同仁、共和、同德、贵南、乌兰、门源、祁连、海晏、大通、湟中、湟源、民和、乐都、互助、循化；生于山坡阳处、草地；海拔3 200～3 400 m。花期7—8月，果期8—9月。

灰枝紫菀 *Aster poliothamnus* Diels

分布于四川、西藏、甘肃、青海。

分布于青海的玉树、玛沁、班玛、久治、同仁、泽库、河南、兴海、共和、循化、湟源、湟中、乐都、民和；生于干旱山坡、林下；海拔2 500～3 800 m。花期6—9月，果期8—10月。

种植可供观赏。花入药；退烧、解毒；治流行性感冒、发烧、食物中毒。

夏河紫菀 *Aster yunnanensis* Franch. var. *labrangensis*（Hand.-Mazz.）Ling

分布于四川、西藏、甘肃、青海。

分布于青海的玉树、囊谦、称多、杂多、治多、玛沁、久治、泽库、河南、天峻、兴海、共和、刚察；生于林缘、灌丛、山坡草地、高山草甸；海拔3 300～4 300 m。花期6—8月，果期8—9月。

种植可供观赏。

缘毛紫菀 *Aster souliei* Franch.

分布于四川、云南、西藏、甘肃、青海。

分布于青海的玉树、杂多、治多、囊谦、玛沁、达日、久治、同仁、河南、循化；生于林缘、灌丛、山坡草地；海拔2 700～4 000 m。花期5—7月，果期8月。

根茎及根药用，具消炎、止咳、平喘功效。

阿尔泰狗娃花 *Aster altaicus* Willd.

分布于黑龙江、吉林、辽宁、内蒙古、河北、山西、内蒙古、四川、陕西、宁夏、甘肃、青海、新疆。

分布于青海的同仁、尖扎、泽库、兴海、门源、祁连、西宁；生于河滩、山坡、荒地；海拔1 800～4 200 m。花果期5—9月。

本种耐干旱，可在干旱区种植，供观赏。为山羊、绵羊喜食。全草和花都可以入药，其性味微苦、凉，有清热降火，排脓的功效。主要用于治疗传染性热病，肝胆火旺，疱疹疮疖等症状。

圆齿狗娃花 *Aster crenatifolius* Hand.-Mazz.

分布于四川、云南、西藏、甘肃、青海。

分布于青海的玉树、囊谦、玛多、班玛、同仁、泽库、河南、都兰、门源、西宁、大通、湟源、循化、互助；生于山坡草地、河滩；海拔2 200～4 000 m。花果期5—10月。

山羊、绵羊喜食。

拉萨狗娃花 *Aster gouldii* C. E. C. Fisch.

分布于西藏、青海。

分布于青海的玉树、称多、囊谦、曲麻莱、泽库、河南、兴海、贵南；生于山坡草地、河滩；海拔2 900～5 540 m。花果期5—9月。

蓍属 *Achillea* L.

高山蓍 *Achillea alpina* L.

分布于黑龙江、吉林、辽宁、内蒙古、河北、山西、宁夏、甘肃、青海。

分布于青海的同仁、尖扎、大通、湟中、循化；生于山坡草地、灌丛、林缘；海拔2 500～2 800 m。花果期7—9月。

全草入药，具有清热解毒、祛风止痛的功效。

鬼针草属 *Bidens* L.

小花鬼针草 *Bidens parviflora* Willd.

分布于黑龙江、吉林、辽宁、内蒙古、河北、山西、山东、河南、安徽、江苏、四川、贵州、陕西、宁夏、甘肃、青海。

分布于青海的同仁、尖扎、兴海、循化；生于荒地、林下、河边；海拔2 200～3 100 m，花果期7—9月。

全草入药，有清热解毒、活血散瘀之效，主治感冒发热、咽喉肿痛、肠炎、阑尾炎、痔疮、跌打损伤、冻疮、毒蛇咬伤。

蟹甲草属 *Parasenecio* W. W. Sm. et J. Small

三角叶蟹甲草 *Parasenecio deltophyllus*（Maxim.）Y. L. Chen

分布于四川、甘肃、青海。

分布于青海的玛沁、同仁、泽库、湟中、循化、乐都；生于河滩、山坡草地、林下；海拔2 400～3 900 m。花期7—8月，果期9月。

种植可供观赏，具有消炎止痛、止咳的功效。

蛛毛蟹甲草 *Parasenecio roborowskii*（Maxim.）Y. L. Chen

分布于四川、云南、陕西、甘肃、青海。

分布于青海的玛沁、同仁、尖扎、泽库、门源、大通、西宁、互助、湟源、乐都、湟中、循化；生于山坡林下、林缘、灌丛、草地；海拔2 040～3 400 m。花期7—8月，果期9—10月。

具有镇痉熄风、养肝疗痹、祛风除湿等功效。

华蟹甲属 *Sinacalia* H. Robins. et Brettel

华蟹甲 *Sinacalia tangutica*（Maxim.）B.Nord.

分布于河北、山西、湖北、湖南、四川、陕西、宁夏、甘肃、青海。

分布于青海的同仁、门源、大通、循化、乐都、民和、互助；生于河滩、林缘、林下；海拔2 300～2 800 m。花期7—9月。

全草入药，具有祛风镇痛、清肺止咳的功效；种植可供观赏。

飞廉属 *Carduus* L.

丝毛飞廉 *Carduus crispus* L.

分布于全国各地。

分布于青海的玉树、杂多、称多、治多、玛沁、同仁、泽库、河南、共和、同德、门源、西宁、大通、民和、乐都、互助；生于荒地、山坡、田边；海拔2 230～4 000 m。花果期4—10月。

优良的蜜源植物。全草或根入药；散瘀、止血；主治吐血、鼻纽、尿血、功能性子宫出血、白带、泌尿系感染；外用治痈疖、疔疮；藏医用根、籽入药，催吐。

节毛飞廉 *Carduus acanthoides* L.

分布于全国各地。

分布于青海的玉树、杂多、称多、治多、囊谦、玛沁、同仁、尖扎、泽库、河南、共和、同德、门源、西宁、大通、湟中、湟源、民和、乐都、互助；生于山坡草地、林缘、灌丛、山谷、河边；海拔2 210～3 500 m。花果期5—10月。

具有祛风、清热利湿、凉血、止血、活血消肿的功效。

小甘菊属 *Cancrinia* Kar. et Kir.

灌木小甘菊 *Cancrinia maximowiczii* C. Winkl.

分布于甘肃、青海、新疆。

分布于青海的玛沁、同仁、尖扎、泽库、共和、同德、贵德、兴海、德令哈、乌兰、都兰、门源、西宁、乐都、互助、循化；生于干旱山坡、干河滩；海拔1 800～3 900 m。花果期7—10月。

根系发达，耐干旱，为水土保持植物。秋季干后，为家畜喜食。

具有抗炎、抗菌、抗氧化、镇静等功效。

蓟属 *Cirsium* Mill.

刺儿菜 *Cirsium arvense* var. *integrifolium* C. Wimm. et Grabowski

分布于全国各地。

分布于青海的玉树、同仁、尖扎、泽库、贵德、格尔木、门源、西宁、湟源、民和、乐都、互助；生于山坡、荒地、农田、水沟边；海拔1 800～2 700 m。花果期5—9月。

全草入药；能凉血、止血、祛痰消肿；主治吐血、靶血、尿血、崩漏、痈疮、肝炎、肾炎。

藏蓟 *Cirsium arvense* var. *alpestre* auct. non al. Ling

分布于西藏、甘肃、青海、新疆。

分布于青海的杂多、同仁、尖扎、泽库、共和、兴海、德令哈、乌兰、都兰、门源、刚察、互助、循化；生于荒地、农田、河滩；海拔1 800～3 300 m。花果期6—9月。

具有清热解毒、消肿散结的功效。

葵花大蓟 *Cirsium souliei*（Franch.）Mattf

分布于四川、西藏、甘肃、青海。

分布于青海的玉树、杂多、称多、治多、囊谦、曲麻莱、玛沁、久治、同仁、泽库、河南、共和、同德、兴海、门源、刚察、大通、湟源、乐都、互助、循化；生于高山草甸、河滩、荒地；海拔2 500～4 400 m。花果期7—9月。

全草入药；凉血、消淤散肿；主治吐血、鼻出血、尿血、崩漏、痈疮。

秋英属 *Cosmos* Cav.

秋英 *Cosmos bipinnatus* Cavanilles

分布于河北、河南、湖北、四川、云南、陕西。

青海的同仁、尖扎、西宁、大通、湟中、平安、乐都、循化有栽培。花期6—8月，果期9—10月。

观赏，其株形高大，叶形雅致，花色丰富，有粉、白、深红等色。药用，花序、种子或全草可清热解毒，明目化湿。

假苦菜属 *Askellia* W. A. Weber

弯茎假苦菜 *Askellia flexuosa*（Ledebour）W. A. Weber

分布于内蒙古、山西、西藏、宁夏、甘肃、青海、新疆。

分布于青海的称多、囊谦、治多、杂多、曲麻莱、玛多、玛沁、达日、同仁、尖扎、泽库、格尔木、都兰、乌兰、兴海、共和、同德、门源、祁连、互助；生于山坡、沙地、河滩；海拔1 950～4 900 m。花果期6—10月。

家畜喜食。

还阳参属 *Crepis* L.

还阳参 *Crepis rigescens* Diels

分布于四川、云南、青海。

分布于青海的尖扎、都兰、兴海、贵南、西宁、乐都；生于沙丘、荒地、山坡、河边；海拔2 200～3 300 m。花果期5—7月。

可入药，补肾阳、益气血、健脾胃；治性神经衰弱，宫冷不孕，白带漏下，头晕耳鸣，心慌怔忡，小儿消化及营养不良。

垂头菊属 *Cremanthodium* Benth.

盘花垂头菊 *Cremanthodium discoideum* Maxim.

分布于四川、西藏、甘肃、青海。

分布于青海的玉树、杂多、治多、曲麻莱、玛沁、久治、玛多、同仁、泽库、河南、兴海、乌兰、天峻、门源、祁连、刚察、大通、湟中、乐都、互助、循化；生于高山草甸、灌丛；海拔3 000～4 500 m。花果期6—8月。

全草入药，治卒中。

矮垂头菊 *Cremanthodium humile* Maxim.

分布于四川、云南、西藏、甘肃、青海。

分布于青海的玉树、杂多、称多、治多、曲麻莱、玛沁、达日、久治、玛多、同仁、泽库、贵德、兴海、德令哈、门源、祁连、大通、互助；生于高山流石滩；海拔3 500～5 000 m。花果期7—11月。

地上部分入药，有清热解毒功效。

条叶垂头菊 *Cremanthodium lineare* Maxim.

分布于四川、西藏、甘肃、青海。

分布于青海的玛多、玛沁、达日、久治、泽库、河南、兴海、共和、门源；生于沼泽草甸、河岸滩地；海拔3 100～4 500 m。花果期7—10月。

全草入药；清热消肿；主治高热症引起的急惊痉挛、神志昏迷；藏医用嫩苗入药，健胃，治呕吐。

车前状垂头菊 *Cremanthodium ellisii*（Hook. f.）Kitam.

分布于四川、云南、西藏、甘肃、青海。

分布于青海的玉树、杂多、称多、治多、曲麻莱、玛沁、甘德、达日、玛多、泽库、河南、兴海、德令哈、乌兰、天峻、门源、祁连、刚察、大通、互助；生于高山草甸、流石滩；海拔3 500～5 000 m。花果期7—10月。

全草入药，治胆囊炎、头痛、中毒性疼痛。

褐毛垂头菊 *Cremanthodium brunneopilosum* S. W. Liu

分布于四川、青海。

分布于青海的玉树、治多、曲麻莱、玛多、玛沁、达日、久治、同仁、泽库、河南；生于沼泽草甸、河谷滩地；海拔3 300～4 500 m。花果期7—9月。

种植可供观赏。

喜马拉雅垂头菊 *Cremanthodium decaisnei* C. B. Clarke

分布于四川、云南、西藏、甘肃、青海。

分布于青海的玉树、玛沁、久治、同仁、泽库、河南；生于高山草甸、高山流石滩；海拔3 500～5 400 m。花果期7—9月。

小舌垂头菊 *Cremanthodium microglossum* S. W. Liu

分布于四川、云南、甘肃、青海。

分布于青海的玉树、称多、治多、曲麻莱、玛多、泽库、河南、祁连；生于；海拔4 200～5 200 m。花果期7—9月。

全草或花序入药。疏风清热，利水消肿，用于感冒发热、小便不利、身肿。

小垂头菊 *Cremanthodium nanum*（Decne.）W. W. Smith

分布于云南、西藏、甘肃、青海。

分布于青海的泽库、门源、大通；生于高山流石滩；海拔4 500～5 400 m。花果期7—8月。

飞蓬属 *Erigeron* L.

飞蓬 *Erigeron acris* L.

分布于内蒙古、吉林、辽宁、河北、山西、四川、西藏、陕西、宁夏、甘肃、青海、新疆。

分布于青海的玉树、囊谦、称多、玛沁、班玛、久治、泽库、河南、同仁、祁连、门源、循化、湟中、民和、互助；生于河滩、灌丛、山坡草地；海拔2 500～3 800 m。花期7—9月。

具三种花形，两种花色，种植可供观赏。嫩茎、叶可作猪饲料；全草入药消炎止血、祛风湿，治血尿、水肿、肝炎、胆囊炎、小儿头疮等症。

苦荬菜属 *Ixeris*（**Cass.**）**Cass.**

变色苦荬菜 *Ixeris chinensis* subsp. *versicolor*（Fisch. ex Link）Kitam.

分布于黑龙江、吉林、内蒙古、河北、山西、山东、江苏、浙江、江西、福建、河南、湖北、湖南、广东、四川、贵州、云南、西藏、陕西、甘肃、青海、新疆。

分布于青海的玉树、称多、囊谦、玛沁、尖扎、同仁、泽库、兴海、共和、贵德、贵南、同德、西宁、湟源、大通、湟中、循化、乐都、民和；生于山坡、河边、田边；海拔1 800～3 900 m。花果期3—9月。

家畜喜食。

黄鹌菜属 *Youngia* **Cass.**

无茎黄鹌菜 *Youngia simulatrix*（Babc.）Babc. et Stebb.

分布于四川、西藏、甘肃、青海。

分布于青海的玉树、囊谦、杂多、治多、曲麻莱、称多、玛多、同仁、泽库、河南、天峻、都兰、共和、贵南、门源、祁连、刚察、乐都；生于河滩、沙地、山坡草地；海拔3 100～4 400 m。花果期7—10月。

具有解毒消肿、润肠通便的功效。

火绒草属 *Leontopodium* **R. Br. ex Cass.**

美头火绒草 *Leontopodium calocephalum*（Franch.）Beauv.

分布于四川、云南、甘肃、青海。

分布于青海的玛沁、班玛、久治、同仁、泽库、河南、兴海、共和、贵德、门源、湟中、化隆、循化、乐都、互助；生于河滩、灌丛、高山草甸；海拔2 600～3 900 m。花期7—9月，果期9—10月。

种植可供观赏。

香芸火绒草 *Leontopodium haplophylloides* Hand.-Mazz.

分布于四川、甘肃、青海。

分布于青海的玛沁、久治、同仁、泽库、河南、西宁、大通、湟中、循化、乐都、互助；生于高山草甸、石砾地、灌丛、林缘；海拔2 600~4 000 m。花期8—9月。

为中等牧草。

火绒草 *Leontopodium leontopodioides*（Willd.）Beauv.

分布于黑龙江、辽宁、吉林、山西、内蒙古、河北、山东、陕西、甘肃、青海、新疆。

分布于青海的玉树、囊谦、玛沁、同仁、泽库、河南、共和、同德、贵德、兴海、贵南、德令哈、门源、祁连、海晏、西宁、大通、湟中、平安、乐都、互助、循化；生于干旱草原、石砾地；海拔1 700~3 600 m。花果期7—10月。

全草药用，治疗蛋白尿及血尿有效。

长叶火绒草 *Leontopodium junpeianum* Kitam.

分布于河北、内蒙古、四川、西藏、陕西、甘肃、青海。

分布于青海的玉树、玛沁、班玛、久治、玛多、同仁、河南、共和、同德、乌兰、门源、祁连、刚察、西宁、大通、湟源、平安、民和、乐都、互助、循化；生于高山草甸、灌丛；海拔1 700~4 800 m。花期7—8月。

药用，用于外感发热，头痛、咳嗽、支气管炎。有解表清热、止咳化痰的功效。

矮火绒草 *Leontopodium nanum*（Hook. f. et Thoms.）Hand.-Mazz.

分布于四川、西藏、陕西、甘肃、青海、新疆。

分布于青海的玉树、囊谦、称多、杂多、治多、曲麻莱、玛多、达日、玛沁、久治、同仁、尖扎、泽库、乌兰、天峻、共和、贵德、刚察、门源；生于山坡草地、高山草甸、山谷滩地、湖滨沙地；海拔3 200~5 000 m。花期5—6月，果期5—7月。

较耐牧，为中等牧草。

戟叶火绒草 *Leontopodium dedekensii*（Bur. et Franch.）Beauv.

分布于四川、云南、西藏、甘肃、青海。

分布于青海的玉树、杂多、称多、治多、囊谦、曲麻莱、玛沁、久治、同仁、尖扎、河南、同德、兴海、大通、湟中、民和、乐都；生于高山草甸；海拔2 700~4 000 m。花期6—7月。

银叶火绒草 *Leontopodium souliei* Beauv.

分布于四川、云南、甘肃、青海。

分布于青海的玉树、杂多、曲麻莱、玛沁、达日、久治、同仁、泽库、兴海、祁连、乐都；生于林地，灌丛、沼泽草地；海拔3 100~4 000 m。花期7—8月，果期9月。

大丁草属 *Leibnitzia* Cass.

大丁草 *Leibnitzia anandria*（Linnaeus）Turczaninow

分布于四川、贵州、青海。

分布于青海的玉树、杂多、囊谦、玛沁、同仁、尖扎、门源、西宁、大通、民和、互助、循化；山坡草丛、林缘；海拔2 200~3 500 m。花果期5—9月。

全草入药。主治祛风湿，解毒。治风湿麻木，咳喘，疔疮。

橐吾属 *Ligularia* Cass.

掌叶橐吾 *Ligularia przewalskii*（Maxim.）Diels

分布于内蒙古、山西、江苏、四川、陕西、宁夏、甘肃、青海。

分布于青海的班玛、同仁、泽库、贵德、门源、西宁、大通、湟中、湟源、民和、乐都、互助、化隆、循化；生于山坡草地、灌丛、林缘；海拔2 000~3 900 m。花果期6—10月。

花及叶入药；主治黄疸型肝炎、食物中毒；根也作为紫菀入药；润肺、化痰、止咳；主治支气管炎、咳嗽、肺结核、咯血。种植可供观赏。

箭叶橐吾 *Ligularia sagitta*（Maxim.）Mattf.

分布于山西、河北、内蒙古、四川、西藏、陕西、宁夏、甘肃、青海。

分布于青海的玉树、囊谦、玛沁、班玛、久治、玛多、同仁、泽库、河南、共和、同德、贵德、兴海、天峻、门源、祁连、刚察、西宁、大通、湟中、平安、乐都、互助、循化；生于山坡、林缘、灌丛；海拔1 900～3 600 m。花果期7—9月。

根、叶入药，外用治疮疖；内服催吐。种植可供观赏。

黄帚橐吾 *Ligularia virgaurea*（Maxim.）Mattf.

分布于四川、云南、西藏、甘肃、青海。

分布于青海的玉树、杂多、称多、囊谦、玛沁、班玛、达日、久治、玛多、同仁、尖扎、泽库、河南、共和、同德、贵德、兴海、贵南、门源、祁连、海晏、西宁、大通、湟中、湟源、平安、民和、乐都、互助、循化；生于沼泽、滩地、山坡湿地；海拔2 700～4 400 m。花果期7—9月。

嫩苗入药，健胃，治呕吐。种植可供观赏。

褐毛橐吾 *Ligularia purdomii*（Turrill.）Chittenden.

分布于四川、甘肃、青海。

分布于青海的久治、班玛、泽库；生于沼泽边缘、滩地、山坡湿地、河边；海拔3 600～3 900 m。花果期7—9月。

根、叶入药，内服催吐，外敷治疥疮。种植可供观赏。

缘毛橐吾 *Ligularia liatroides*（C. Winkl.）Hand.-Mazz.

分布于四川、西藏、青海。

分布于青海的玉树、杂多、称多、玛沁、班玛、达日、共和、兴海、大通；生于沼泽草甸、河滩、林缘、灌丛草甸、高山草甸；海拔2 900～4 450 m。花果期7—8月。

栉叶蒿属 *Neopallasia* Poljakov

栉叶蒿 *Neopallasia pectinata*（Pallas）Poljakov

分布于黑龙江、吉林、辽宁、内蒙古、河北、山西、四川、云南、西藏、陕西、宁夏、甘肃、青海、新疆。

分布于青海的尖扎、德令哈、乌兰、兴海、西宁、化隆；生于荒漠、干河滩、山坡、荒地；海拔2 100～2 600 m。花果期7—9月。

中等或低等饲用植物。全草入药；消炎止痛、清肝利胆，主治急性黄疸型肝炎、头痛、头晕。

帚菊属 *Pertya* Sch. Bip.

两色帚菊 *Pertya discolor* Rehd.

分布于山西、四川、宁夏、甘肃、青海。

分布于青海的同仁、泽库、贵德、民和、循化；生于疏林；海拔1 900 ~ 3 100 m。花期6—8月。

花序入药，有止咳平喘功效。

毛莲菜属 *Picris* L.

毛莲菜 *Picris hieracioides* L

分布于吉林、河北、山西、山东、河南、湖北、湖南、四川、云南、贵州、西藏、陕西、甘肃、青海。

分布于青海的玉树、囊谦、称多、玛沁、班玛、尖扎、同仁、泽库、同德、西宁、湟源、大通、循化、乐都、民和；生于山坡草地、林下、沟边、田间、撂荒地、沙滩地；海拔2 200 ~ 3 700 m。花果期6—9月。

家畜喜食，为良等牧草。

日本毛莲菜 *Picris japonica* Thunb.

分布于黑龙江、吉林、辽宁、内蒙古、山东、安徽、河南、河北、山西、四川、贵州、云南、西藏、陕西、甘肃、青海、新疆。

分布于青海的玉树、称多、治多、班玛、同仁、泽库、同德、祁连、西宁、大通、湟中、湟源、乐都、循化；生于山坡草地、林缘、林下、灌丛、高山草甸；海拔2 350 ~ 3 650 m。花果期6—10月。

家畜喜食，为良等牧草。全草入蒙药，具有清热、消肿及止痛作用；主治流感、乳痈。

风毛菊属 *Saussurea* DC.

钝苞雪莲（瑞岑草）*Saussurea nigrescens* Maxim.

分布于陕西、甘肃、青海。

分布于青海的玛沁、同仁、泽库、河南、共和、同德、贵德、兴海、天峻、门源、刚察、大通、湟中、乐都、互助；生于灌丛、山坡草地；海拔

2 900～4 000 m。花果期9—10月。

全草入药；活血调经、清热明目；主治月经不调、虚痨骨蒸、目疾。

红叶雪兔子 *Saussurea paxiana* Diels

分布于四川、西藏、青海。

分布于青海的玉树、杂多、称多、治多、玛沁、玛多、祁连、泽库、河南、同德、贵德、兴海；生于高山流石滩；海拔4 350～4 800 m。花果期6—8月。

具有抗氧化、抗肿瘤、免疫调节等功效。

黑苞风毛菊 *Saussurea melanotricha* Handel-Mazzetti

分布于云南、青海。

分布于青海的泽库；生于高山流石滩、石质山坡；海拔3 750～4 650 m；花果期7—9月。

具有祛风活络、散瘀止痛的功效。

昆仑雪兔子 *Saussurea depsangensis* Pamp.

分布于西藏、青海、新疆。

分布于青海的玉树、称多、治多、曲麻莱、玛多、泽库；生于高山流石滩；海拔4 800～5 400 m。花期8月。

异色风毛菊 *Saussurea eopygmaea* Hand.-Mazz.

分布甘肃、青海。

分布于青海的玉树、杂多、称多、治多、囊谦、曲麻莱、玛沁、达日、久治、玛多、同仁、泽库、河南、共和、贵南、天峻；生于灌丛、山坡、高山草甸；海拔3 300～5 000 m。花果期7—8月。

地上部分入药；治胆囊炎、发烧。

无梗风毛菊 *Saussurea apus* Maxim.

分布于西藏、甘肃、青海。

分布于青海的玉树、称多、治多、曲麻莱、玛沁、达日、玛多、泽库、兴海、格尔木、德令哈、乌兰、祁连；生于高山滩地、河滩、山坡砂石地；海拔4 000～5 300 m。花果期9月。

狮牙草状风毛菊 *Saussurea leontodontoides*（DC.）Sch. -Bip.

分布于四川、云南、西藏、青海。

分布于青海的玉树、杂多、称多、治多、曲麻莱、玛沁、甘德、达日、久治、泽库、河南；生于山坡草地、阳坡碎石滩；海拔3 500～4 800 m。花果期8—10月。

沙生风毛菊 *Saussurea arenaria* Maxim.

分布于西藏、甘肃、青海。

分布于青海的玉树、杂多、治多、曲麻莱、玛沁、甘德、达日、玛多、同仁、泽库、河南、共和、同德、兴海、贵南、德令哈、乌兰、都兰、祁连、湟源；生于沙滩、干河滩、阳坡；海拔2 900～4 200 m。花果期6—9月。

全草入药，治肝炎、胆囊炎、感冒发烧。

云状雪兔子 *Saussurea aster* Hemsl.

分布于西藏、青海。

分布于青海的玉树、杂多、称多、治多、玛沁、玛多、泽库、河南、兴海；生于高山流石滩；海拔4 500～5 400 m。花果期6—8月。

小风毛菊 *Saussurea minuta* C. Winkl.

分布四川、甘肃、青海。

分布于青海的治多、甘德、达日、久治、玛多、同仁、泽库、兴海、祁连、乐都、互助、循化；生于山坡砾石地；海拔2 700～3 800 m。花期9月。

灰白风毛菊 *Saussurea cana* Ledeb.

分布于山西、内蒙古、甘肃、青海、新疆。

分布于青海的玉树、同仁、尖扎、共和、贵德、天峻、祁连、西宁、平安、民和、互助；生于河谷、河滩、山坡砾石地、干旱山坡；海拔1 800～2 800 m。花果期7—9月。

川西风毛菊 *Saussurea dzeurensis* Franch.

分布于四川、甘肃、青海。

分布于青海的玛沁、甘德、达日、久治、同仁、泽库、河南、同德；生于山坡草地；海拔3 500～4 000 m。花果期9—10月。

柳叶菜风毛菊 *Saussurea epilobioides* Maxim.

分布于四川、宁夏、甘肃、青海。

分布于青海的玛沁、班玛、久治、同仁、泽库、兴海、同德、祁连、门源、湟中、乐都、民和、互助；生于山坡草地、灌丛；海拔2 500～4 200 m。花果期8—9月。

全草入药；镇痛、止血、解毒、愈创；治刀伤、产后流血不止等症。种植可供观赏。

柳叶风毛菊 *Saussurea salicifolia*（L.）DC.

分布于黑龙江、吉林、辽宁、内蒙古、河北、四川、甘肃、青海、新疆。

分布于青海的泽库；生于高山灌丛、草甸、山沟阴湿处；海拔3 000～3 800 m；花果期8—9月。

球花雪莲 *Saussurea globosa* Chen

分布于四川、陕西、甘肃、青海。

分布于青海的玉树、称多、治多、玛沁、达日、久治、玛多、泽库、河南、共和、兴海、门源、祁连、湟源、互助；生于高山草甸、草甸；海拔2 100～4 500 m。花果期7—9月。

具有温肾、温经散寒、祛风除湿的功效。

长毛风毛菊 *Saussurea hieracioides* Hook. f.

分布于湖北、四川、云南、西藏、甘肃、青海。

分布于青海的玉树、杂多、称多、治多、曲麻莱、玛沁、班玛、甘德、达日、久治、玛多、同仁、泽库、河南、共和、同德、兴海、门源、祁连、刚察、大通、民和、乐都、互助；生于高山流石滩、高山草甸；海拔3 450～5 200 m。花果期6—8月。

水母雪兔子 *Saussurea medusa* Maxim.

分布于四川、云南、西藏、甘肃、青海。

分布于青海的玉树、囊谦、称多、杂多、治多、曲麻莱、玛多、玛沁、泽库、同仁、格尔木、都兰、天峻、兴海、祁连、大通、湟源、湟中；生于高山流石滩；海拔3 700～5 200 m。花果期7—9月。

藏药用地上部分入药；治炭疽、风湿性关节炎、高山反应等症。

唐古特雪莲 *Saussurea tangutica* Maxim.

分布于河北、山西、四川、云南、西藏、甘肃、青海。

分布于青海的玉树、称多、治多、曲麻莱、玛沁、班玛、玛多、同仁、泽库、同德、贵德、兴海、德令哈、乌兰、天峻、门源、祁连；生于高山流石滩、高山草甸；海拔3 800～5 200 m。花果期7—9月。

全草入药；治流行性感冒、咽肿痛、麻疹及食物中毒，并有镇静麻醉作用。

小花风毛菊 *Saussurea parviflora*（Poir.）DC.

分布于河北、山西、宁夏、甘肃、青海、新疆、内蒙古、四川。

分布于青海的班玛、同仁、泽库、河南、贵德、门源、大通、湟中、湟源、平安、乐都、互助、循化；生于山坡阴湿处、山谷灌丛、林下、石缝；海拔1 900～3 500 m。花果期7—9月。

褐花雪莲 *Saussurea phaeantha* Maxim.

分布于四川、西藏、甘肃、青海。

分布于青海的治多、称多、玛沁、久治、玛多、泽库、河南、共和、兴海、德令哈、乌兰、门源、祁连、湟中、乐都、互助、化隆、循化；生于高山草甸、沼泽草甸、灌丛、流石滩；海拔3 800～4 500 m。花果期7—9月。

星状雪兔子 *Saussurea stella* Maxim.

分布于四川、云南、西藏、甘肃、青海。

分布于青海的玉树、囊谦、杂多、治多、曲麻莱、玛多、玛沁、久治、泽库、河南、共和、刚察、祁连、门源；生于河滩、沼泽草甸、高山阴湿山坡；海拔2 400～4 500 m。花果期7—9月。

全草入药；治中毒性热症及骨折、风湿性筋骨痛。

抱茎风毛菊（仁昌风毛菊）*Saussurea chingiana* Hand.-Mazz.

分布于甘肃、青海。

分布于青海的同仁、泽库、贵南、祁连、门源、大通、湟中、乐都、互助；生于林下、山坡草地、河边；海拔2 400～3 500 m。花果期7月。

美丽风毛菊 *Saussurea pulchra* Lipsch

分布于甘肃、青海。

分布于青海的玉树、杂多、称多、曲麻莱、达日、玛多、同仁、泽库、兴海、都兰、门源、祁连、乐都、循化；生于山坡草地、滩地、河滩、高山草甸；海拔2 800～4 600 m。花果期8—9月。

根入药，有清热解毒，解表安神功效。

重齿风毛菊 *Saussurea katochaete* Maxim.

分布于四川、云南、西藏、甘肃、青海。

分布于青海的玉树、杂多、称多、治多、曲麻莱、玛沁、甘德、达日、久治、玛多、泽库、河南、贵德、兴海、都兰、门源、祁连、刚察、大通、湟中、乐都、互助、循化；生于河滩、灌丛、高山草甸、高山流石滩；海拔2 800～4 700 m。花果期7—10月。

林生风毛菊 *Saussurea sylvatica* Maxim.

分布于山西、甘肃、青海。

分布于青海的玉树、称多、玛沁、班玛、久治、泽库、河南、兴海、共和、祁连、门源、大通、湟中；生于林下、灌丛、山坡草地；海拔2 700～4 200 m。花果期6—7月。

种植可供观赏。

尖苞风毛菊 *Saussurea polycolea* Hand.-Mazz. var. *acutisquama*（Ling）Lipsch.

分布于四川、云南、甘肃、青海。

分布于青海的囊谦、称多、杂多、治多、曲麻莱、玛沁、班玛、久治、同仁、泽库、河南、兴海、贵南；生于山坡草丛、灌丛、河滩；海拔3 400～4 800 m。花果期8—9月。

种植可供观赏。

红柄雪莲 *Saussurea erubescens* Lipsch.

分布于四川、西藏、甘肃、青海。

分布于青海的玉树、杂多、称多、曲麻莱、玛沁、久治、泽库、兴海；生于沼泽草地、河边、山谷、草甸；海拔3 100～4 800 m。花果期7—9月。

西藏风毛菊（河源风毛菊）*Saussurea tibetica* C. Winkl.

分布于四川、西藏、青海。

分布于青海的玉树、杂多、治多、玛沁、玛多、泽库、河南、共和、兴海、德令哈、乌兰、祁连、刚察、循化；海拔2 650～4 500 m。花果期7—8月。

甘肃风毛菊 *Saussurea kansuensis* Hand.-Mazz.

分布于甘肃、青海。

分布于青海的泽库；生于山坡草地；海拔3 600～3 700 m。花果期8—10月。

弯齿风毛菊 *Saussurea przewalskii* Maxim.

分布于四川、云南、西藏、陕西、甘肃、青海。

分布于青海的玉树、称多、久治、泽库、河南、兴海、祁连、湟中、湟源、乐都、互助、循化；生于山坡灌丛草地、流石滩、林缘；海拔3 800～4 800 m。花果期7—9月。

麻花头属 *Klasea* Cass.

麻花头 *Klasea centauroides*（L.）Cass.

分布于黑龙江、辽宁、吉林、内蒙古、山西、河北、陕西、青海。

分布于青海的同仁、尖扎、门源、西宁、大通、互助；生于山坡林缘、草原、草甸、路旁；海拔1 900～2 400 m。花果期6—9月。

花形美丽，可作观赏植物。

缢苞麻花头 *Klasea centauroides* subsp. *strangulata*（Iljin）L. Martins

分布于河北、山西、四川、陕西、甘肃、青海。

分布于青海的同仁、泽库、贵德、西宁、大通、湟中、循化、乐都、民和；生于山坡、田边；海拔2 200～3 200 m。花果期6—9月。

根入药，味道微苦，性凉。功效为清热解毒。

千里光属 *Senecio* L.

天山千里光 *Senecio thianschanicus* Regel et Schmalhausen

分布于内蒙古、四川、西藏、甘肃、青海、新疆。

分布于青海的玉树、称多、玛多、达日、同仁、泽库、德令哈、都兰、共和、祁连、门源、湟源、乐都、互助；生于河滩、山谷、灌丛、林缘；海拔2 700～4 500 m。花期7—9月。

具有清热解毒、明目、止痒的功效。可作观赏花卉。

北千里光 Senecio dubitabilis C. Jeffr. et Y. L. Chen.

分布于河北、西藏、陕西、甘肃、青海、新疆。

分布于青海的同仁、尖扎、同德、贵德、格尔木、德令哈、乌兰、祁连、大通、湟中、互助；生于河边、山坡、荒地，海拔2 450～2 900 m。花期5—9月。

可作观赏花卉。

异羽千里光（高原千里光）Senecio diversipinnus Ling

分布于甘肃、青海。

分布于青海的玉树、杂多、称多、治多、玛沁、班玛、久治、同仁、尖扎、泽库、河南、兴海、都兰、西宁、大通、湟源、平安；生于河滩草地、山谷坡地、林缘、林下；海拔2 300～4 000 m。花期6—8月。

花形美丽，种植可供观赏。

欧洲千里光 Senecio vulgaris L.

分布于吉林、辽宁、内蒙古、四川、贵州、云南、西藏、青海。

分布于青海的同仁、尖扎、泽库；生于草地、路旁；海拔3 100 m。花期4—9月。

疆千里光属 *Jacobaea* Mill.

额河千里光 Jacobaea argunensis（Turczaninow）B. Nordenstam

分布于黑龙江、吉林、辽宁、内蒙古、河北、湖北、山西、四川、陕西、甘肃、青海。

分布于青海的同仁、尖扎、西宁、湟源、湟中、循化、乐都、互助。生于山坡、河滩，海拔2 230～2 600 m。花期8—10月。

种植可供观赏。全草入药；清热解毒；治疮疖肿毒、湿疹、皮炎、急性结膜炎、咽炎、毒蛇咬伤、蝎或蜂蜇伤、外伤、骨折等。

狗舌草属 *Tephroseris*（Reichenb.）Reichenb.

橙舌狗舌草 *Tephroseris rufa*（Hand.-Mazz.）B. Nord.

分布于四川、西藏、甘肃、青海。

分布于青海的玉树、囊谦、称多、杂多、治多、曲麻莱、玛多、达日、玛沁、班玛、久治、尖扎、同仁、泽库、河南、兴海、共和、贵南、乌兰、天峻、格尔木、刚察、门源；生于高山草甸、灌丛、林下、山坡草地；海拔3 050～4 000 m。花期6—8月。

性苦、寒，有小毒，具有清热、利水、杀虫的功效。种植可供观赏。

向日葵属 *Helianthus* L.

向日葵 *Helianthus annuus* L.

全国各地均有栽培。通过人工培育，在不同生境形成许多品种。

青海的东部农业区及同仁、尖扎有栽培。花期7—9月，果期8—9月。

种子含油量高，味香可口，供食用。花穗、种子皮壳及茎秆可作饲料及工业原料，如制人造丝及纸浆等，花穗也供药用。

鸦葱属 *Takhtajaniantha* L.

帚状鸦葱 *Takhtajaniantha pseudodivaricata*（Lipsch.）Zaika，Sukhor. et N. Kilian

分布于甘肃、青海。

分布于青海的尖扎、同仁、都兰、乌兰、德令哈、兴海、共和、贵德、西宁、化隆、循化、乐都、民和；生于干旱山坡、滩地、荒漠、河谷阶地；海拔2 100～3 200 m。花果期5—8（10）月。

具有清热解毒、消肿散结的功效。

苦苣菜属 *Sonchus* L.

苣荬菜 *Sonchus wightianus* DC.

分布于福建、湖北、湖南、广西、四川、云南、贵州、西藏、陕西、宁夏、青海、新疆。

分布于青海的囊谦、玛沁、久治、同仁、尖扎、泽库、共和、同德、贵德、兴海、贵南、乌兰、祁连、西宁、大通、湟中、湟源、民和、乐都、互助、循化；生于水沟旁、荒地、山坡湿地；海拔2 000～4 000 m。花果期7—10月。

优良牧草，家畜喜食。全草入药；清热解毒、消肿排脓、祛痰止痛；主治肠痈、疮疖肿毒、肠炎、痢疾、带下、产后瘀血腹痛；可作蔬菜。

苦苣菜 *Sonchus oleraceus* L.

分布于辽宁、河北、山西、山东、江苏、安徽、浙江、江西、福建、河南、湖北、湖南、广西、四川、云南、贵州、西藏、陕西、甘肃、青海、新疆。

分布于青海的玉树、玛沁、久治、同仁、尖扎、泽库、兴海、贵南、都兰、西宁、乐都、大通；生于山坡、山谷林缘、林下、田间；海拔2 200～3 500 m。花果期5—12月。

全草入药，有祛湿、清热解毒功效。

合头菊属 *Syncalathium* Lipsch.

盘状合头菊 *Syncalathium disciforme*（Mattf.）Ling

分布四川、甘肃、青海。

分布于青海的治多、称多、曲麻莱、玛沁、达日、久治、河南、循化；生于高山流石滩、沙石地；海拔3 500～4 700 m。花果期9—10月。

具有消炎、止痛、止血的功效。

岩参属 *Cicerbita* Wallr.

川甘岩参（川甘毛鳞菊）*Cicerbita roborowskii*（Maxim.）Beauverd

分布四川、西藏、宁夏、甘肃、青海。

分布于青海的玉树、囊谦、玛沁、同仁、泽库、河南、贵德、同德、门源、乐都、民和；生于林下、林缘、灌丛、山坡草地；海拔2 300～3 700 m。花果期7—9月。

家畜喜食，属中等饲草。

乳苣属 *Mulgedium* Cass.

乳苣 *Mulgedium tataricum*（L.）DC.

分布于辽宁、内蒙古、河北、山西、河南、西藏、陕西、甘肃、青海、新疆。

分布于青海的同仁、尖扎、共和、贵德、格尔木、乌兰、都兰、西宁、乐都、民和；生于河滩、沙滩、田边、山坡荒地；海拔1 800～2 900 m。花果期6—9月。

家畜喜食。

绢毛苣属 *Soroseris* Stebbins

空桶参（糖芥绢毛菊）*Soroseris erysimoides*（Hand.-Mazz.）Shih

分布于四川、云南、西藏、陕西、甘肃、青海。

分布于青海的玉树、杂多、称多、治多、玛沁、久治、泽库、河南、同德、乌兰、天峻、门源、祁连、湟中、互助、循化；生于高山草甸、高山灌丛；海拔3 300～5 400 m。花果期6—10月。

全草入药，治跌打损伤、咽喉肿痛。

蒲公英属 *Taraxacum* F. H. Wigg.

多裂蒲公英 *Taraxacum sikkimense* Hand.-Mazz.

分布于四川、云南、西藏、青海。

分布于青海的同仁、尖扎、兴海、贵南、西宁、民和、互助；生于林下、山坡草地、河谷阶地；海拔2 200～3 200 m。

清热解毒、通利小便、凉血散结，可用于治疗流行性腮腺炎、扁桃体炎、咽喉炎、气管炎、淋巴腺炎、乳腺炎以及治疗淋病、泌尿系感染、恶疮疔毒。家畜喜食，为优良牧草。

灰果蒲公英（川藏蒲公英）*Taraxacum maurocarpum* Dahlst

分布于四川、西藏、青海。

分布于青海的玉树、杂多、久治、同仁、泽库、河南、天峻、共和、兴海、门源、互助；生于山坡草地、河滩、河边；海拔2 500～4 100 m。

家畜喜食。药用，主要功效是清热解毒，凉血散结，利尿通乳。

蒲公英 *Taraxacum mongolicum* Hand.-Mazz.

分布于黑龙江、吉林、辽宁、内蒙古、河北、山西、山东、江苏、安徽、浙江、福建、河南、湖北、湖南、广东、四川、贵州、云南、陕西、甘肃、青海。

分布于青海的囊谦、玛沁、久治、玛多、同仁、尖扎、泽库、河南、共和、同德、贵德、兴海、贵南、乌兰、祁连、西宁、大通、湟中、湟源、民和、乐都、互助、循化；生于河滩、荒地、田边、河边；海拔2 000～4 000 m。花期5—9月，果期6—10月。

家畜喜食。全草供药用，有清热解毒、消肿散结的功效。

白缘蒲公英 *Taraxacum platypecidum* Diels

分布于黑龙江、吉林、辽宁、内蒙古、河北、山西、河南、湖北、四川、陕西、青海。

分布于青海的杂多、同仁、尖扎、泽库、同德、祁连、湟源、乐都；生于山坡草地、路旁；海拔3 000～4 200 m。花果期3—6月。

家畜喜食。全草入药；治溃疡、高烧、肠胃炎、胆囊炎、阑尾炎、肝炎、痢疾、腮腺炎、咽喉炎。

华蒲公英 *Taraxacum sinicum* Kitag.

分布于黑龙江、吉林、辽宁、内蒙古、河北、山西、河南、四川、云南、陕西、甘肃、青海。

分布于青海的泽库、门源、海晏、大通、互助；生于砾石滩地、盐碱地；海拔2 400～2 900 m。花果期6—8月。

家畜喜食。全草供药用，有清热解毒、消肿散结的功效。

莴苣属 *Lactuca* L.

莴笋 *Lactuca sativa* var. *angustata* Irish ex Bremer

全国各地均有栽培。

青海的东部农业区及同仁、尖扎有栽培。花果期5—9月。

可作蔬菜用。

黄缨菊属 *Xanthopappus* C. Winkl.

黄缨菊 *Xanthopappus subacaulis* C. Winkl.

分布于四川、云南、甘肃、青海。

分布于青海的玉树、囊谦、杂多、治多、玛多、同仁、尖扎、泽库、河南、天峻、兴海、祁连、刚察、门源、西宁、互助；生于阳坡、荒地；海拔2 200～4 300 m。花果期7—9月。

全草入药；治吐血、子宫出血等；根及果实藏医用于催吐。

苍耳属 *Xanthium* L.

苍耳 *Xanthium strumarium* L.

分布于黑龙江、吉林、辽宁、内蒙古、河北、山西、山东、江苏、安徽、浙江、福建、河南、湖北、湖南、广东、四川、贵州、云南、西藏、陕西、宁夏、甘肃、青海。

分布于青海的同仁、尖扎、泽库、共和、贵德、西宁、大通、湟源、湟中、平安、乐都、民和；生于水边、荒地；海拔1 800～3 700 m。花期7—8月，果期9—10月。

种子可榨油，工业用。全草入药；清热解毒，治肾炎；果实入药，为发汗利尿药，有镇痉、镇痛作用，可治肌肉神经麻痹、关节痛、梅毒、水肿；茎叶入药，外敷治疥癣、湿疹、虫咬伤。

菊蒿属 *Tanacetum* L.

川西小黄菊 *Tanacetum tatsienense*（Bureau et Franchet）K. Bremer et Humphries

分布于四川、云南、西藏、青海。

分布于青海的玉树、囊谦、称多、玛多、玛沁、久治、同仁、泽库、河南；生于高山草甸、灌丛、山坡砾石地；海拔2 600～4 900 m。花果期7—9月。

全草入药，具有活血、祛湿、消炎、止痛功效。主治跌打损伤、湿热。

香蒲科 Typhaceae Juss.

香蒲属 *Typha* L.

无苞香蒲 *Typha laxmannii* Lepech.

分布于黑龙江、吉林、辽宁、内蒙古、河北、河南、山西、山东、四川、陕西、宁夏、甘肃、青海、新疆。

分布于青海的同仁、尖扎、共和、贵德、德令哈、都兰、湟中、循化、乐都、互助；生于河边、湖泊；海拔2 200～2 800 m。花果期7—9月。

可种植在河边、池塘、渠边等地，供观赏和水体绿化。茎叶富含纤维，供编织及造纸用；雌花可作枕芯填充物。

眼子菜科 Potamogetonaceae Bercht. et J. Presl

眼子菜属 *Stuckenia* L.

箆齿眼子菜 *Stuckenia pectinata*（L.）Borner

分布于青海。

分布于青海的全省各地；生于河边、湖泊；海拔2 800～3 200 m。花果期6—9月。

全草入药；可清热解毒；内服治肺炎；熬膏外用治疮疖。

水麦冬科 Juncaginaceae Rich.

水麦冬属 *Triglochin* L.

海韭菜 *Triglochin maritima* L.

分布于黑龙江、吉林、辽宁、内蒙古、河北、山西、四川、贵州、云南、西藏、陕西、宁夏、甘肃、青海、新疆。

分布于青海的全省各地；生于沼泽、滩地、河流、湿地；海拔2 200～4 300 m。花果期6—9月。

饲用价值较高的野生饲用植物。果实入药；有滋补、清热养阴、生津止渴及止泻、镇静的作用；并可治眼痛。

水麦冬 *Triglochin palustris* L.

分布于黑龙江、吉林、辽宁、内蒙古、河北、山西、四川、贵州、云南、西藏、陕西、宁夏、甘肃、青海、新疆。

分布于青海的杂多、囊谦、玛沁、同仁、尖扎、泽库、河南、共和、贵德、格尔木、德令哈、都兰、天峻、门源、祁连、海晏、刚察、西宁、大通、互助；生于沼泽、滩地、河流、湿地；海拔2 200～4 300 m。花果期6—9月。

全草入药；可清热、利湿、消炎、消肿；治腹水。

禾本科 Poaceae Barnhart

芦苇属 *Phraqmites* Adans

芦苇 *Phragmites australis*（Cav.）Trin. ex Steud.

分布于全国各地。

分布于青海的班玛、同仁、尖扎、泽库、共和、兴海、贵德、贵南、格尔木、德令哈、都兰、乌兰、天峻、西宁、大通、循化；生于湖边、沼泽、沙地、河岸；海拔2 000～3 200 m。花果期7—9月。

秆为造纸原料或作编席织帘及建棚材料，茎、叶嫩时为饲料；根状茎供药用，为固堤造陆先锋环保植物。

臭草属 *Melica* L.

甘肃臭草 *Melica przewalskyi* Roshev.

分布于四川、西藏、陕西、甘肃、青海。

分布于青海的玉树、囊谦、称多、玛多、久治、同仁、尖扎、泽库、河南、兴海、同德、祁连、门源、大通、湟源、湟中、互助；生于林下、灌丛、山坡；海拔2 300～4 100 m。花期6—8月。

营养丰富，各类家畜喜食。

臭草 *Melica scabrosa* Trin.

分布于黑龙江、吉林、辽宁、内蒙古、河北、山西、山东、江苏、安徽、河南、湖北、四川、贵州、云南、西藏、陕西、宁夏、甘肃、青海、新疆。

分布于青海的同仁、尖扎、西宁、大通、民和、互助；生于山坡、田边；海拔1 800～2 600 m。花果期5—8月。

营养丰富，耐干旱，各类家畜喜食。

柴达木臭草 *Melica kozlovii* Tzvel.

分布于甘肃、青海。

分布于青海的同仁、尖扎、德令哈、都兰、西宁、大通、乐都、民和；生于林下、灌丛、山坡；海拔2 000～3 800 m。花期5—7月。

营养丰富，各类家畜喜食。

羊茅属 *Festuca* L.

素羊茅 *Festuca modesta* Steud.

分布于四川、云南、陕西、甘肃、青海。

分布于青海的杂多、治多、曲麻莱、玛多、同仁、河南、尖扎、泽库、同德、门源、大通、乐都、互助；生于林下、山坡草地、灌丛。花果期5—8月。

茎叶柔软，叶量丰富，为家畜喜食的优良牧草。

羊茅 *Festuca ovina* L.

分布于黑龙江、吉林、内蒙古、山东、安徽、四川、云南、西藏、陕西、宁夏、甘肃、青海、新疆。

分布于青海的玉树、杂多、称多、囊谦、曲麻莱、玛沁、甘德、玛多、同仁、泽库、河南、兴海、贵南、天峻、门源、祁连、刚察、西宁、大通、乐都；生于山坡草地、高山草甸、河岸沙滩地；海拔3 200～4 750 m。花果期6—9月。

春季萌发早，是春夏季的放牧牧草；具有耐寒、耐旱、耐牲畜践踏的特点，是各类家畜均喜食的优良牧草。

毛稃羊茅 *Festuca rubra* subsp. *arctica*（Hackel）Govoruchin

分布于青海、新疆。

分布于青海的玉树、囊谦、杂多、治多、曲麻莱、玛多、久治、玛沁、同仁、尖扎、泽库、都兰、乌兰、天峻、兴海、共和、海晏、祁连、门源、大通、湟中、乐都、民和、互助；生于阳坡、灌丛草甸、林下草丛、河滩、河谷；海拔2 150～4 500 m。花果期6—9月。

茎叶柔软，叶量丰富，为家畜喜食的优良牧草。

紫羊茅 *Festuca rubra* L.

分布于黑龙江、吉林、辽宁、河北、内蒙古、山西、河南、湖北、湖南、四川、贵州、云南、西藏、陕西、甘肃、青海、新疆。

分布于青海的玉树、杂多、治多、曲麻莱、玛沁、同仁、泽库、天峻、贵南、兴海、共和、门源、乐都；生于山坡草地、高山草甸、河岸、沙滩地；海拔3 200～4 700 m。花果期6—9月。

茎叶柔软，叶量丰富，为家畜喜食的优良牧草；也是草坪建植和退化草地植被恢复的主要草种。

早熟禾属 *Poa* L.

早熟禾 *Par annua* L.

分布于黑龙江、辽宁、吉林、山西、河北、江苏、广西、广东、海南、福建、江西、湖南、湖北、安徽、河南、山东、内蒙古、四川、贵州、云南、甘肃、青海、新疆。

分布于青海的杂多、治多、囊谦、久治、玛多、同仁、泽库、兴海、乌兰、西宁、湟中、乐都、互助；生于草地、路边、阴湿处；海拔2 100～4 800 m。花期4—5月，果期6—7月。

叶量丰富，茎秆柔软，为优良牧草。

高原早熟禾 *Poa pratensis* subsp. *alpigena*（Lindman）Hiitonen

分布于内蒙古、四川、云南、西藏、青海、新疆。

分布于青海的玉树、囊谦、治多、玛多、同仁、尖扎、天峻、兴海、刚察、海晏、门源、西宁、乐都、民和、互助；生于高山草甸、高山草甸、林下草地、河漫滩、河边；海拔2 200～4 400 m。花果期7—8月。

叶量丰富，茎秆柔软，为高寒地区的优良牧草。

阿洼早熟禾（冷地早熟禾）*Poa araratica* Trautv.

分布于四川、西藏、甘肃、青海、新疆。

分布于青海的玉树、杂多、称多、治多、囊谦、玛沁、玛多、同仁、泽库、河南、共和、贵德、兴海、德令哈、天峻、门源、祁连、刚察、西宁、大通、乐都、互助；生于山坡草地、高山草甸、灌丛、林缘、河滩、疏林；海拔2 300～4 300 m。花果期7—9月。

本种耐牧力强，为牲畜终年采食；本种分布广，耐寒性强，可作高寒草地植被恢复的首选草种。

草地早熟禾 *Poa pratensis* L.

分布于黑龙江、吉林、辽宁、内蒙古、河北、山西、河南、山东、湖北、安徽、江苏、江西、四川、贵州、云南、西藏、陕西、甘肃、青海、新疆。

分布于青海的玉树、囊谦、杂多、玛多、尖扎、同仁、泽库、格尔木、都兰、兴海、刚察、祁连、门源、西宁、大通、循化、乐都、民和、互助；生于山坡草地、灌丛、河漫滩、林下、河边；海拔2 000～4 300 m。花期5—6月，果期7—9月。

生长期长，根茎繁殖力强，耐牲畜践踏，为各类家畜所喜食；也是草坪建植和高寒退化草地植被恢复的首选草种，目前在青海省三江源地区广泛种植。

胎生早熟禾 *Poa attenuata* Trin var. *vivipara* Rendle

分布于西藏、青海。

分布于青海的玉树、杂多、治多、曲麻莱、称多、玛多、久治、玛沁、同仁、泽库、河南、兴海、祁连、门源；生于山坡、草甸、河谷、灌丛、林下；海拔2 650～5 100 m。花果期7—9月。

营养价值高，家畜喜食，可作牧草。

高寒早熟禾 *Poa albertii* subsp. *kunlunensis*（N. R. Cui）Olonova et G. Zhu

分布于西藏、甘肃、青海、新疆。

分布于青海的囊谦、玛沁、玛多、同仁、泽库、德令哈、都兰、共和、民和；生于山坡、河滩草甸；海拔2 600～4 550 m。花期6—7月。

营养价值高，家畜喜食，可作牧草。

毛颖早熟禾 *Poa faberi* var. *longifolia*（Keng）Olonova et G. Zhu

分布于四川、青海。

分布于青海的玉树、玛沁、班玛、泽库、祁连、门源、湟中、乐都、互助；生于林下、灌丛、林缘、河边；海拔2 300～4 000 m。花果期7—8月。

营养价值高，家畜喜食，可作牧草。

光稃早熟禾 *Poa araratica* subsp. *psilolepis*（Keng）Olonova et G. Zhu

分布于青海的玉树、杂多、治多、囊谦、玛沁、达日、久治、泽库、同德、兴海、刚察、大通；生于山坡草地；海拔2 400～4 000 m。花果期8—10月。

营养价值高，家畜喜食，可作牧草。

窄颖早熟禾 *Poa pratensis* subsp. *stenachyra*（Keng ex P. C. Keng et G. Q. Song）Soreng et G. Zhu

分布于四川、青海。

分布于青海的玉树、玛沁、久治、泽库、共和、同德、门源、祁连、刚察、大通、湟中、湟源、乐都；生于山坡林缘、灌丛草地；海拔3 700 ~ 4 300 m。花果期7—9月。

营养价值高，家畜喜食，可作牧草。

董色早熟禾 *Poa araratica* subsp. *ianthina*（Keng ex Shan Chen）Olonova et G. Zhu

分布于山西、河北、内蒙古、辽宁、吉林、四川、青海。

分布于青海的玛沁、泽库、共和、兴海、都兰、门源、祁连、海晏、西宁、乐都；生于山坡草地、河谷滩地；海拔2 000 ~ 3 300 m。花期5—7月。

营养价值高，家畜喜食，可作牧草。

林地早熟禾 *Poa nemoralis* L.

分布于黑龙江、吉林、辽宁、内蒙古、四川、贵州、西藏、陕西、甘肃、青海、新疆。

分布于青海的治多、同仁、门源、互助；生于林缘、灌丛草地；海拔2 000 ~ 4 200 m。花期5—6月。

营养价值高，家畜喜食，可作牧草。

雀麦属 *Bromus* L.

无芒雀麦 *Bromus inermis* Leyss.

分布于黑龙江、吉林、辽宁、内蒙古、河北、山西、山东、江苏、四川、贵州、云南、西藏、陕西、甘肃、青海、新疆。

分布于青海的玉树、同仁、泽库、共和、同德、西宁、互助；生于路边、河岸、山坡草地；海拔2 230 ~ 3 800 m。花果期7—9月。

茎叶繁茂，营养价值高，家畜喜食；再生能力强，耐寒、耐旱、耐瘠薄土壤，为重要的固沙和水土保持植物。

雀麦 *Bromus japonicus* Thunb. ex Murr.

分布于辽宁、内蒙古、河北、山西、山东、河南、安徽、江苏、江西、湖南、湖北、四川、云南、西藏、陕西、甘肃、青海、新疆。

分布于青海的泽库、共和、兴海、贵南、格尔木、湟中、乐都；生于山坡、河滩、林缘、田边；海拔2 400～3 200 m。花果期5—7月。

适应性强，营养价值高，为家畜喜食的优良牧草。

旱雀麦 *Bromus tectorum* L.

分布于四川、云南、西藏、陕西、宁夏、甘肃、青海、新疆。

分布于青海的玉树、囊谦、杂多、治多、曲麻莱、称多、玛沁、同仁、泽库、河南、共和、兴海、同德、贵德、刚察、门源、大通、湟中、化隆、循化、乐都、互助；生于山坡、河滩、林缘、高山灌丛、田边；海拔2 300～4 200 m。花果期6—9月。

适应性强、抗寒、耐旱，营养价值高，为家畜喜食的优良牧草。

华雀麦 *Bromus sinensis* Keng

分布于四川、云南、西藏、青海。

分布于青海的玉树、囊谦、杂多、玛沁、泽库、共和、互助；生于阳坡草地、裸露石隙边；海拔3 500～4 240 m。花果期7—9月。

茎叶较柔软，幼嫩时牲畜喜食，在高原地区属中上等牧草。

多节雀麦 *Bromus plurinodis* Keng

分布于四川、云南、西藏、宁夏、甘肃、青海。

分布于青海的玉树、囊谦、杂多、班玛、泽库、大通、乐都、互助；生于林缘、灌丛；海拔2 500～3 850 m。花果期7—9月。

茎叶较柔软，幼嫩时牲畜喜食。

芨芨草属 *Neotrinia*（Tzvelev）M. Nobis，P. D. Gudkova et A. Nowak

芨芨草 *Neotrinia splendens*（Trin.）M. Nobis，P. D. Gudkova et A. Nowak

分布于黑龙江、吉林、辽宁、内蒙古、山西、河北、陕西、宁夏、甘肃、青海、新疆。

分布于青海的玉树、囊谦、称多、玛多、玛沁、同仁、尖扎、泽库、兴海、共和、同德、贵南、格尔木、大柴旦、都兰、乌兰、天峻、刚察、海晏、祁连、门源、西宁、乐都、民和、循化；生于石质山坡、干山坡、林缘草地、荒漠草原；海拔1 900～4 100 m。花果期6—9月。

良好的纤维植物，为优良的纸浆原料，也可作为草帘、扫帚编制材料。该植物耐盐碱，可用于盐碱地的改良；根系发达，可保持水土。幼苗期家畜喜食，为重要的饲料。

羽茅属 *Achnatherum* P. Beauv.

醉马草 *Achnatherum inebrians*（Hance）Keng ex Tzvel.

分布于内蒙古、四川、西藏、宁夏、甘肃、青海、新疆。

分布于青海的玉树、称多、治多、曲麻莱、玛沁、同仁、尖扎、泽库、共和、兴海、同德、贵南、都兰、乌兰、天峻、刚察、海晏、门源、西宁、大通、湟源、湟中、乐都、平安、民和；生于山坡草地、河滩、高山灌丛；海拔1 900～3 700 m。花果期7—9月。

良好的纤维植物，为优良的纸浆原料，也可作为编制材料。该植物耐盐碱，可用于盐碱地的改良，保持水土。本种有毒，牲畜误食时，轻则致疾、重则死亡。

光药芨芨草 *Achnatherum psilantherum* Keng

分布于甘肃、青海。

分布于青海的玉树、称多、治多、玛沁、同仁、泽库、共和、同德、兴海、乌兰、门源、祁连、刚察、西宁、大通、湟源、乐都、互助；生于山坡草地、河岸草丛、河滩；海拔2 000～3 800 m。花果期6—9月。

幼嫩时牲畜喜食。

三角草属 *Trikeraia* Bor

假冠毛草 *Trikeraia pappiformis*（Keng）P. C. Kuo et S. L. Lu

分布于四川、甘肃、青海。

分布于青海的玉树、称多、囊谦、玛沁、玛多、同仁、河南、同德；生于河岸、山坡草地、林缘；海拔3 400～4 300 m。花果期7—10月。

幼嫩时牲畜喜食。

剪股颖属 *Agrostis* **L.**

巨序剪股颖 *Agrostis gigantea* Roth

分布于黑龙江、吉林、辽宁、河北、内蒙古、山西、山东、江苏、江西、安徽、云南、西藏、陕西、甘肃、青海、新疆。

分布于青海的玉树、称多、泽库、河南、同德、兴海、西宁、大通、乐都、互助；生于山坡草地、山谷；海拔1 900～3 800 m。花果期7—9月。

幼嫩时牲畜喜食。

冰草属 *Agropyron* **Gaertn.**

冰草 *Agropyron cristatum*（L.）Gaertn.

分布于黑龙江、吉林、辽宁、河北、内蒙古、山西、甘肃、青海、新疆。

分布于青海的同仁、尖扎、玛多、共和、同德、兴海、贵南、德令哈、乌兰、天峻、门源、祁连、海晏、刚察、西宁；生于干燥草地、山坡、沙地；海拔1 950～4 100 m。花果期6—9月。

为优良牧草，营养价值很好，是中等催肥饲料。

赖草属 *Leymus* **Hochst.**

赖草 *Leymus secalinus*（Georgi）Tzvel.

分布于黑龙江、吉林、内蒙古、河北、山西、四川、陕西、甘肃、青海、新疆。

分布于青海的玉树、治多、囊谦、曲麻莱、玛沁、玛多、同仁、尖扎、泽库、河南、共和、同德、贵德、兴海、格尔木、德令哈、乌兰、都兰、天峻、门源、祁连、海晏、西宁、大通、湟源、互助；生于山坡草地、河滩湖岸、林缘、田边；海拔1 900～4 300 m。花果期6—10月。

具有发达的根茎，再生力强，可作水土保持植物。返青草，营养丰富，为家畜喜食的优良牧草。

窄颖赖草 *Leymus angustus*（Trin.）Tzvel.

分布于陕西、宁夏、甘肃、青海、新疆。

分布于青海的玛沁、玛多、同仁、共和、兴海、都兰、海晏、刚察、西宁、大通、湟源、循化；生于盐碱地；海拔2 800～3 600 m。花果期6—8月。

具有发达的根茎，再生力强，可作水土保持植物。返青草，营养丰富，家畜喜食，可作牧草。

溚草属 *Koeleria* **Pers.**

芒溚草 *Koeleria litvinowii* Dom.

分布于四川、西藏、甘肃、青海、新疆。

分布于青海的玉树、杂多、治多、囊谦、称多、曲麻莱、玛沁、玛多、久治、泽库、河南、兴海、同德、贵德、共和、都兰、门源、西宁、大通、湟中、民和、互助、乐都；生于山坡草地、林缘、河滩、灌丛；海拔2 230～4 300 m。花果期6—9月。

秆叶柔软，叶量丰富，为各类牲畜喜食的优良牧草。该种分布广、适应性强，可作退化草地植被恢复的重要草种。

矮溚草 *Koeleria litvinowii* Dom. var. *tafelii*（Dom.）P. C. Kuo et Z. L. Wu

分布于甘肃、青海、新疆。

分布于青海的玉树、囊谦、杂多、曲麻莱、玛多、同仁、尖扎、共和、乐都；生于高山草甸、河滩；海拔3 200～4 500 m。花果期6—9月。

秆叶柔软，叶量丰富，为各类牲畜喜食的优良牧草。该种分布广、适应性强，可作退化草地植被恢复的重要草种。

溚草 *Koeleria macrantha*（Ledeb.）Schult.

分布于黑龙江、吉林、辽宁、内蒙古、河北、山西、河南、湖北、湖南、福建、四川、贵州、云南、西藏、陕西、甘肃、青海、新疆。

分布于青海的玉树、杂多、治多、曲麻莱、玛沁、班玛、达日、久治、玛多、同仁、泽库、共和、同德、贵德、兴海、贵南、德令哈、乌兰、门源、祁连、海晏、刚察、西宁、大通、湟中、湟源、乐都、互助；生于林缘、灌丛、山坡草地、河边、路旁；海拔2 300～4 000 m。花果期6—9月。

秆叶柔软，叶量丰富，为牲畜喜食的优良牧草。该种分布广、适应性强，可作退化草地植被恢复的重要草种。

三芒草属 *Aristida* L.

三刺草 *Aristida triseta* Keng

分布于四川、甘肃、青海。

分布于青海的玉树、玛沁、同仁、泽库、河南、同德、兴海、大通、乐都、互助；生于干燥草原、山坡草地、灌丛；海拔2 400～4 700 m。花果期7—9月。

为牲畜喜食的优良牧草。

燕麦属 *Avena* L.

燕麦 *Avena sativa* L.

分布于全国各地。

青海的东部农业区及同仁、尖扎、泽库、河南、共和、同德、祁连等地有栽培。

谷粒供磨面食用，或作饲料，营养价值很高。

野燕麦 *Avena fatua* L.

分布于全国各地。

分布于青海的班玛、同仁、尖扎、泽库、共和、贵德、兴海、都兰、门源、祁连、西宁、民和、乐都、互助；生于田间、荒地。花果期4—9月。

营养丰富，各类家畜喜食；又是造纸原料。

菵草属 *Beckmannia* Host

孔颖草属 *Bothriochloa* Kuntze

白羊草 *Bothriochloa ischaemum*（L.）Keng

分布于全国各地。

分布于青海的同仁、尖扎、兴海、循化；生于山坡草地、田边；海拔1 800～2 600 m。花果期7—9月。

优良牧草，为牲畜所喜食；根可制各种刷子。

短柄草属 *Brachypodium* P. Beauv.

短柄草 *Brachypodium sylvaticum*（Huds.）Beauv.

分布于江苏、浙江、安徽、湖南、江西、湖北、四川、贵州、云南、西藏、陕西、甘肃、青海、新疆。

分布于青海的玉树、囊谦、班玛、玛多、泽库、河南、同德、湟中、互助；生于山坡、林下；海拔2 300～4 300 m。花果期7—9月。

茎叶柔软，营养丰富，各种家畜均喜食，可刈割也可放牧，属良等牧草。

拂子茅属 *Calamagrostis* Adans.

假苇拂子茅 *Calamagrostis pseudophragmites*（Hall. f.）Koel.

分布于黑龙江、吉林、河北、陕西、内蒙古、四川、云南、贵州、湖北、陕西、甘肃、青海、新疆。

分布于青海的玉树、囊谦、尖扎、泽库、河南、格尔木、德令哈、都兰、乌兰、兴海、同德、贵德、祁连、门源、大通、湟源、民和、互助、乐都；生于山坡草地、河岸；海拔1 800～4 000 m。花果期7—9月。

青草期为家畜喜食的优良牧草，也可割制干草；生活力强，也可用于保土、固沙。

虎尾草属 *Chloris* Sw.

虎尾草 *Chloris virgata* Sw.

分布于全国各地。

分布于青海的同仁、尖扎、共和、兴海、贵德、贵南、西宁、循化、乐都、民和；生于路旁荒野、河岸沙地；海拔1 850～2 600 m。花果期6—10月。

草质柔软，叶量丰富，家畜喜食。

发草属 *Deschampsia* P. Beauv.

滨发草 *Deschampsia littoralis*（Gaud.）Reuter

分布于四川、云南、西藏、陕西、甘肃、青海。

分布于青海的囊谦、称多、玛多、久治、玛沁、同仁、河南、泽库、乌兰、兴海、共和、同德、祁连、门源、大通、互助、乐都；生于高山草甸、灌丛、河滩、草丛、林下；海拔3 400～4 300 m。花果期7—9月。

草质柔软，叶量丰富，结实前为家畜喜食，为刈牧两用的优良牧草。

发草 *Deschampsia cespitosa*（L.）Beauv.

分布于西藏、甘肃、青海。

分布于青海的玉树、囊谦、称多、杂多、班玛、久治、玛沁、尖扎、泽库、河南、乌兰、天峻、兴海、共和、同德、贵德、刚察、祁连、门源、大通、湟中、湟源、乐都、民和、互助；生于高山草甸、灌丛、河滩、林缘、山坡草地；海拔2 300～4 500 m。花果期7—9月。

草质柔软，叶量丰富，结实前为家畜喜食，为刈牧两用的优良牧草。

穗发草 *Deschampsia koelerioides* Regel

分布于内蒙古、西藏、甘肃、青海、新疆。

分布于青海的玉树、囊谦、曲麻莱、玛沁、泽库、河南、乌兰、兴海、祁连、门源、大通；生于高山灌丛草甸、山坡草地、河漫滩；海拔3 200～4 500 m。花期7—8月。

草质柔软，叶量丰富，结实前为家畜喜食，为刈牧两用的优良牧草。

野青茅属 *Deyeuxia* Clarion ex P. Beauv.

黄花野青茅 *Deyeuxia flavens* Keng

分布于四川、西藏、甘肃、青海。

分布于青海的杂多、称多、曲麻莱、玛沁、尖扎、泽库、河南、同德、门源、祁连、刚察、大通、乐都、互助；生于高山草甸、林间草地、河谷草丛、灌丛；海拔3 000～4 500 m。花果期8—9月。

优良牧草，家畜喜食。

糙野青茅 *Deyeuxia scabrescens*（Griseb.）Munro ex Duthie

分布于湖北、四川、云南、西藏、陕西、甘肃、青海。

分布于青海的玉树、杂多、囊谦、称多、玛沁、班玛、久治、同仁、泽库、河南、同德、大通、民和、互助；生于高山草甸、林下、灌丛、河滩；海拔2 300～4 300 m。花果期7—10月。

属优良牧草，家畜喜食。

菵草属 *Beckmannia* Host.

菵草 *Beckmannia syzigachne*（Steud.）Fern.

分布于全国各地。

分布于青海的玉树、班玛、同仁、河南、德令哈、天峻、兴海、共和、刚察、门源、西宁、大通、乐都、民和、互助；生于水沟边、河滩、林缘、路边草丛；海拔2 225～3 600 m。花果期4—10月。

质地柔软，家畜喜食；谷粒为家禽的优良饲料。秆为编制材料。

披碱草属 *Elymus* L.

短颖鹅观草 *Elymus burchan-buddae*（Nevski）Tzvelev

分布于四川、西藏、青海、新疆。

分布于青海的玉树、囊谦、曲麻莱、玛沁、班玛、同仁、兴海、同德、祁连、门源、湟源、乐都、互助；生于灌丛、林缘、草甸、河边、山坡；海拔3 000～4 500 m。花果期6—9月。

茎叶柔软，营养丰富，各类家畜喜食。

贫花鹅观草 *Elymus pauciflora*（Schwein.）Hylander

分布于宁夏、甘肃、青海。

分布于青海的同仁、尖扎、泽库、河南、兴海、同德、贵德、贵南；生于草地；海拔2 800～3 400 m。花果期6—9月。

茎叶柔软，营养丰富，各类家畜喜食。

垂穗披碱草 *Elymus nutans* Griseb.

分布于内蒙古、河北、四川、西藏、陕西、甘肃、青海、新疆。

分布于青海的玉树、杂多、称多、治多、囊谦、曲麻莱、玛沁、甘德、达日、久治、玛多、同仁、尖扎、泽库、河南、共和、同德、贵德、兴海、贵南、德令哈、乌兰、都兰、天峻、门源、祁连、海晏、刚察、西宁、大通、湟中、湟源、乐都、互助、循化；生于山坡、草原、林缘、灌丛、田边、湖滨；海拔2 600～4 900 m。花果期6—9月。

茎叶柔软，适口性好，为家畜喜食的优良牧草；该植物耐寒、耐旱，有强的分蘖能力，作水土保持植物；也是退化草地植被恢复的首选草种，是青海高寒牧区草地建设、退耕还草和"三江源"生态建设工程中最适宜的优良牧草品种之一。

披碱草 *Elymus dahuricus* Turcz.

分布于黑龙江、吉林、河北、内蒙古、河北、河南、山西、四川、西藏、陕西、青海、新疆。

分布于青海的玉树、囊谦、曲麻莱、玛沁、玛多、同仁、尖扎、泽库、河南、共和、贵德、兴海、贵南、德令哈、门源、祁连、刚察、西宁、大通、湟源、乐都、互助、循化；生于山坡草地；海拔2 200～4 000 m。花果期6—9月。

植株高大、叶量丰富、穗长、结实多、耐寒、易栽培，为家畜喜食的优良牧草；是一种很好的护坡、水土保持和固沙的植物；也是山地草甸，草甸草原或河漫滩等天然草地适宜条件下补播的主要草种。

老芒麦 *Elymus sibiricus* L.

分布于黑龙江、吉林、辽宁、内蒙古、河北、山西、四川、西藏、陕西、宁夏、甘肃、青海、新疆。

分布于青海的玉树、杂多、治多、囊谦、曲麻莱、玛沁、达日、玛多、同仁、泽库、河南、共和、同德、贵德、兴海、德令哈、乌兰、都兰、门源、祁连、海晏、刚察、西宁、大通、湟源、乐都、互助、循化；生于山坡、河滩、沟谷、林缘、灌丛；海拔2 200～4 100 m。花果期6—9月。

茎叶柔软，产草量高，适口性好，为家畜喜食的优良牧草；该植物耐寒、耐旱，有强的分蘖能力，作水土保持植物。

肃草 *Elymus strictus*（Keng）S. L. Chen

分布于内蒙古、山西、四川、西藏、甘肃、青海。

分布于青海的玉树、同仁、尖扎、泽库、兴海、贵南、湟中、乐都、互助、循化；生于山坡草地；海拔2 200～3 200 m。花果期7—9月。

营养丰富，各类家畜喜食。

仲彬草属 *Kengyilia* C. Yen et J. L. Yang

大颖仲彬草 *Kengyilia grandiglumis*（Keng）J. L. Yang et al.

分布于青海。

分布于青海的玉树、囊谦、泽库、河南、共和、贵南、海晏、互助；生于山坡草地、河滩、沙丘、湖岸；海拔2 300~4 100 m。花果期6—9月。

幼苗期茎叶柔软，营养丰富，各类家畜喜食。在沙丘、湖岸常形成优势群落，可作为固沙草种。

糙毛仲彬草 *Kengyilia hirsuta*（Keng）J. L. Yang et al.

分布于四川、西藏、甘肃、青海、新疆。

分布于青海的玉树、囊谦、杂多、曲麻莱、玛多、玛沁、泽库、河南、乌兰、兴海、共和、同德、贵德、刚察、海晏；生于山坡草地、河滩、湖岸；海拔3 000~4 300 m。花果期6—9月。

该植物耐寒、耐旱，家畜喜食。

小麦属 *Triticum* L.

小麦 *Triticum aestivum* L.

我国南北各地广为栽培，品种很多，性状均有所不同。

青海的东部农业区及同仁、尖扎有大面积栽培。

重要的粮食作物和各类食品的原料。

大麦属 *Hordeum* L.

青稞 *Hordeum vulgare* var. *coeleste* Linnaeus

我国西北、西南部各地常栽培。

青海省是青稞主要种植区，在玉树、果洛、黄南、海南、海北等地普遍栽培。

青稞是中国藏区居民主要食粮、牲畜饲料；啤酒、医药和保健品生产的原料。

画眉草属 *Eragrostis* Wolf

黑穗画眉草 *Eragrostis nigra* Nees ex Steud.

分布于广西、江西、河南、四川、贵州、云南、陕西、甘肃、青海。

分布于青海的同仁、尖扎、贵德、化隆、循化、乐都、民和；生于山坡草地、田间；海拔1 900~3 600 m。花果期4—9月。

草质柔软，叶量丰富，为草原地区家畜喜食的优良牧草。

异燕麦属 *Helictotrichon* Besser ex Schult. et Schult. f.

藏山燕麦 *Helictotrichon tibeticum*（Roshev.）Holub

分布于四川、西藏、甘肃、青海、新疆。

分布于青海的玉树、杂多、称多、治多、囊谦、曲麻莱、玛沁、达日、久治、玛多、同仁、尖扎、泽库、河南、共和、同德、兴海、德令哈、乌兰、天峻、门源、祁连、海晏、刚察、大通、湟中、乐都、互助；生于高山草原、高山草甸、灌丛、林下、湿润草地；海拔2 800～4 600 m。花果期7—8月。

开花盛期草质柔软，家畜喜食；秋后，家畜采食叶片。

黄花茅属 *Anthoxanthum* L.

光稃茅香（光稃香草）*Anthoxanthum glabrum*（Trinius）Veldkamp

分布于黑龙江、吉林、四川、贵州、云南、西藏、青海。

分布于青海的玉树、囊谦、玛沁、尖扎、泽库、共和、刚察、西宁、大通；生于山坡草地、河漫滩、草甸、灌丛；海拔2 200～3 800 m。花果期7—8月。

草质柔软，叶量丰富，为优良牧草。

扇穗茅属 *Littledalea* Hemsl.

寡穗茅 *Littledalea przevalskyi* Tzvel

分布于西藏、甘肃、青海。

分布于青海的玉树、曲麻莱、称多、杂多、玛多、玛沁、尖扎、泽库、格尔木、都兰、贵德、门源、湟源；生于山坡草地、灌丛、草甸、沙滩、滩地；海拔2 700～4 900 m。花果期7—8月。

茎叶柔软，营养丰富，各类家畜喜食。

固沙草属 *Orinus* Hitchc.

青海固沙草 *Orinus kokonorica*（Hao）Keng

分布于甘肃、青海。

分布于青海的玉树、囊谦、称多、杂多、治多、曲麻莱、玛沁、同仁、泽库、共和、贵德、兴海、贵南、同德、门源、祁连、刚察、海晏、乌兰、西宁、乐都；生于干旱山坡、高山草原；海拔2 230～4 400 m。花期8月。

为良好的保土固沙植物，可形成以青海固沙草为优势的群落。草质柔软，也可用于放牧，在开花前营养价值较高，为牲畜喜食的优良牧草。

落芒草属 *Piptatherum* P. Beauv.

落芒草 *Piptatherum munroi*（Stapf）Mez

分布于四川、云南、西藏、甘肃、青海。

分布于青海的玉树、囊谦、称多、杂多、治多、曲麻莱、久治、玛沁、泽库、河南、兴海、共和、同德、刚察、门源、西宁、大通、循化、互助；生于高山灌丛、林缘、山地阳坡，海拔2 200～4 100 m。花果期6—8月。

叶量丰富，质地柔软，适口性好，为牲畜喜食的优良牧草。在部分地段可成片生长，构成群落的优势种。

狼尾草属 *Pennisetum* Rich.

白草 *Pennisetum flaccidum* Griseb.

分布于四川、云南、西藏、青海。

分布于青海的玉树、杂多、治多、囊谦、玛沁、同仁、尖扎、泽库、共和、同德、兴海、贵南、德令哈、都兰、门源、祁连、海晏、西宁、大通、湟中、湟源、民和、乐都、互助；生于山坡、河滩、灌丛；海拔1 800～4 000 m。花果期7—10月。

茎叶柔软，再生性良好，纤维素含量低，是优良的牧草，牲畜喜食。本种分布范围广，适应性强，可作生态草种。叶片狭长，秋季圆锥状花序，具有一定的观赏价值。根茎入药，具有清热利尿，凉血止血的功效。

细柄茅属 *Ptilagrostis* Griseb.

太白细柄茅 *Ptilagrostis concinna*（Hook. f.）Roshev.

分布于四川、西藏、陕西、甘肃、青海。

分布于青海的玉树、杂多、囊谦、曲麻莱、久治、达日、泽库、河南、兴海、门源；生于高山草甸、山坡草地、山地阴坡灌丛；海拔3 900～4 700 m。花果期7—9月。

茎叶柔软、耐寒、耐旱，为各类家畜喜食的优良牧草。

双叉细柄茅 *Ptilagrostis dichotoma* Keng ex Tzvel.

分布于四川、西藏、陕西、甘肃、青海。

分布于青海的玉树、杂多、称多、治多、囊谦、玛沁、班玛、达日、久治、玛多、同仁、泽库、共和、同德、贵德、兴海、乌兰、天峻、门源、祁连、刚察、大通、湟中、乐都；生于高山草甸、山坡草地、河滩、灌丛，海拔3 200～4 500 m。花果期7—8月。

茎叶柔软，耐寒、耐旱，为各类家畜喜食的优良牧草。

九顶草属 *Enneapogon* Desv. ex Beauv.

九顶草 *Enneapogon desvauxii* P. Beauv.

分布于辽宁、内蒙古、山西、河北、安徽、宁夏、青海、新疆。

分布于青海的同仁、尖扎、兴海、共和、德令哈、乐都、循化；生于山坡、河滩；海拔1 900～3 200 m。花果期8—10月。

适口性好，营养价值高，家畜喜食，为优良饲用植物。

狗尾草属 *Setaria* P. Beauv.

狗尾草 *Setaria viridis*（L.）Beauv.

分布于全国各地。

分布于青海的玉树、称多、玛沁、同仁、尖扎、泽库、兴海、共和、贵德、贵南、西宁、化隆、循化、乐都、民和；生于山坡、河滩、水沟边；海拔1 800～3 600 m。花果期5—10月。

茎叶柔软，营养丰富，为各类家畜喜食的优良牧草。秆、叶也可入药，治痈瘀、面癣；全草滤出液可喷杀菜虫；小穗可提炼糠醛。

针茅属 *Stipa* L

异针茅 *Stipa aliena* Keng

分布于四川、西藏、甘肃、青海。

分布于青海的玉树、囊谦、杂多、治多、曲麻莱、玛多、久治、玛沁、泽库、河南、天峻、兴海、共和、同德、贵南、刚察、祁连、门源、大通；生于山坡草甸、阳坡灌丛、河谷阶地；海拔3 100～4 600 m。花果期7—9月。

茎叶柔软，为草原地区各类家畜喜食的优良牧草。

短花针茅 *Stipa breviflora* Griseb.

分布于内蒙古、山西、河北、四川、西藏、陕西、宁夏、甘肃、青海、新疆。

分布于青海的玉树、尖扎、德令哈、都兰、乌兰、天峻、兴海、贵德、贵南、海晏、刚察、湟源、乐都；生于山坡、河谷阶地；海拔2 200～3 800 m。花果期7—9月。

茎叶柔软，幼苗期为荒漠草原各类家畜喜食的优良牧草。

长芒草 *Stipa bungeana* Trin.

分布于黑龙江、吉林、江苏、安徽、山西、四川、云南、西藏、陕西、宁夏、甘肃、青海、新疆。

分布于青海的玉树、囊谦、玛沁、尖扎、同仁、兴海、共和、同德、贵德、门源、西宁、平安、循化、乐都、民和、民和、互助、化隆；生于石质山坡、黄土丘陵、河谷阶地；海拔1 800～3 900 m。花果期6—8月。

返青早，茎叶柔软，幼苗期为草原地区各类家畜喜食的主要牧草。

丝颖针茅 *Stipa capillacea* Keng

分布于四川、西藏、甘肃、青海。

分布于青海的玉树、囊谦、称多、杂多、治多、玛沁、久治、泽库、河南、刚察、大通；生于高山灌丛、高寒草原、高山草甸、山坡草地、河谷阶地；海拔2 900～4 200 m。花果期7—9月。

草质柔软，幼苗期为高寒草原或高寒草甸草原地区各类家畜喜食的牧草。秆、叶可作造纸或人造棉的原料。

大针茅 *Stipa grandis* P. Smirn.

分布于黑龙江、吉林、辽宁、内蒙古、山西、河北、陕西、宁夏、甘肃、青海。

分布于青海的同仁、泽库、兴海、共和、贵南、刚察、祁连、乐都；生于干旱山坡、干草原；海拔2 700～3 400 m。

茎叶柔软，产草量高，耐干旱，幼苗期为干草原各类家畜喜食的重要牧草。

疏花针茅 *Stipa penicillata* Hand.-Mazz.

分布于陕西、甘肃、西藏、青海、新疆。

分布于青海的玉树、杂多、称多、治多、囊谦、曲麻莱、玛沁、达日、久治、玛多、泽库、河南、共和、同德、兴海、贵南、德令哈、都兰、天峻、门源、祁连、刚察、大通、互助；生于林缘、阳坡、河谷阶地；海拔2 300~4 500 m。花果期7—9月。

抽穗前和果落后，是草原—草甸草原的优良牧草之一。

狼针草 *Stipa baicalensis* Roshev.

分布于黑龙江、吉林、辽宁、内蒙古、山西、河北、西藏、陕西、甘肃、青海。

分布于青海的泽库、共和、贵南、大通；生于山坡草地；海拔2 900~3 100 m。花果期6—10月。

茎叶柔软，产草量高，幼苗期为干草原、草甸草原地区各类家畜喜食的重要牧草。

紫花针茅 *Stipa purpurea* Griseb.

分布于四川、西藏、甘肃、青海、新疆。

分布于青海的玉树、囊谦、称多、杂多、治多、曲麻莱、玛多、玛沁、天峻、都兰、乌兰、同仁、泽库、河南、兴海、共和、贵南、刚察、门源、祁连、乐都；生于高山草甸、山前洪积扇、河谷阶地；海拔2 700~4 700 m。花果期7—10月。

茎叶柔软，产草量高，耐践踏，为高寒草原的优势植物，为各类家畜喜食。

甘青针茅 *Stipa przewalskyi* Roshev.

分布于内蒙古、山西、河北、四川、西藏、陕西、宁夏、甘肃、青海。

分布于青海的同仁、尖扎、门源、西宁、大通、湟源、民和、乐都、互助；生于林缘、山坡草地；海拔1 850~3 600 m。花果期5—8月。

草原或森林草原地区夏季草场主要牧草。

西北针茅 *Stipa sareptana* var. *krylovii*（Roshev.）P. C. Kuo et Y. H. S

分布于内蒙古、山西、河北、西藏、宁夏、甘肃、青海、新疆。

分布于青海的玉树、同仁、尖扎、泽库、德令哈、都兰、乌兰、天峻、兴海、共和、同德、刚察、海晏、祁连、门源、西宁、平安、乐都、互助；生于干旱山坡、滩地、河谷阶地、山前洪积扇；海拔2 200～3 900 m。

茎叶柔软，产草量高，耐干旱，幼苗期为草原地区各类家畜喜食的主要牧草。

穗三毛草属 *Trisetum* Pers

穗三毛草 *Trisetum spicatum*（L.）Richt.

分布于黑龙江、吉林、辽宁、内蒙古、陕西、山西、河北、湖北、四川、云南、西藏、宁夏、甘肃、青海、新疆。

分布于青海的玉树、曲麻莱、称多、玛沁、玛多、泽库、大柴旦、乌兰、门源、祁连；生于林下、灌丛、高山草甸；海拔2 500～4 200 m。花果期6—9月。

秆叶柔软，叶量丰富，为牲畜喜食的优良牧草。

蒙古穗三毛 *Trisetum spicatum* subsp. *mongolicum* Hulten ex Veldkamp

分布于四川、西藏、青海、新疆。

分布于青海的治多、玛沁、玛多、泽库、兴海、格尔木、门源、祁连、大通；生于山坡草地、草甸、林下、灌丛；海拔2 900～5 350 m。花果期6—9月。

秆叶柔软，叶量丰富，为牲畜喜食的优良牧草。

玉蜀黍属 *Zea* L.

玉蜀黍（玉米）*Zea mays* L.

全国各地均有栽培。

青海的东部农业区及同仁、尖扎有栽培。花果期7—8月。

属重要粮食作物。

莎草科 Cyperaceae Juss.

扁穗草属 *Blysmus* Panz. ex Schult

华扁穗草 *Blysmus sinocompressus* Tang et Wang

分布于内蒙古、山西、河北、四川、云南、西藏、陕西、甘肃、青海。

分布于青海的玉树、杂多、称多、治多、囊谦、曲麻莱、玛沁、班玛、久治、同仁、泽库、共和、同德、兴海、贵南、格尔木、德令哈、门源、祁连、刚察、西宁、大通、湟源、平安、民和、乐都、互助、循化；生于沟谷、河滩、沼泽草甸；海拔1 900～4 200 m。花果期6—9月。

该种分布广，常在河滩、沼泽地形成成片的群落；草质柔软，营养价值高，家畜喜食。

薹草属 *Carex* L.

粗喙薹草 *Carex scabrirostris* Kukenth.

分布于四川、西藏、陕西、甘肃、青海。

分布于青海的玉树、杂多、治多、曲麻莱、玛沁、玛多、同仁、尖扎、泽库、兴海、门源、祁连、大通、湟源、民和、乐都、互助；生于阴坡草甸、灌丛、林缘；海拔3 700～4 600 m。花果期7—8月。

营养价值高，可作牧草。

白颖薹草 *Carex duriuscula* C. A. Mey subsp. *rigescens*（Franch.）S. Y. Liang et Y. C. Tang

分布于辽宁、吉林、内蒙古、河北、山西、河南、山东、陕西、宁夏、甘肃、青海。

分布于青海的治多、同仁、共和、都兰、兴海、西宁、大通、民和、互助；生于山坡；海拔3 100～4 500 m。花果期4—6月。

属优良牧草，为家畜喜食。

暗褐薹草 *Carex atrofusca* Schkuhr

分布于四川、云南、西藏、甘肃、青海、新疆。

分布于青海的玉树、杂多、称多、治多、囊谦、曲麻莱、玛沁、甘德、达日、久治、玛多、同仁、尖扎、泽库、共和、同德、兴海、乌兰、天峻、门源、祁连、海晏、刚察、大通、乐都、互助；生于河边、山坡草地；海拔2 200～4 600 m。花果期6—8月。

优良牧草，为家畜喜食。

干生薹草 *Carex aridula* V. Krecz.

分布于内蒙古、四川、西藏、甘肃、青海。

分布于青海的玉树、泽库、河南、兴海、共和、祁连、门源、大通、乐都、民和；生于阳坡、河滩、草甸、灌丛、林下；海拔2 300~4 400 m。花果期6—9月。

营养价值高，可作牧草。

密生薹草 *Carex crebra* V. Krecz.

分布于四川、云南、西藏、甘肃、青海。

分布于青海的玉树、杂多、称多、囊谦、玛沁、达日、同仁、尖扎、泽库、同德、兴海、门源、大通、乐都、互助；生于河边、沙滩、山坡草地；海拔2 100~3 900 m。花果期6—9月。

营养价值高，可作牧草。

无脉薹草 *Carex enervis* C. A. Mey.

分布于黑龙江、吉林、内蒙古、山西、四川、云南、西藏、甘肃、青海、新疆。

分布于青海的玉树、杂多、治多、玛沁、玛多、泽库、河南、共和、德令哈、门源、刚察、互助；生于水边、沼泽草甸、潮湿处；海拔2 450~4 500 m。花果期6—8月。

营养价值高，可作牧草。

无穗柄薹草 *Carex ivanoviae* Egonova

分布于西藏、青海。

分布于青海的玉树、杂多、治多、曲麻莱、玛沁、玛多、同仁、尖扎、共和、兴海、贵南、乌兰、都兰、刚察、乐都；生于山坡草地、河边、湖边；海拔4 000~5 300 m。花果期6—8月。

营养价值高，可作牧草。

甘肃薹草 *Carex kansuensis* Nelmes

分布于四川、云南、西藏、陕西、甘肃、青海。

分布于青海的玉树、杂多、称多、玛沁、甘德、久治、尖扎、泽库、河南、兴海、祁连、海晏、大通、湟中、民和、乐都、互助；生于山坡灌丛、林下；海拔2 700~4 500 m。花果期7—9月。

分布范围广，营养价值高，可作家畜的饲料。

青藏薹草 *Carex moorcroftii* Falc. ex Boott

分布于四川、西藏、青海。

分布于青海的玉树、杂多、称多、治多、囊谦、曲麻莱、玛沁、达日、久治、玛多、同仁、尖扎、泽库、共和、同德、兴海、贵南、格尔木、德令哈、乌兰、都兰、天峻、门源、祁连、海晏、刚察、大通、湟源、互助；生于沙丘、河滩；海拔2 800～4 900 m。花果期7—9月。

营养价值高，可作牧草。

圆囊薹草 *Carex orbicularis* Boott.

分布于西藏、甘肃、青海、新疆。

分布于青海的玛沁、达日、玛多、治多、泽库、河南、格尔木、都兰、刚察、西宁、互助；生于河漫滩、湖边盐生草甸、沼泽草甸；海拔2 800～4 600 m。花果期7—8月。

营养价值高，可作牧草。

红棕薹草 *Carex przewalskii* Eqorova

分布于四川、云南、甘肃、青海。

分布于青海的玉树、杂多、玛沁、达日、玛多、同仁、河南、共和、同德、兴海、德令哈、乌兰、天峻、门源、祁连、刚察、大通；生于高山草甸、高山灌丛、河滩草地；海拔2 500～4 500 m。花果期6—9月。

营养价值高，可作牧草。

糙喙薹草 *Carex scabrirostris* Kukenth.

分布于四川、西藏、陕西、甘肃、青海。

分布于青海的玉树、杂多、治多、曲麻莱、玛多、玛沁、尖扎、同仁、泽库、兴海、祁连、门源、大通、湟源、乐都、民和；生于草甸、灌丛、林下、沟谷；海拔2 600～4 500 m。花果期7—8月。

营养价值高，家畜喜食，可作牧草。

黑褐穗薹草 *Carex atrofusca* subsp. *minor*（Boott）T. Koyama

分布于四川、云南、西藏、甘肃、青海、新疆。

分布于青海的玉树、杂多、称多、治多、囊谦、曲麻莱、玛沁、甘德、达日、久治、玛多、同仁、尖扎、泽库、共和、同德、兴海、乌兰、天峻、门源、祁连、海晏、刚察、大通、乐都、互助；生于山坡草甸、灌丛草甸、河漫滩；海拔2 600～5 000 m。花果期7—8月。

该种分布广，常在河滩、草甸成片生长；草质柔软，营养价值高，家畜喜食，可作牧草。

尖苞薹草 *Carex microglochin* Wahlenb.

分布于四川、西藏、青海、新疆。

分布于青海的玉树、治多、囊谦、曲麻莱、玛沁、玛多、同仁、泽库、门源；生于高山草甸、沼泽草甸、湖边；海拔3 100～4 200 m。花果期5—8月。

营养价值高，可作牧草。

青海薹草 *Carex qinghaiensis* Y. C. Yang

分布于青海。

分布于青海的同仁；生于灌丛；海拔3 300～3 040 m。花果期7月。

属优良牧草，家畜喜食。

团穗薹草 *Carex agglomerata* C. B. Clarke

分布于四川、陕西、甘肃、青海。

分布于青海的泽库、门源、西宁、大通、民和、乐都、互助、循化；生于林下，河谷；海拔1 800～3 200 m。花果期6—9月。

属优良牧草，家畜喜食。

扁囊薹草 *Carex coriophora* Fisch. et C. A. Mey. ex Kunth

分布于黑龙江、内蒙古、河北、山西、甘肃、青海。

分布于青海的玛沁、达日、久治、玛多、泽库、河南、同德、兴海、祁连、大通；生于河滩、沼泽草地；海拔2 100～3 500 m。花果期6—8月。

属优良牧草，家畜喜食。

矮生嵩草 *Carex alatauensis* S. R. Zhang

分布于西藏、甘肃、青海、新疆。

分布于青海的玉树、久治、玛多、同仁、尖扎、泽库、河南、共和、同德、兴海、德令哈、天峻、门源、祁连、刚察、西宁、湟源、乐都、互助；生于灌丛、高山草甸、山坡草甸、沼泽草甸；海拔2 500～4 850 m。花果期6—9月。

高寒草甸的建群种之一，耐践踏，生态价值重要；该种草质柔软，营养成分含量高，适口性好，为家畜喜食的优良牧草。

甘肃嵩草 *Carex pseuduncinoides*（Noltie）O. Yano et S. R. Zhang

分布于四川、云南、西藏、甘肃、青海。

分布于青海的玉树、囊谦、称多、杂多、治多、曲麻莱、玛沁、久治、同仁、泽库、河南、同德；生于高山灌丛、河漫滩、沼泽草甸、山谷；海拔3 500～4 800 m。花果期5—9月。

属优良牧草，家畜喜食。

西藏嵩草 *Carex tibetikobresia* S. R. Zhang

分布于四川、西藏、甘肃、青海。

分布于青海的玉树、杂多、治多、曲麻莱、玛沁、甘德、达日、久治、玛多、同仁、尖扎、泽库、河南、兴海、刚察；生于沼泽草甸、河滩、灌丛；海拔2 500～5 000 m。花果期5—8月。

该种为高寒沼泽草甸的建群种，生态价值重要；营养丰富，适口性好，为家畜喜食的优良牧草。

粗壮嵩草 *Carex sargentiana*（Hemsl.）S. R. Zhang

分布于西藏、甘肃、青海。

分布于青海的玉树、杂多、治多、囊谦、玛沁、玛多、同仁、泽库、河南、兴海、共和、贵南、刚察、互助；生于沙丘、河滩；海拔2 800～4 700 m。花果期5—9月。

高寒草原、高寒荒漠的常见种；较耐干旱，草质较粗糙，高寒地区重要牧草之一。

喜马拉雅嵩草 *Carex kokanica*（Regel）S. R. Zhang

分布于西藏、甘肃、青海、新疆。

分布于青海的玉树、杂多、称多、治多、曲麻莱、玛沁、达日、久治、玛多、同仁、尖扎、泽库、同德、贵德、兴海、都兰、天峻、门源、祁连、刚察、大通、湟中、乐都、互助；生于高山草甸、山坡灌丛、河谷、河边、湖边、林下、沼泽草甸；海拔2 800～4 650 m。花果期6—8月。

叶量较高，草质柔软，营养成分含量高，适口性好，属家畜喜食的优良牧草。

高山嵩草 *Carex parvula* O. Yano

分布于内蒙古、河北、山西、四川、云南、西藏、甘肃、青海、新疆。

分布于青海的玉树、杂多、称多、治多、曲麻莱、玛沁、达日、久治、玛多、同仁、泽库、河南、共和、同德、贵德、兴海、贵南、乌兰、都兰、天峻、门源、祁连、刚察、大通；生于河滩、草甸、沟谷、灌丛、林下；海拔3 200～5 000 m。花果期6—8月。

高寒草甸草原的建群种之一，生态价值重要；该种营养丰富，适口性好，为家畜喜食的优良牧草。

线叶嵩草 *Carex capillifolia*（Decne.）S. R. Zhang

分布于西藏、青海。

分布于青海的玉树、杂多、称多、治多、囊谦、曲麻莱、玛沁、达日、玛多、同仁、尖扎、泽库、河南、共和、同德、兴海、德令哈、天峻、门源、祁连、大通、湟源、乐都；生于高山草甸、灌丛、河谷、河滩、林间；海拔2 400～4 700 m。花果期6—8月。

高寒草甸的建群种之一，生态价值重要；该种草质柔软，营养成分含量高，适口性好，为家畜喜食的优良牧草。

蔺藨草属 *Trichophorum* Pers.

双柱头蔺藨草 *Trichophorum distigmaticum*（Kukenthal）T. V. Egorova

分布于四川、甘肃、青海。

分布于青海的玉树、囊谦、称多、杂多、治多、曲麻莱、久治、玛沁、尖扎、同仁、泽库、共和、兴海、祁连、门源、大通、互助、民和；生于高山草原、半阳坡潮湿地、水边；海拔2 500～4 500 m。花果期7—8月。

在局部地段可形成群落，该种可作家畜的牧草，但产草量低。

灯芯草科 Juncaceae Juss.

灯芯草属 *Juncus* L.

展苞灯芯草 *Juncus thomsonii* Buchen.

分布于四川、云南、西藏、陕西、甘肃、青海。

分布于青海的玉树、称多、治多、囊谦、玛沁、达日、久治、玛多、同仁、泽库、共和、天峻、门源、祁连、刚察、大通、湟中、互助；生于高山灌丛、草甸；海拔3 200～4 200 m。花期7—8月，果期8—9月。

可在河滩、水边等地方成片生长；本种可作牧草，家畜喜食。

小灯芯草 *Juncus bufonius* L.

分布于黑龙江、吉林、辽宁、内蒙古、河北、山西、四川、云南、西藏、陕西、甘肃、青海、新疆。

分布于青海的玉树、称多、囊谦、同仁、泽库、共和、贵德、兴海、德令哈、乌兰、都兰、门源、祁连、刚察、西宁、大通、湟中、湟源、乐都；生于河滩、沼泽、湿地；海拔2 200～4 400 m。花期5—7月，果期6—9月。

栗花灯芯草 *Juncus castaneus* Smith

分布于吉林、内蒙古、河北、山西、四川、云南、陕西、宁夏、甘肃、青海。

分布于青海的玛沁、同仁、泽库、兴海、共和、贵南、天峻、刚察、海晏、祁连、门源、西宁、大通、湟源、湟中、平安、循化、乐都、民和、互助；生于高山灌丛、草地、沼泽；海拔2 400～4 400 m。花期7—8月，果期8—9月。

本种可作牧草。

长柱灯芯草 *Juncus przewalskii* Buchen.

分布于四川、云南、陕西、甘肃、青海。

分布于青海的玉树、同仁、同德；生于高山潮湿草地；海拔2 000～4 000 m。花期7—8月，果期8—9月。

本种可作牧草。

锡金灯芯草 *Juncus sikkimensis* Hook. f.

分布于四川、云南、西藏、甘肃、青海。

分布于青海的玉树、久治、泽库；生于山坡草地、林下、沼泽草地；海拔4 000～4 600 m。花期6—8月，果期7—9月。

本种可作牧草。

喜马灯芯草 *Juncus himalensis* Klotzsch

分布于四川、云南、西藏、甘肃、青海。

分布于青海的达日、称多、泽库、祁连、兴海、门源、大通；生于山坡草地、河滩；海拔2 400~3 900 m。花期6—7月，果期7—9月。

本种可作牧草。

天门冬科 Asparagaceae Juss.

天门冬属 *Asparagus* L.

攀缘天门冬 *Asparagus brachyphyllus* Turcz.

分布于吉林、辽宁、河北、山西、陕西、宁夏、青海。

分布于青海的玉树、同仁、尖扎、泽库、兴海、贵南、西宁、湟源、乐都、互助；生于山坡、田边、草滩；海拔2 300~3 700 m。花期5—6月，果期8月。

可作垂直绿化的观赏植物。根入药；有滋补、抗老、祛风、除湿的功效；治风湿性腰背关节痛、局部性浮肿、瘙痒性渗出性皮肤病。

长花天门冬 *Asparagus longiflorus* Franch.

分布于河北、山西、河南、山东、陕西、甘肃、青海。

分布于青海的玉树、称多、同仁、尖扎、泽库、贵南、门源、大通、西宁、湟源、湟中、乐都、互助；生于山坡草地、林下、灌丛；海拔2 200~3 800 m。花期5—6月，果期7—8月。

种植可供观赏。

石刁柏（芦笋、露笋）*Asparagus officinalis* L.

分布于新疆。全国各地多为栽培或逸生。
青海的东部农业区及同仁、尖扎有栽培。花期5—6月，果期9—10月。
嫩苗可供蔬食。

黄精属 *Polygonatum* Mill.

玉竹 *Polygonatum odoratum*（Mill.）Druce

分布于黑龙江、吉林、辽宁、河北、山西、内蒙古、山东、河南、湖北、湖南、安徽、江西、江苏、甘肃、青海。

分布于青海的同仁、尖扎、祁连、门源、大通、循化、民和、互助；生于林下；海拔2 200～2 800 m。花期5—6月，果期7—9月。

为滋养强壮剂、主治身体虚弱、多汗、多尿、遗精等，可与冰糖煎服，润肺生津；可提取淀粉、糖类。

轮叶黄精 *Polygonatum verticillatum*（L.）All.

分布于山西、四川、云南、西藏、陕西、甘肃、青海。

分布于青海的玉树、囊谦、班玛、玛沁、同仁、尖扎、泽库、贵德、祁连、门源、循化、乐都、民和、互助；生于林下、林缘、山坡草地、灌丛、河滩；海拔2 400～3 800 m。花期5—6月，果期8—10月。

根状茎入药，主治肺结核、干咳无痰、口干、倦怠乏力及糖尿病、高血压病；浸膏外用可治脚癣。

卷叶黄精 *Polygonatum cirrhifolium*（Wall.）Royle

分布于四川、云南、西藏、陕西、宁夏、甘肃、青海。

分布于青海的玉树、杂多、囊谦、治多、久治、班玛、同仁、尖扎、泽库、河南、兴海、共和、贵德、同德、刚察、海晏、祁连、门源、西宁、湟源、平安、循化、乐都、民和、互助；生于林下、林缘、灌丛、山坡草地；海拔2 400～3 900 m。花期5—7月，果期9—10月。

根状茎入药，主治肺结核、干咳无痰、口干、倦怠乏力及糖尿病、高血压病；浸膏外用可治脚癣。

百合科 Liliaceae Juss.

贝母属 *Fritillaria* L.

暗紫贝母 *Fritillaria unibracteata* Hsiao et K. C. Hsia

分布于四川、青海。

分布于青海的杂多、玛沁、久治、河南、同德、兴海；生于高山草甸；海拔3 200～4 500 m。花期6月，果期8月。

鳞茎入药；具有清热化痰，润肺止咳，散结消肿的功效；主治虚劳久咳，肺热燥咳，肺痈吐脓，瘰疬结核，乳痈，疮肿。

甘肃贝母 *Fritillaria przewalskii* Maxim.

分布于四川、甘肃、青海。

分布于青海的玉树、囊谦、称多、杂多、玛沁、班玛、尖扎、同仁、泽库、河南、贵南、湟中、乐都、民和、互助；生于高山灌丛、草地、林缘；海拔2 400～4 400 m。花期6—7月，果期8月。

鳞茎入药；清热润肺、化痰止咳、补血，治气管炎、感冒；叶入药，治骨节积黄水；花粉入药，治头痛、由高烧引起的神经症状或颅内并发症。

百合属 *Lilium* L.

山丹 *Lilium pumilum* DC.

分布于黑龙江、辽宁、吉林、内蒙古、河北、河南、山西、山东、陕西、宁夏、甘肃、青海。

分布于青海的同仁、尖扎、泽库、兴海、贵南、门源、西宁、互助、平安、湟源、湟中、乐都、民和、循化；生于山坡；海拔1 900～3 500 m。花期7—8月，果期9—10月。

鳞茎含淀粉，供食用，亦可入药，有滋补强壮、止咳祛痰、利尿等功效。花美丽，可栽培供观赏，也含挥发油，可提取供香料用。

顶冰花属 *Gagea* Salisb.

少花顶冰花 *Gagea pauciflora* Turcz.

分布于黑龙江、内蒙古、河北、西藏、陕西、甘肃、青海。

分布于青海的曲麻莱、玛多、玛沁、同仁、尖扎、泽库、格尔木、德令哈、兴海、刚察、西宁；生于山坡灌丛、河滩；海拔2 300～4 500 m。花期4—6月，果期6—7月。

洼瓣花 *Gagea serotina*（L.）Ker Gawl.

分布于黑龙江、吉林、山西、四川、云南、西藏、甘肃、青海、新疆。

分布于青海的玉树、治多、曲麻莱、玛沁、久治、同仁、尖扎、泽库、天峻、兴海、互助、循化；生于高山草甸、山坡灌丛、山坡岩石缝；海拔2 600～4 100 m。花期6—8月，果期8—9月。

全草入药，治跌打损伤、沙眼。

阿福花科 Asphodelaceae Juss.

萱草属 *Hemerocallis* L.

黄花菜（金针菜）*Hemerocallis citrina* Baroni

分布于湖南、江苏、四川、陕西、甘肃。

青海的同仁、尖扎有栽培。花果期5—9月。

重要的经济作物。花经过蒸、晒，加工成干菜，即金针菜或黄花菜；具有健胃、利尿、消肿等功效；根可以酿酒；叶可以造纸和编织草垫。

沼金花科 Nartheciaceae Fr.ex Bjurzon

肺筋草属 *Aletris* L.

腺毛肺筋草 *Aletris glandulifera* Bur. et Franch.

分布于四川、陕西、甘肃、青海。

分布于青海的泽库；生于山坡林下、草地；海拔3 300～4 300 m。花期7月。

石蒜科 Amaryllidaceae J.St.-Hil.

葱属 *Allium* L.

高山韭 *Allium sikkimense* Baker

分布于四川、云南、西藏、陕西、宁夏、甘肃、青海。

分布于青海的玉树、囊谦、称多、久治、玛沁、同仁、尖扎、泽库、河南、同德、格尔木、共和、祁连、门源、湟源、湟中、互助；生于山坡灌丛、高山草甸、林缘；海拔2 900～5 000 m。花果期7—9月。

可食用，也为家畜喜食的优良牧草。

天蓝韭 *Allium cyaneum* Regel

分布于湖北、四川、西藏、陕西、宁夏、甘肃、青海。

分布于青海的玉树、杂多、称多、治多、达日、久治、玛多、同仁、尖扎、泽库、同德、贵德、兴海、都兰、门源、刚察、湟中、湟源、乐都、互助；生于山坡草地、林下、林缘；海拔2 100～5 000 m。花果期8—10月。

可食用，也为家畜喜食的优良牧草。

唐古韭 *Allium tanguticum* Regel

分布于西藏、甘肃、青海。

分布于青海的称多、同仁、泽库、乌兰、共和、同德、贵南、刚察、海晏、乐都、互助；生于山坡、灌丛、林下、滩地、沙丘；海拔2 300～3 500 m。花果期7—9月。

种植可供观赏，也为家畜喜食的优良牧草。

蓝苞葱 *Allium atrosanguineum* Schrenk

分布于四川、云南、西藏、甘肃、青海、新疆。

分布于青海的玉树、囊谦、杂多、治多、玛多、久治、玛沁、河南、兴海、祁连、门源、互助、大通；生于高山流石滩、山坡、灌丛、沼泽草甸；海拔3 400～4 900 m。花果期6—9月。

可食用，也为家畜喜食的优良牧草。

青甘韭 *Allium przewalskianum* Regel

分布于四川、云南、西藏、陕西、宁夏、甘肃、青海、新疆。

分布于青海的玉树、囊谦、称多、治多、曲麻莱、久治、玛沁、同仁、泽库、河南、都兰、乌兰、德令哈、兴海、共和、同德、贵南、刚察、海晏、祁连、门源、湟中、乐都、互助；生于河谷、山坡、林缘；海拔2 300～4 300 m。花果期6—9月。

可食用，也为家畜喜食的优良牧草。

折被韭 *Allium chrysocephalum* Regel

分布于甘肃、青海。

分布于青海的玉树、囊谦、称多、曲麻莱、玛多、甘德、玛沁、泽库、河南、门源、湟中；生于高山草甸、高山灌丛；海拔3 400～4 500 m。花果期

7—9月。

为家畜喜食的优良牧草。

杯花韭 *Allium cyathophorum* Bur. et Franch.

分布于四川、云南、西藏、青海。

分布于青海的玉树、称多、囊谦、玛沁、久治、泽库、河南、同德、兴海；生于山坡草地；海拔3 000 ~ 4 600 m。花果期6—8月。

为家畜喜食的优良牧草。

卵叶山葱 *Allium ovalifolium* Hand.-Mzt.

分布于湖北、四川、贵州、云南、陕西、甘肃、青海。

分布于青海的同仁、泽库、民和、互助；生于林下、林缘；海拔1 900 ~ 4 000 m。花果期7—9月。

嫩叶可食用。

金头韭 *Allium herderianum* Regel

分布于甘肃、青海。

分布于青海的泽库、祁连、门源、乐都；生于干旱山坡、草地、灌丛；海拔2 900 ~ 3 900 m。花果期7—9月。

种植可供观赏，可作蔬菜，也为家畜喜食的优良牧草。

葱（北葱）*Allium fistulosum* L.

全国各地广泛栽培。

青海的东部农业区及同仁、尖扎有栽培。花果期5—8月。

作蔬菜及调味品食用，鳞茎和种子亦入药。

鸢尾科 Iridaceae Juss.

鸢尾属 *Iris* L.

马蔺 *Iris lactea* Pall.

分布于吉林、内蒙古、西藏、青海、新疆。

分布于青海的玛沁、玛多、同仁、尖扎、泽库、共和、同德、兴海、乌兰、都兰、循化、门源、西宁、大通、乐都、互助、化隆；生于干旱山坡、高山草甸、荒地、湿地；海拔2 200～4 900 m。花期5—6月，果期6—9月。

常成片生长，可作为盐碱地的改良植物，也可观赏。种子药用，有退烧、解毒、驱虫的功效，能治阑尾炎、蛔虫和蛲虫病。

锐果鸢尾 *Iris goniocarpa* Baker

分布于四川、云南、西藏、陕西、甘肃、青海。

分布于青海的玉树、杂多、囊谦、玛沁、班玛、达日、久治、同仁、尖扎、泽库、共和、同德、兴海、门源、祁连、海晏、刚察、西宁、大通、民和、乐都、互助、循化；生于高山草甸、灌丛；海拔3 200～4 900 m。花期5—6月，果期6—8月。

栽培可供观赏。

粗根鸢尾 *Iris tigridia* Bunge

分布于黑龙江、吉林、辽宁、内蒙古、山西、青海。

分布于青海的尖扎、兴海、湟源、大通；生于山坡草地；海拔2 200～3 200 m。花期5月，果期6—8月。

栽培可作地被植物，供观赏或绿化。

准噶尔鸢尾 *Iris songarica* Schrenk.

分布于四川、陕西、宁夏、甘肃、青海、新疆。

分布于青海的玛沁、达日、同仁、泽库、兴海、祁连、湟中；生于高山草甸；海拔2 800～4 100 m。花期6—7月，果期8—9月。

栽培可供观赏。

卷鞘鸢尾 *Iris potaninii* Maxim.

分布于西藏、甘肃、青海。

分布于青海的玉树、杂多、治多、曲麻莱、囊谦、称多、玛沁、玛多、达日、班玛、甘德、同仁、尖扎、泽库、河南、天峻；生于高山草甸、寒漠砾石地；海拔3 200～5 000 m。花期5—6月，果期7—9月。

种子入药，有退烧、解毒、驱虫的作用，治阑尾炎、蛔虫和蛲虫病。

天山鸢尾 *Iris loczyi* Kanitz

分布于内蒙古、四川、西藏、宁夏、甘肃、青海、新疆。

分布于青海的杂多、治多、囊谦、曲麻莱、久治、同仁、兴海、贵南、格尔木、德令哈、都兰、天峻、门源、西宁、乐都；生于高山草甸、寒漠砾石地；海拔2 200～4 900 m。花果期6—9月。

常成片生长，可作为盐碱地的改良植物，也可观赏。

兰科 Orchidaceae Juss.

火烧兰属 *Epipactis* Zinn

火烧兰 *Epipactis helleborine*（L.）Crantz.

分布于辽宁、河北、山西、安徽、湖北、四川、贵州、云南、西藏、陕西、甘肃、青海、新疆。

分布于青海的玉树、尖扎、泽库、大通、湟源、湟中、循化、互助、门源；生于林下、林缘；海拔2 200～2 800 m。花期7月，果期9月。

根入药，理气行血，主治跌打损伤。花形奇特，可种植于林下供观赏。

斑叶兰属 *Goodyera* R. Br.

小斑叶兰 *Goodyera repens*（L.）R. Br.

分布于黑龙江、吉林、辽宁、内蒙古、河北、山西、安徽、河南、湖北、湖南、四川、云南、西藏、陕西、甘肃、青海、新疆。

分布于青海的班玛、同仁、泽库、大通、互助；生于林下；海拔2 100～3 500 m。花期7—8月。

花形美丽，可种植于林下，供观赏。全草有补肺益肾，散肿止痛。用于肺痨咳嗽，瘰疬，肺肾虚弱，喘咳，头晕，目眩，遗精，阳痿，肾虚腰膝疼痛；外用于痈肿疮毒，虫蛇咬伤。

脊唇斑叶兰 *Goodyera fusca*（Lindl.）Hook. f.

分布于云南、西藏、青海。

分布于青海的泽库；生于林下、灌丛、高山草甸；海拔2 600～4 500 m。花期8—9月。

栽培可供观赏。

玉凤花属 *Habenaria* **Willd.**

西藏玉凤花 *Habenaria tibetica* Schltr. ex Limpricht

分布于四川、云南、西藏、甘肃、青海。

分布于青海的同仁、泽库、贵南、大通、湟中、乐都；生于山坡林下、灌丛、岩石缝隙；海拔3 000～3 600 m。花期7—8月。

块根入药，滋阴补肾、安神益智，治阳痿不举。花形美丽，栽培可供观赏。

二叶玉凤花 *Habenaria diphylla* Dalz.

分布于云南、青海。

分布于青海的同仁；生于沟谷林下、石崖缝隙；海拔2 160～2 300 m。花期6月。

块根入药，治阳痿不举。

角盘兰属 *Herminium* **L.**

裂瓣角盘兰 *Herminium alaschanicum* Maxim.

分布于内蒙古、河北、山西、四川、云南、西藏、陕西、宁夏、甘肃、青海。

分布于青海的玉树、囊谦、玛沁、同仁、泽库、河南、兴海、共和、同德、贵南、刚察、海晏、祁连、门源、大通、湟中、乐都、互助；生于山坡灌丛、沙丘、沟谷；海拔2 600～4 300 m。花期6—9月。

全草入药；有滋阴补肾、养胃、调经作用；治神经衰弱、头晕失眠、食欲不振、须发早白、月经不调。栽培可供观赏。

角盘兰 *Herminium monorchis*（L.）R. Br.

分布于黑龙江、吉林、辽宁、内蒙古、河北、山西、山东、安徽、河南、四川、云南、西藏、陕西、宁夏、甘肃、青海。

分布于青海的玉树、囊谦、玛沁、同仁、泽库、河南、兴海、同德、贵德、祁连、门源、大通、湟源、湟中、民和、互助；生于山坡林下、林缘、灌丛、草地；海拔2 300～4 500 m。花期6—8月。

全草及块茎民间作药用。栽培可供观赏。

冷兰 *Herminium humidicola*（K. Y. Lang et D. S. Deng）X. H. Jin, Schuit., Raskoti et L. Q. Huang

分布于青海。

分布于青海的玛沁、泽库；生于沼泽草甸；海拔3 600～3 800 m。花期8月。

栽培可供观赏。

兜蕊兰属 *Androcorys* Schltr.

兜蕊兰 *Androcorys ophioglossoides* Schltr.

分布于贵州、陕西、甘肃、青海。

分布于青海的玛沁、泽库、祁连；生于林下、草地、河滩；海拔2 600～3 900 m。花期7—8月，果期9月。

小红门兰属 *Ponerorchis* Rchb. f.

广布小红门兰 *Ponerorchis chusua*（D. Don）Soó

分布于黑龙江、吉林、内蒙古、湖北、四川、云南、西藏、陕西、宁夏、甘肃、青海。

分布于青海的玉树、囊谦、同仁、泽库、贵德、门源、湟中、乐都、民和、互助；生于山坡林下、灌丛、河滩草地；海拔2 000～4 000 m。花期6—8月。

栽培可供观赏。

掌裂兰属 *Dactylorhiza* Neck. ex Nevski

凹舌兰 *Dactylorhiza viridis*（L.）R. M. Bateman, Pridgeon et M. W. Chase

分布于黑龙江、吉林、辽宁、内蒙古、河北、山西、河南、湖北、四川、云南、西藏、陕西、宁夏、甘肃、青海、新疆。

分布于青海的玉树、囊谦、称多、玛沁、同仁、兴海、祁连、门源、大通、湟中、乐都、民和、互助；生于山坡灌丛、林下、林缘；海拔2 300～4 500 m。花期6—8月。果期9—10月。

块茎入药，有补元气、安神功效，治阳痿不举。栽培可供观赏。

掌裂兰 *Dactylorhiza hatagirea*（D. Don）Soó

分布于黑龙江、吉林、内蒙古、四川、西藏、宁夏、甘肃、青海、新疆。

分布于青海的玉树、玛沁、同仁、泽库、河南、乌兰、天峻、共和、海晏、祁连、门源、民和；生于山坡灌丛、河滩草地；海拔2 950～3 700 m。花期6—8月。

块茎入药，可以代替手参；补肾益精、理气止痛；主治病后体弱、神经衰弱、咳嗽、阳痿、跌打损伤、瘀血肿痛。栽培可供观赏。

杓兰属 *Cypripedium* L.

西藏杓兰 *Cypripedium tibeticum* King ex Rolfe

分布于四川、贵州、云南、西藏、甘肃、青海。

分布于青海的泽库；生于林下、林缘、灌丛；海拔2 300～4 200 m。花期5—8月。

兜被兰属 *Neottianthe* Schltr.

二叶兜被兰 *Neottianthe cucullata*（L.）Schltr.

分布于黑龙江、吉林、辽宁、内蒙古、河北、山西、安徽、浙江、江西、福建、河南、四川、云南、西藏、陕西、甘肃、青海。

分布于青海的玉树、囊谦、同仁、尖扎、泽库、门源、西宁、湟中、乐都、互助；生于山坡林下、草地；海拔2 100～4 100 m。花期8—9月。

具有较高的观赏价值。

盔花兰属 *Galearis* Raf.

北方盔花兰 *Galearis roborowskyi*（Maxim.）S. C. Chen，P. J. Cribb et S. W. Gale

分布于河北、四川、西藏、甘肃、青海、新疆。

分布于青海的玉树、同仁、泽库、河南、门源、湟源、湟中；生于林下、灌丛、高山草甸；海拔1 700～4 500 m。花期6—7月。

具有较高的观赏价值。

河北盔花兰 *Galearis tschiliensis*（Schlechter）S. C. Chen

分布于河北、山西、四川、云南、陕西、甘肃、青海。

分布于青海的玉树、囊谦、玛沁、同仁、泽库、门源、互助；生于山坡林下、草地；海拔1 600～4 100 m。花期6—8月。

具有较高的观赏价值。

舌唇兰属 *Platanthera* Rich.

蜻蜓兰 *Platanthera souliei* Kraenzl.

分布于黑龙江、吉林、辽宁、内蒙古、河北、山西、山东、河南、四川、云南、陕西、甘肃、青海。

分布于青海的玛沁、同仁、泽库、门源、湟中、互助、循化；生于山坡林下；海拔2 000～3 800 m。花期6—8月。果期9—10月。

具有较高的观赏价值。

二叶舌唇兰 *Platanthera chlorantha* Cust. ex Rchb.

分布于黑龙江、吉林、辽宁、内蒙古、河北、山西、四川、云南、西藏、陕西、甘肃、青海。

分布于青海的泽库、门源、西宁、大通、互助；生于山坡林下、草地；海拔2 100～3 300 m。花期6—7月。

具有较高的观赏价值。

鸟巢兰属 *Neottia* Guett.

尖唇鸟巢兰 *Neottia acuminata* Schltr.

分布于吉林、内蒙古、河北、山西、湖北、四川、云南、西藏、陕西、甘肃、青海。

分布于青海的泽库、同德、贵德、门源、祁连、西宁、互助；生于林下；海拔2 000～4 100 m。花果期6—8月。

具有较高的观赏价值。

北方鸟巢兰 *Neottia camtschatea*（L.）Rchb. F.

分布于内蒙古、河北、山西、甘肃、青海、新疆。

分布于青海的同仁、泽库、门源、大通、互助；生于林下、林缘；海拔2 000～2 400 m。花果期7—8月。

具有较高的观赏价值。

高山鸟巢兰 *Neottia listeroides* Lindl.

分布于山西、四川、云南、西藏、甘肃、青海。

分布于青海的玉树、囊谦、泽库、西宁、互助；生于林下；海拔2 500～3 900 m。花期7—8月。

具有较高的观赏价值。

对叶兰 *Neottia puberula*（Maxim.）Szlachetko

分布于黑龙江、吉林、辽宁、内蒙古、河北、山西、四川、贵州、甘肃、青海。

分布于青海的泽库、贵德、同德、大通、互助；生于林下阴湿处；海拔1 700～2 600 m。花期7—9月，果期9—10月。

具有较高的观赏价值。

绶草属 *Spiranthes* Rich

绶草 *Spiranthes sinensis*（Pers.）Ames

分布于全国各地。

分布于青海的泽库、门源、西宁、大通、湟中、湟源、平安、民和、互助、循化；生于林下、灌丛、草地、沼泽草甸；海拔2 200～3 400 m。花期7—8月。

全草民间作药用。

虎舌兰属 *Epipogium* Gmelin ex Borkhausen

裂唇虎舌兰 *Epipogium aphyllum*（F. W. Schmidt）Sw.

分布于黑龙江、吉林、辽宁、内蒙古，山西、四川、云南、西藏、甘肃、青海、新疆。

分布于青海的泽库；生于林下、岩石缝隙；海拔3 000～3 600 m。花期8—9月。

具有较高的观赏价值。

原沼兰属 *Malaxis* Sol. ex Sw.

原沼兰 *Malaxis monophyllos*（L.）Sw.

分布于黑龙江、吉林、辽宁、内蒙古、河北、山西、河南、四川、云南、西藏、陕西、甘肃、青海。

分布于青海的同仁、泽库、同德、贵德、西宁、大通、湟中、湟源、平安、乐都、互助；生于林下、灌丛、草地；海拔2 500～4 100 m。花果期7—8月。

具有较高的观赏价值。

珊瑚兰属 *Corallorhiza* Gagnebin

珊瑚兰 *Corallorhiza trifida* Chat.

分布于吉林、内蒙古、河北、四川、甘肃、青海、新疆。

分布于青海的玉树、囊谦、同仁、泽库、大通；生于林下、灌丛；海拔2 000～2 700 m。花果期6—8月。

具有较高的观赏价值。

阿洼早熟禾

矮生嵩草

白　菜

白 刺

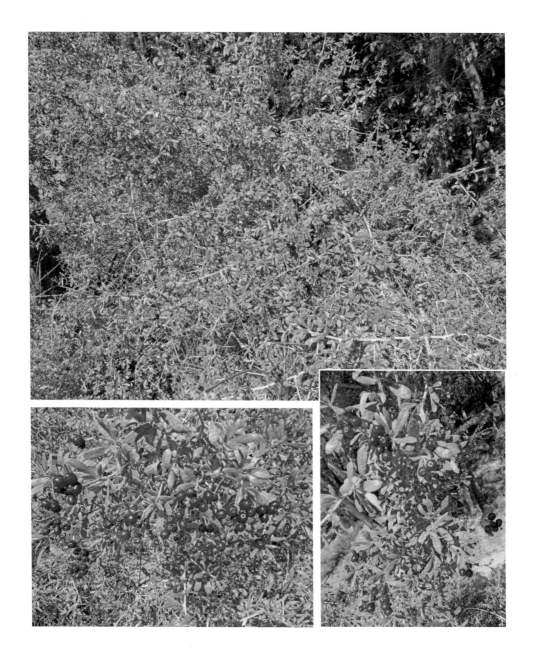

白花草木樨

白梨（黄果梨）

白梨（长把梨）

北方枸杞

菜 豆

蚕 豆

草地早熟禾

川赤芍

垂穗披碱草

葱

达乌里秦艽

党 参

东方草莓

发 草

番　茄

甘 草

甘露子

甘肃贝母

甘西鼠尾草

高山豆

葛缕子

狗尾草

广布野豌豆

核桃（胡桃）

黑柴胡

胡　麻

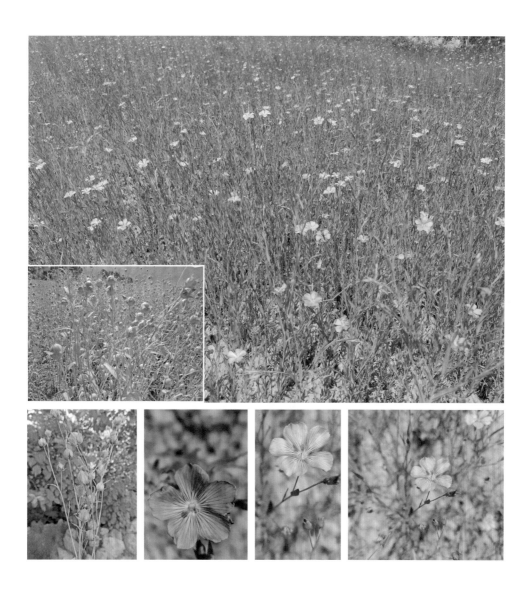

花 椒

黄花菜

鸡爪大黄

蕨 麻

宽叶羌活

辣　椒

藜

李

萝 卜

马铃薯

毛果荨麻

膜荚黄芪

攀援天门冬

苹　果

葡萄（红提）

葡萄（巨峰）

葡萄（巨玫瑰）

葡萄（玫瑰香）

葡萄（萨尔瓦多）

茄　子

青海苜蓿

青　稞

瞿　麦

沙果（花红）

石刁柏

匙叶小檗

水栒子

托叶樱桃

西葫芦

西 梅

向日葵

小麦阿勃

小麦高原602

杏

玉　米

枣

珠芽蓼

紫花苜蓿

紫色悬钩子